森と海をむすぶ川
沿岸域再生のために

京都大学フィールド科学教育研究センター／編
向井 宏／監修

京都大学学術出版会

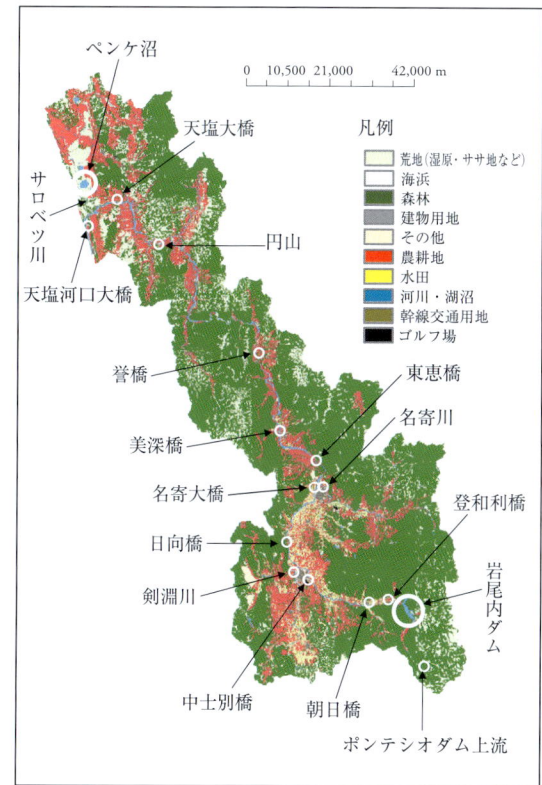

口絵1 天塩川流域の土地利用分布と観測地点（第1章図1）

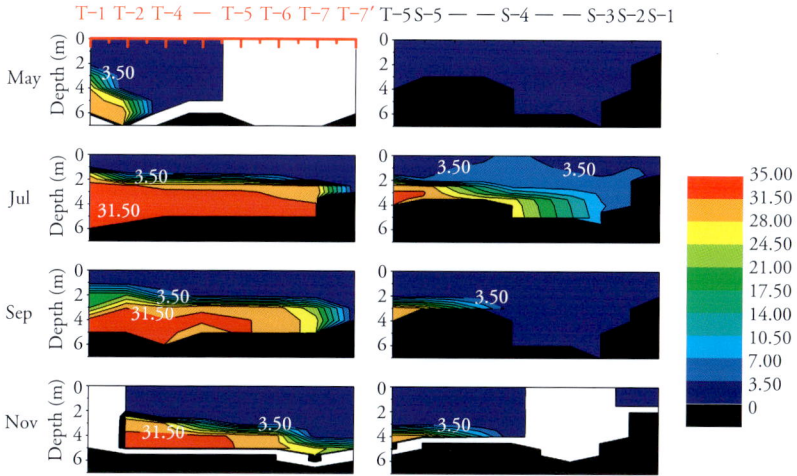

口絵2 天塩川河口域における河川水中の塩分分布（第1章図10．地点は第1章図9を参照のこと）

口絵 3 別寒辺牛湿原の中を蛇行して流れる別寒辺牛川.
手前の黒く見える森林は，この地方の天然林であるミズナラ・ダケカンバとエゾマツ・トドマツの針広混交林（第 1 章図 15）.

口絵 4 別寒辺牛川の流域の農地の分布
黄色の部分が農地（草地）．濃緑色は森林．白色は自衛隊演習地．水色は河川両側の湿地を表す（第 1 章図 18）.

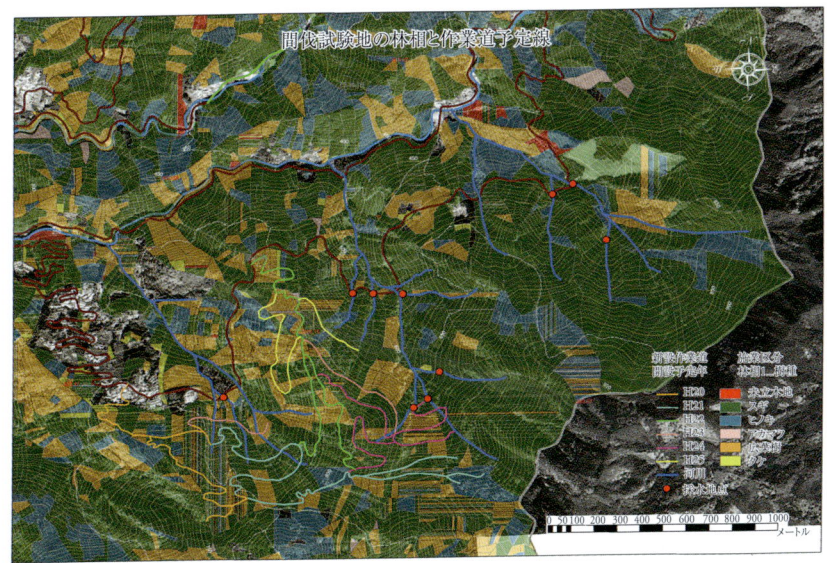

口絵 5　間伐試験地における作業道作設計画図（第 2 章図 4）

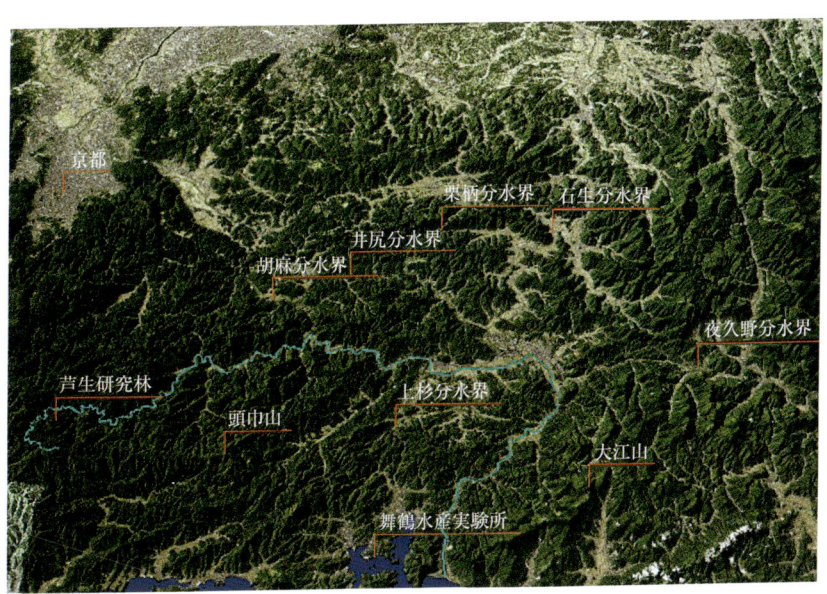

口絵 6　由良川の谷中分水界

谷中分水界では大雨のときなど両方の川がつながってしまうこともあり，長い歴史の間には別の方向に流れていることもある．実は 20 万年くらい前まで，由良川は石生を通って加古川に合流し瀬戸内海に注いでいたのである（第 2 章コラム 1）．

口絵7 京橋川,オイスターバー(第3章図2)

口絵8 雁木タクシー(第3章図3)

巻頭言

領域を超えた統合的研究と成果の
実践的応用を目指して
～森里海の連環を本当に再生するために～

　我が国では，自然の保全が自分たちの生活に大きな恵みをもたらしてくれることや自然の大切さが，改めて認識されるようになってきました．特に，2010年名古屋市を中心に開催された生物多様性に関する国際会議（COP10）は，私たちに，日本人が伝統的に育んできた自然とのつきあい方の重要性を再認識させるものでした．この会議で日本政府は，里山や里海をキーワードとして，日本が永年にわたって培ってきた自然とのつきあい方を世界のモデルとして考えることを提案しました．日本では，このような自然との共生はすでに過去のものになりつつあるのが現実です．それでも敢えて日本政府が里山・里海を世界に発信しようとしたのはなぜなのでしょうか．それは，このような自然とのつきあい方が世界各国・地域に今でも維持されており，その維持が地球温暖化防止，生物多様性維持のうえで重要かつ唯一の手法と考えたからです．単純に自然を保全することは，私たちの生活を維持するうえでは相反する考え方になる場合があります．私たちは，自らが生き延びるために自然資源を利用しながら，なおかつ，地球温暖化防止と生物多様性維持を行う手法を考えなければなりません．

　そのような中で，森里海連環という概念は重要です．森から海にいたる生態系のすべてを損なうことなく，自然資源を利用してきた日本人にとって，この概念はあたりまえのものでした．森里海連環の考え方とそれに基づいて維持されてきた自然とのつきあい方が失われつつあるという問題の解決は，我が国にとって最も重要で緊急の課題の一つです．しかし，そのための情報は非常に不足しています．本書で述べられているさまざまな研究成果はこの

巻頭言

問題への対処方法を考えるうえで重要な情報を数多く含んでいます．

　本書に先立って2007年に森里海連環学の必要性を謳った書が上梓されました．それから4年を経て，本書が世に問えるようになったことは，世の中の変化あるいは自然に対する考え方の深化を示しているといえるでしょう．自然の保全を視野に入れ，それを最重要事項として考えるようになった我が国において，本書はその羅針盤となるような，示唆に富む研究成果を紹介し，従来の縦割りの学問分野では，解決しきれなかった問題解決のヒントを盛り込んでいます．日本人が森から海にいたる自然生態系とつきあってきた方法はさまざまです．これは変化に富む我が国の自然の中で，それぞれの地域で，最も適したつきあい方が，各地の日本人によって経験的に作り上げられてきたことによります．これらの自然とのつきあい方は，一冊の教科書にまとめられるほど単純なものではありません．読者の方々が，それぞれ住んでおられる地域に近い事例をお読みいただき，それぞれの地域で自ら何ができるのか，何を考えるべきなのか，を本書を通じて感じていただければこれに勝ることはありません．また，研究者として本書をお読みいただく方々には，地域性の中に共通性を見出していただき，問題解決の方法をお考えいただければ，幸いです．

　折しも，本書の校正作業が最終段階にさしかかろうとしているまさにその時，東日本大震災が起こりました．この未曾有の大災害では，断ち切られた森里海の連環が改めて浮き彫りになりました．被災された方々の生活を一時的にでも支えたのは，周辺の森里海の資源でした．連環がかろうじて維持されていた東北地方であったからこそ，人々は生活を維持できたのではないかと思います．どのような災害が起ころうが，それに対して強靱に立ち向かえるような生活を保障するうえで，今，森里海連環の再生が求められているのではないでしょうか．本書で紹介されているさまざまな事例を通じて，森から海にいたるつながり，地球レベルで統合的に考えるべき海の大切さ，などさまざまなことを考え，ご自分の研究や日常の生活の参考にされていただけ

ることを祈るものです．

　なお，本書の発行にあたっては，2007年に上梓された書に引き続いて，日本財団からの多大なるご理解とご支援をいただきました．ここに記して，感謝申し上げたいと思います．

京都大学フィールド科学教育研究センター

センター長　柴田昌三

まえがき

　人間は自然のシステムから偉大な恩恵を賜りながら生活してきた．近代の科学や技術の発達がそのシステムを改変して，より多くの生産，より便利な生活，より安全な生き方を追求してきた．しかし，その結果は自然のシステムのバランスを崩し，そのつながりは分断され，システムの循環が止まってしまった．それは，科学が十分にシステムのすべてを理解できないままに技術が部分的で単目的なイノベーションを実行してしまったためなのであるというのが，私たちの共通した今日的認識である．そのような認識に基づき，私たちの生活の場である河川流域と沿岸環境を見つめ直したときに，森里海連環学の発想が芽生えた．森林も草原も河川も畑も田んぼも干潟も海も，すべてお互いにつながって存在している．私たちの技術は，そのつながりを無視し，断ち切って来たのではないか．そのつながりをもう一度見直そうというのが，森里海連環学である．

　自然科学は，これまでの森林生態系の研究，河川生態系の研究などを通して蓄積されてきた研究に，それらの相互作用の研究を加えることによって，森林生態系と沿岸生態系のつながりを明らかにしつつある．また，農業や都市建設による影響も，断片的には明らかになった部分がある．沿岸生態系の環境保全には，陸域とのつながりを沿岸生態系内の解析に加えて考えないといけないという考えは，研究者の間ではかなり浸透して来つつある．

　これら多様な生態系が健全につながって存在することによって，私たちの生活は自然の恵みを享受することができる．生態系サービスといわれるようになったこれらの自然の恵みをいつまでも受け取ることができるためには，自然のシステムを壊さないで生活することが必要である．それでは，そのつながりはどのようなものか．2007年に日本財団の助成を得て，森里海連環学シリーズの第1巻として書かれた教科書（山下洋監修，京都大学フィールド

まえがき

科学センター編『森里海連環学 —— 森から海までの統合的管理を目指して』京都大学学術出版会，2007）は，そのことを解説するために書かれた．第1巻が世に出てから5年が過ぎた．その間，私たちはこの教科書を基に，森里海連環学の教育に取り組んできた．しかし，教育は即効性のある成果を見せるものではない．また，われわれが直接携わることのできる学生の数はけっして多くない．教科書の売り上げも爆発的に売れるというようなものではなかった．けれども環境の劣化は進み，森里海連環学に基づく科学や政策がいっそう求められていることは，ますます間違いないものになってきた．

河川は，流域に起こる出来事が沿岸に及ぼす影響の主な通り道になっている．森と海をつなぐさまざまな関わりは，その大部分が川を通して行われる．そして川は川としての独自の生態系と生物過程や物理過程を持っている．その川の生態系に森や里が関わり，森や里と河川との相互作用の結果が，河口域を経て沿岸の海に流れていく．そういう意味で，河川におけるさまざまな現象は，森里海連環学の基本的な枠組みを表出するものになるだろう．そして，河川で起こる諸々の現象は，人々の目に比較的よく見えることもあって，人々の関心も引きやすい．しかしながら，河川をどういうふうに利用し，管理していくかということについては，実にさまざまな観点があり，人によってまったく異なる見方をもち，対応もまちまちになることは，むしろ常態であった．

本書は，「森里海連環学シリーズ」の第2巻として，前著に続くものである．前著が，森里海の連環を紹介することを主な目的として書かれたのに比して，本書は，いくつかの具体的な河川における森と川と海のつながりを紹介し，森里海の連環を意識しながら河川の上流域と下流域の関係を現在の状況から改善するための取り組みや，統合的管理のあり方を考えていただくための基礎的な知識を提供することを目的とした．

第1章では，比較的人間の影響が少ない河川流域で，主に農業などの一次産業が河川を通して流域や沿岸域の環境に与える影響について書かれてい

る．第2章は，戦後の造林拡大政策によって人工林化が進んだ里山域が，林業の不振から荒廃していく中で，山の管理と海の環境との関わりをいくつかの河川で紹介する．第3章では，日本の各地で，沿岸域の管理を森里海連環の中でどうしていけばいいか，とくに川の影響を沿岸域に生かしていくための方策についての手探りの試みがなされている．その中から，森里海連環学を提唱した考え方に基づいて川と海をみた場合を記述している．第4章は，森と海のつながりを分断する河川のダムや河川改修などの公共事業を森里海連環学の立場からどう考えるかということを，豊川を例に書いていただいた．第5章では，森里海連環学をベースにした沿岸域の統合的管理とはどういうものなのか，さらに生物多様性が大事にされる管理としての海洋保護区をどう考えればいいのかについて，整理した．

最後の第6章では，森里海連環学をどうとらえ，どう発展させていくかについて，執筆者を含めた討論会をベースに，紙上討論による参加を含めて，率直な議論をそのまま掲載した．読者は，森里海連環学に携わっている研究者たち自身の現在の理解と認識が十分固まっていないことが明らかになり，戸惑うかも知れない．しかし，それが現実であり，そこから読者も含めた森里海連環学の発展の道が開かれると期待したい．

森里海連環学は，提唱されてからもまだ10年程度しか経過していない．そしてその間に，森里海連環学の研究は十分発展したとは言えない状況である．ここで紹介する例も，いまだ河川流域と沿岸域を包括した統合的沿岸域管理を述べるにはまったく不十分なまま書かざるを得なかった．そのために，読者にはそれぞれの河川流域と沿岸域にある問題の解決方法はよく見えなかったという不満が残るだろうと思う．残念ながらそれが森里海連環学の現状でもある．読者にはむしろそのことを前提にして，どのようなアプローチがこれらの問題を解決に導くことができるか，どのような研究がそれを助けることができるか，などを考えながらこの本を読んでいただくことを希望する．

| まえがき

　最後になったが，本書を上梓するために財政的に協力いただいた（財）日本財団に感謝申し上げたい．また，報酬もないままに，森里海連環学の教科書を作るために貴重な時間と労力を割いて原稿を書いていただいた執筆者の方々，第6章のための討論に参加していただいた方々に，厚くお礼申し上げたい．本書の刊行にあたっては，京都大学学術出版会の高垣重和さんには，お骨折りをいただいた．以上の方々のほかにも，さまざまな方々のご協力がなければ本書の刊行はできなかったと思う．逐一名前を挙げることはしないが，これらの方々に深く感謝したい．

　森里海連環学を駆使して，よりよい環境を作っていく人々のために，この本が少しでも役に立つことを心から願っている．できうれば，前著（『森里海連環学 ── 森から海までの統合的管理を目指して』山下洋監修，京都大学フィールド科学教育研究センター編，京都大学学術出版会，2007）と一緒にお読みいただければ，よりいっそう理解が深まると思うので，お勧めしたい．

向井　宏

目　次

口絵
巻頭言 [柴田昌三] i
まえがき [向井　宏] v

第1章　自然河川流域と沿岸生態系 ── 農業と沿岸 ──　1

1　天塩川 ── 日本最北の大河流域 ──　1

　(1)　はじめに　1
　(2)　天塩川流域の土地利用変化と栄養塩動態　3
　(3)　溶存腐植物質の特性と流域内変化　7
　(4)　下流感潮域におけるシジミを巡る物質動態　13
　(5)　おわりに　20

　[柴田英昭, 上田　宏, イレバ・ニーナ, 長尾誠也, 中村洋平, 門谷　茂, 柴沼成一郎]

2　別寒辺牛川における森と海の関わり　22

　(1)　厚岸水系 (別寒辺牛川・厚岸湖・厚岸湾) の概観　22
　(2)　人間の利用とその影響　31
　(3)　森と海の連環　34
　(4)　海の利用と問題　40
　(5)　水質改善の取り組み　農業における取り組みも　43
　(6)　上流下流問題　45
　(7)　砂防ダム問題　46

　[向井　宏]

3　アムール川とオホーツク海・親潮　　48

　(1)　豊穣の海　オホーツク海　48
　(2)　オホーツク海が豊かな理由　50
　(3)　鉄が豊かなオホーツク海・親潮　52
　(4)　巨大魚附林としてのアムール川流域　56
　(5)　劣化する巨大魚附林　58
　(6)　アムール川流域とオホーツク海・親潮の環境保全にむけて　63

　　［白岩孝行］

第2章　森林の管理と沿岸域管理 ── 林業と沿岸 ──　67

1　仁淀川　67

　(1)　はじめに　67
　(2)　仁淀川流域に設定された調査地　69
　(3)　調査地および下流に至る地域における仁淀川の状況　71
　(4)　おわりに　80

　　［柴田昌三, 長谷川尚史］

2　由良川　81

　(1)　由良川の構造と大水害　81
　(2)　由良川河口域の物理環境　84
　(3)　由良川の流域利用と水質 ── 遡及的アプローチ　87
　(4)　河川有機物の起源 ── 探検的アプローチ　90
　(5)　森は海の恋人 ── 川から流れ出す有機物は海の生物にどのように利用されているか　94

　　［上野正博, 山下　洋］

3　琵琶湖集水域　98

　(1)　琵琶湖　98
　(2)　森林からの硝酸イオン（NO_3^-）の流出　99

(3)　渓流水質から見た森林生態系（土壌）における窒素と炭素の循環　102
　　(4)　野洲川の水質と土地利用・土地被覆の関係　105
　　(5)　琵琶湖に流入する炭素と窒素の量　106
　　(6)　琵琶湖の環境問題　108
　　(7)　流域管理への住民参加　110
　　［吉岡崇仁］

4　人工林化と河川水質　112

　　(1)　我が国における人工林の拡大　112
　　(2)　森林の伐採が渓流水質に及ぼす影響　113
　　(3)　渓流水質を規定する森林の成長　118
　　(4)　水質に配慮した森林施業　119
　　(5)　人工林化が渓流水の水質に及ぼす影響　122
　　(6)　渓流水質の指標としての人工林率　123
　　(7)　これからの人工林化　125
　　［徳地直子，福島慶太郎］

第3章　沿岸管理の現実と理想 ── 水産業と沿岸 ──　127

1　太田川 ── 広島湾流域圏 ──　127

　　(1)　太田川の環境 ── 現状と修復事業　127
　　(2)　広島湾の環境の現状と再生計画　132
　　(3)　江田島湾の環境再生　138
　　(4)　太田川―広島湾をトータル・システムとして捉える　145
　　［山本民次，山本裕規，浅岡　聡］

2　森里海連環学の原点　151
　　── 有明海特産稚魚の生態に学ぶ ──

　　(1)　はじめに　151
　　(2)　稚魚学の教え　153

(3) 有明海　この不思議の海の魅力と悲劇　157
　　(4) 特産種スズキの初期生活史　162
　　(5) 特産カイアシ類を育む高濁度水塊　166
　　(6) 有明海特産魚成立の不思議　170
　　(7) 豊穣の海の悲劇　173
　　(8) おわりに　180
　[田中　克]

第4章　大型構造物による連環の分断と沿岸域　183

1　河川の公共事業と政策評価 ── 豊川を事例に ──　183
　　(1) はじめに　184
　　(2) 費用便益分析と公共事業・政策評価　186
　　(3) 環境の経済評価と市民参加　193
　　(4) おわりに ── 公共事業と環境・地域の調和　199
　[佐藤真行]

2　古座川・七川ダム・串本湾から考える森川里海の連環　201
　　(1) はじめに　201
　　(2) 古座川の概要　201
　　(3) ダムの放水と河川および河口域環境との関係　204
　　(4) 海洋生物の時空間的変動と，河川の変動特にダムの放水との関係　207
　　(5) まとめ　214
　[白山義久，深見裕伸，嶋永元裕]

第5章　環境保全のための流域管理と海洋保護区　215

1　流域管理の必要性　215
2　日本における土地利用の変遷　217
3　統合管理としての流域管理　220

4 流域ガバナンス　225
　　5 沿岸域管理と海洋保護区（Marine Protected Area）　227
　　6 国際的な動向　228
　　7 国内の動向　229
　　8 国内の「海洋保護区」とその現状　232
　　9 どのような保護区が必要か　235
　　10 おわりに　237
　　［向井　宏］

第6章　森・里・海の統合的な沿岸管理をめざして ── 討論 ──　239

　　1 流域・沿岸域管理とはなにか？　242
　　2 多様性のための流域・沿岸域管理　245
　　3 どのように管理するか？　249
　　4 森里海連環学の役割　260
　　5 人工林と天然林　262
　　6 上流と下流のコンフリクト　265
　　7 今，何が問題か？　275
　　8 管理の方法としての海洋保護区　281
　　9 森里海連環学における「里」の意味について　285
　　10 生命（いのち）の里　302

　　［白山義久，山下　洋，吉岡崇仁，柴田昌三，向井　宏，佐藤真行，中島　皇，久保田信，
　　　山本民次，上野正博，徳地直子，田中　克］

用語解説　305

引用文献　309

おわりに［向井　宏］　323

索引　325

第 1 章

自然河川流域と沿岸生態系
—— 農業と沿岸 ——

① 天塩川 —— 日本最北の大河流域 ——

(1) はじめに

　森林源流から流れ出す水や養分は，やがて人里地域を経て海へと流れ出す．その過程では流域のさまざまな自然的・人為的作用を受けて水や養分物質の性質や量が変化している．ここでは，北海道北部を流れる日本最北の大河である天塩川での研究例を通じて，流域の自然環境や土地利用変化による，河川水質成分の変化や，河川生物への影響について考察してみよう．

　天塩岳を源流として北海道北部を北上し，日本海に流れ込む天塩川は，全長 256 km，流域面積 5590 km^2 の日本最北の大河である（図 1）．天塩川は流域内に自然生態系が残されており，山間部には冷温帯の森林が，下流には 200 km^2 を超える広大な湿原が広がっている．また，中・下流の平地部では水田や畑作，酪農などの農業地帯が分布している．森林や農地における農林業活動は木材や食糧などを供給する重要な役割を担っているものの，過度の森林伐採や化学肥料の利用は生態系の物質循環の変化をもたらし，河川水質

第 1 章　自然河川流域と沿岸生態系

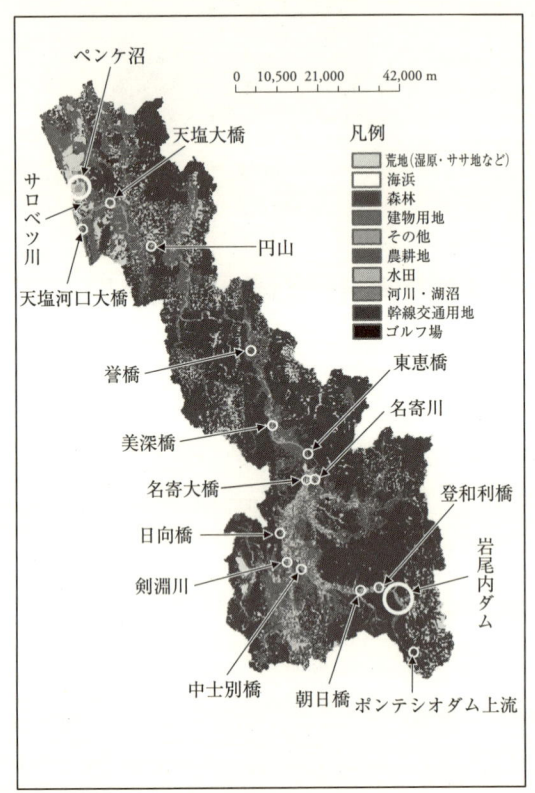

図 1　天塩川流域の土地利用分布と観測地点（巻頭口絵 1 参照）

を劣化させることが懸念されている（柴田ら 2004, 2009）．また，ダムや河川改修，都市化などの土地利用・河川利用変化も内容によっては河川水質環境を変化させる可能性が指摘されている．それらは下流や沿岸域における生物の生育環境や餌資源にも影響することが予想されることから，流域全体を視野に入れた環境モニタリングや変動要因の解析，それらを考慮に入れた生態系保全策を講じることが重要である．

　そこで本節では，流域内での土地利用分布を考慮に入れて，上流から下流

にかけての水質変化と流域環境との関係，下流域での生物生産への影響に関する事例研究を紹介する．河川水質の中では，生物生産のために養分として重要であり，かつ過剰な場合は富栄養化を引き起こす原因となる窒素成分に着目する．また，水圏生態系のエネルギー源や微量金属の運び手として重要である溶存**腐植物質**の動態についても述べる．さらに天塩川下流域における重要な水産資源であるヤマトシジミの生育環境や餌資源の変動について流域環境との関係について考察する．なお本節で紹介する事例研究は，北海道大学北方生物圏フィールド科学センターを中心として実施されている「天塩川プロジェクト」の一環として行われたものである（柴田ら2004；遠藤ら2008；上田ら2008）．

(2) 天塩川流域の土地利用変化と栄養塩動態

　天塩川流域の土地利用をみると，流域の約75％は森林に覆われており，農地による利用は約23％（畑作20％，水田3％）である（図1［巻頭口絵1］）．農地の多くは中下流低平地の士別市，剣淵町，名寄市，美深町等に分布し，下流平地部には酪農草地が広がっている．流域の土地利用変化に応じて物質循環や水質がどのように変化するのかを明らかにするため，天塩川上流から下流にかけて観測地点を設け，河川水に含まれる硝酸態窒素濃度を調べた．天塩川は北海道北部の多雪地帯に位置することから，融雪期にあたる4〜5月に流量が高まることが一般的である（図2）．融雪期は多量の融雪水が短期間に流出することから，その希釈効果により河川水中の硝酸態窒素濃度が低下する傾向にあった．同時に，水量と濃度の積である窒素フローに関しては融雪期の多量な融雪水によって，多くの窒素が流域生態系から河川へと流出しているものと考えられる．したがって，融雪期は希釈による窒素濃度低下を生じながらも，陸域生態系の窒素収支を評価する上では重要な期間であるといえる．近年の地球温暖化により降雪量や積雪量が変化するのであれば

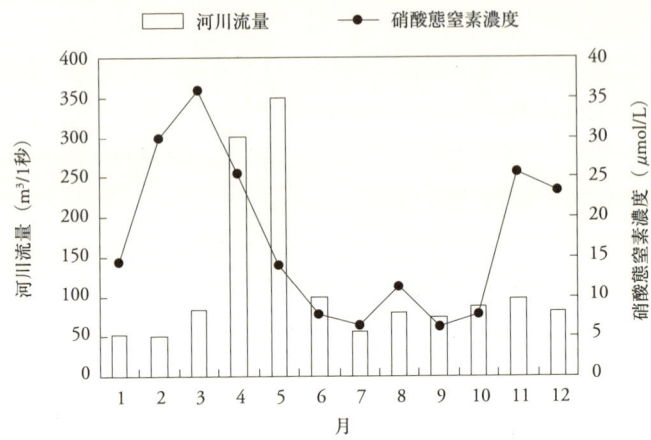

図2 天塩川中流部(美深橋)における河川流量と河川水に含まれる硝酸態窒素濃度の季節変化

河川流量は2003～2006年の平均値(国土交通省　河川水文水質データベース http://www1.river.go.jp/ より).窒素濃度は2004～2006年における月1回観測の平均値.

(Park et al. 2009),融雪水量の変化を通じて融雪期の河川水の硝酸態窒素の動態について質的・量的な変化を生じることが懸念されるであろう.また,シロザケのように降河回遊する魚は,融雪の出水期に河川から海へ移動する.環境変動に伴う河川水質環境の変化は,河川と海を行き来する通し回遊魚のハビタットや行動様式にも何らかの影響を及ぼすかもしれない.

上流から河川への硝酸態窒素濃度の空間変化パターンをみると(図3),源流部(PTD)では10μmol/L内外の値を示し,本地域における天然森林河川(Ogawa et al. 2006)と同程度の低い濃度であった.一方,中下流域において流域の農地面積割合が高まると,河川水の硝酸濃度が数倍程度まで高まる傾向が認められた(図3).農地における窒素肥料投入量や作物収穫窒素量を含む窒素収支から推定される土壌内の余剰窒素は,中下流域の農地で特に高まっていた(Ileva et al. 2009).また,天塩川に注ぐ主要な支流のうち,流域土地

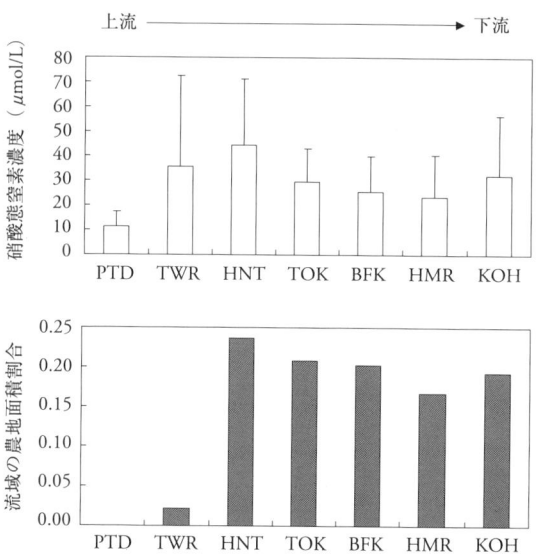

図3 天塩川における上流から下流にかけての河川水の硝酸態窒素濃度と流域農地面積割合の空間変化

2004〜2007年における年4回（5, 7, 10, 12月）の平均値と標準偏差（バー）．農地面積割合は各地点の上流に位置する流域面積合計を1とした場合の相対値．土地利用区分は国土数値情報に基づき，地理情報システムを用いて解析した（Ileva et al. 2009）．PTD：ポンテシオダム上流，TWR：登和利橋，HNT：日向橋，TOK：東恵橋，BFK：美深橋，HMR：誉橋，KOH：天塩川河口大橋．

利用が農地主体である剣淵川（約30％が農地），森林主体である名寄川（約80％が森林）を比較すると，剣淵川，名寄川の河川水に含まれる硝酸態窒素はそれぞれ46（±34SD），19（±7.4）μmol/Lであり，農地が主体である流域河川の硝酸態窒素濃度が高いことが認められた．したがって，流域内における農地への土地利用変化と農業活動の結果として，土壌から河川への硝酸態窒素溶脱が増加したものと考えられた．

天塩川上流には岩尾内ダム（湛水面積510 ha，有効貯水容量9630万 m^3）が存

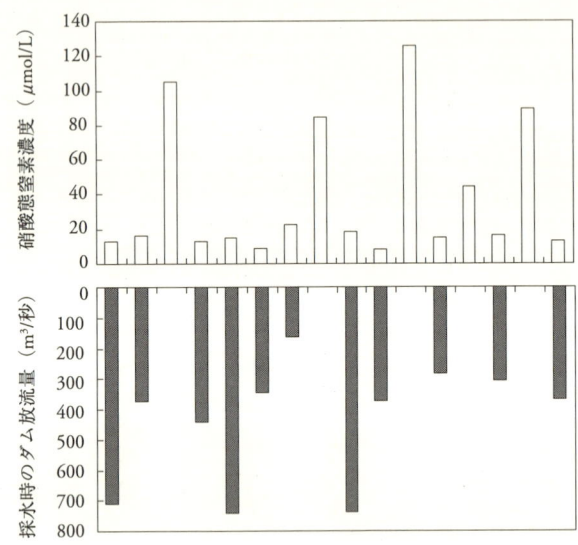

図4 各採水日における岩尾内ダムの放流量とダム直下に位置する地点（TWR）における河川水の硝酸態窒素濃度
各バーはそれぞれの採水日におけるデータを示す．ダム放流量は国土交通省　河川水文水質データベース http://www1.river.go.jp/ より．

在し，図3のTWR地点はダム直下に位置している．TWRでは下流と比較して農地面積の割合が低いのにも関わらず，河川水の硝酸態窒素濃度は上流のPTD地点よりも高い傾向があった（図3）．さらにTWR地点での硝酸態窒素濃度は標準偏差が大きく，採水日ごとの濃度変動が他の地点よりも大きい傾向にあった．そこで，TWR地点における採水日ごとの河川水の硝酸態窒素濃度と，上流に位置している岩尾内ダムの放流量との関係を比較した（図4）．その結果，ダム放流量がほぼゼロである時に採水した河川水では，硝酸態窒素濃度が50〜100 μmol/Lに高まることが示された．一方，ダムから十分に放流が認められる日においては，上流のPTD地点と同様の10 μmol/L内外の低い値で推移していた（図4）．つまり，岩尾内ダムに貯水されている水は，上流の森林流域の影響により硝酸態窒素濃度は低く保たれ

ており，その水が十分に放流されている場合には，その希釈効果により下流地点での河川水の硝酸態窒素濃度が低く維持されているものと考えられる．ちょうど，融雪時期に多量の融雪水による希釈によって硝酸態窒素濃度が低下するのと同様なプロセスであろう．一方，ダムによって上流からの水が堰き止められ，放流量が著しく低下した際には，上流河川水による希釈効果が低下する．それにより，下流地点周辺の農地から河川へと溶脱された硝酸態窒素の影響が相対的に高まり，結果として河川水に含まれる硝酸濃度が上昇するものと考えられた．農地に余分に施肥された窒素が河川へ溶脱するというプロセスは中下流域と同様であると考えられるが，ダムの貯水・放流といった水文過程の改変によって，土地利用変化による水質変化の振幅がより増大したことを示唆している．

現在の天塩川本流の硝酸態窒素濃度は全体としては数十 $\mu mol/L$ のオーダーであり，他の汚染河川と比べてやや低いレベルにある．しかしながら，今後将来において下流や沿岸での富栄養化等を引き起こさないためには，各農地における作物収穫量を維持・向上させつつも，余分な窒素を土壌系外に溶脱させないような肥料投入量および施肥方法をさらに改善することが必要であろう．

本節では，流域の土地利用やダムの影響で河川水の窒素濃度がどのように変動しているのかという点を論じた．次に，河川に含まれる成分の中でも溶存腐植物質の動態に着目し，その化学的特性や流域内での変動について述べる．

(3) 溶存腐植物質の特性と流域内変化

河川中に溶存している腐植物質は，フミン酸 (pH1 で不溶，それ以上の pH で可溶な画分) とフルボ酸 (どのような pH にも可溶な画分) により構成され，フルボ酸が 70～90% と存在割合が高い (長尾 2008)．腐植物質は溶存有機物

の大部分を占め，難分解性の特徴を有するため炭素保存成分と考えられ，炭素循環の観点から重要な成分と位置づけられる．また，腐植物質は高分子電解質の有機酸の性質を示し，カルボキシル基の存在により鉄等の微量金属と**錯体**を形成し，河川水系における微量金属のキャリアとして作用する(Thurman 1985; Senesi 1990)．そのため，河川流域とともに沿岸域の生態系を維持する要因の一つと考えられている．

　河川水腐植物質の特徴と濃度は河川流域の土地利用形態，土壌特性，地形，流況といった要因により異なる．雪融け時の天塩川河川水の溶存有機炭素濃度は 0.5～1.7 mg C/L と流下過程で変動するが，鉄濃度との相関性が報告(Shibata ら 2004)され，腐植物質の重要性が示唆される．そこで，天塩川における溶存腐植物質の特徴との動態を明らかにするため，2004年4月から2006年3月までの毎月1回，上流から下流にかけての9地点（上流から朝日橋，中士別橋，名寄大橋，東恵橋，美深橋，中川，円山，天塩大橋，天塩河口橋）で採水を行い（図1），溶存腐植物質の特性評価が可能な三次元励起蛍光分光光度法(Nagao et al. 2003)を用いて分析した．同時に，溶存腐植物質を吸着できる樹脂を用いてフルボ酸を分離精製すると，天塩川フルボ酸の元素組成は，無灰分重当りの重量％で炭素 43.09％，水素 5.22％，窒素 1.00％，酸素 50.69％であった．

　図5には天塩川フルボ酸と河川水の三次元蛍光スペクトルを示す．天塩川フルボ酸の蛍光ピークは，励起波長 310 nm，蛍光波長 420 nm (Ex. 310 nm/ Em. 420 nm) に検出され，2004年4月～2006年3月までに採取した天塩川河川水全試料の三次元蛍光スペクトルにもほぼ同じ位置 (Ex. 293～330 nm/ Em. 407～433 nm) にピークが検出された．図を見て分かるように，河川水試料のスペクトル形状と類似するため，河川水に検出される上記の蛍光ピークはフルボ酸に相当する有機物，"フルボ酸様物質"と考えられた．

　図5で特定されたフルボ酸様物質の相対蛍光強度の上流（朝日橋），中流（名寄大橋，美深橋），下流域（天塩大橋）の測定結果をみると，フルボ酸様物

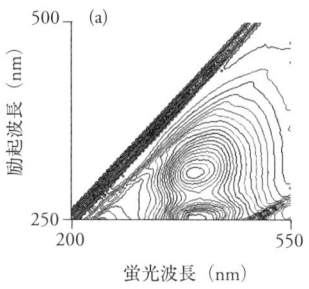
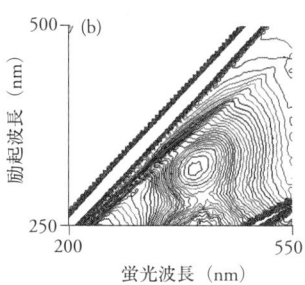
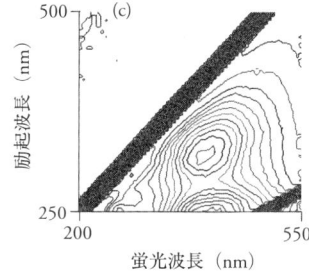

図5 分離精製した天塩川の河川水フルボ酸 (a) と河川水 (b) (c) の三次元蛍光スペクトル

天塩川フルボ酸は 10 mg/L の濃度, pH8 の 0.01 M NaClO₄ 溶液の条件で測定. 河川水 (b) はフルボ酸の分離精製時の 2006 年 9 月に名寄大橋で採取した試料, 河川水試料 (c) は 2005 年 9 月に名寄大橋で採取した (pH7.4, 溶存有機炭素濃度 1.9 mg/L). スペクトルの等高線間隔は (a) 4.8 QSU, (b) 1.6 QSU, (c) 1.4 QSU である.

質の相対蛍光強度は,上流の朝日橋で年間を通じて低かった(図6).一方,名寄大橋から天塩大橋までの中流から下流間の3測点では,フルボ酸様物質の相対蛍光強度が4,5月と8,9月には冬季に比べて2〜3倍程度増加する傾向が認められた.流量は図2に見られるように,4,5月に高く,8,9月は前後の月とほぼ同じ程度である.これらの結果は,両時期に流域からのフルボ酸様有機物の供給量が増加するが,その流入機構等が春と夏で異なることを示唆している.

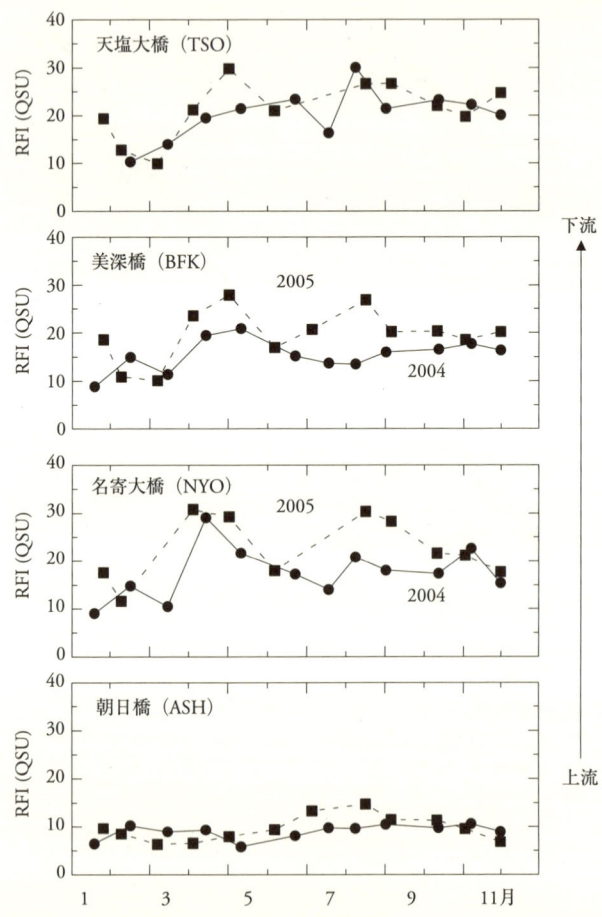

図6 天塩川上流から下流までの測点におけるフルボ酸様物質の相対蛍光強度（RFI）の季節変動
相対蛍光強度は各試料の蛍光ピーク位置での値をプロットした．

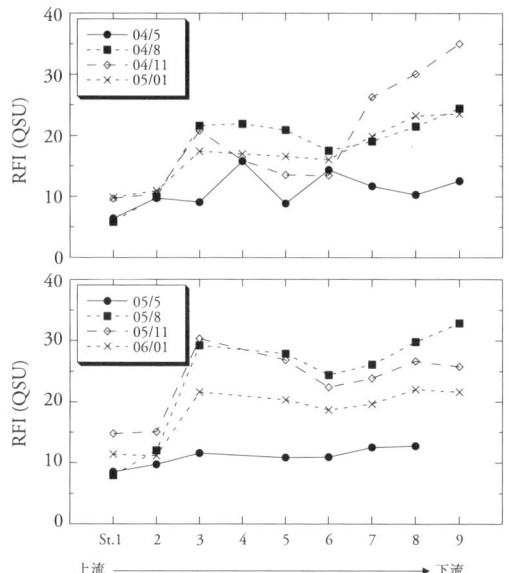

図7 天塩川流下方向における河川水フルボ酸様物質の相対蛍光強度（RFI）の変動

データは2004年5, 8, 11月, 2005年1, 5, 8, 11月, 2006年1月に採取した河川水試料の測定結果を用いた．測点は以下の通りである：St. 1 朝日橋；St. 2 中士別橋；St. 3 名寄大橋；St. 4 東恵橋；St. 5 美深橋；St. 6 中川；St. 7 円山；St. 8 天塩大橋；St. 9 天塩河口橋．

　フルボ酸様物質の相対蛍光強度の流下方向での変動を検討するため，各季節の相対蛍光強度を図7に示す．5月のフルボ酸様物質の相対蛍光強度は，上流から下流に向けて徐々に増加するもののそれほど大きな変動は認められなかった．一方，それ以外の月においては，名寄大橋で急激に増加し，名寄大橋から中川間で弱い減少傾向，中川から天塩河口まで再度増加する傾向を示した．中士別橋から名寄大橋では，8月に濃度差が大きい傾向が認められる．朝日橋の下流域からは盆地が広がり，図3に見られるように，流域に占める農地の割合が増加し土地利用形態の変化が存在する．そのため，フルボ

酸様物質の相対蛍光強度の増加は，流域環境と流況に関連した流域からの流入量の変化によるものと考えられる．

　上・中・下流域の測点でのフルボ酸様物質のピーク波長域を検討したところ，雪解けの4〜5月では上流から下流にかけて，励起波長がやや増加した．一方，その他の月では検出されるフルボ酸様物質のピークの波長位置はほぼ一致した．腐植物質の蛍光スペクトルは，構成有機物や構造特性の違いが反映され，蛍光ピーク位置の数，波長位置，相対蛍光強度が異なっている（Senesi 1990; Coble 1996）．流域環境が異なる河川水フルボ酸の蛍光ピーク位置は，励起波長300〜325 nm，蛍光波長425〜460 nmで，それぞれ20 nmと35 nmの変動幅が存在している（長尾2008）．そのため，雪融け時における流下方向のピーク位置の変動は，フルボ酸様物質の特徴の違いを反映し，名寄大橋でのフルボ酸様物質の急激な増加，ならびに流下方向での相対蛍光強度の増加は，同じ様な特徴を持つフルボ酸様物質の供給量の増加によるとこ とを示唆している．また，春季と夏季（2004年4月〜10月，2005年5月〜8月）のフルボ酸様物質の蛍光ピーク位置の平均値と偏差はEx. 312±4 nm/Em. 421±4 nm，秋季・冬季（2004年11月〜2005年4月，2005年9月〜2006年3月）ではEx. 320±2 nm/Em. 415±2 nmと異なっていた．この結果は，流域から河川へ供給されるフルボ酸様物質の特徴が異なる，つまり，フルボ酸様物質の起原あるいは供給機構が異なることが考えられる．

　天塩川から沿岸海域へのフルボ酸態炭素の流出フラックスを見積もるために，分離精製したフルボ酸の濃度と相対蛍光強度との関係式を求めた．実測した最下流の天塩河口橋の河川水試料に関して，フルボ酸様物質の相対蛍光強度からフルボ酸濃度を求め，炭素含有量41.5%を掛けてフルボ酸態炭素濃度を換算した．その結果，溶存有機炭素濃度に占める割合は32〜71%，平均値は53±13%であった．観測日のフルボ酸態炭素濃度と流量を月平均値として，天塩川から流出する各月のフルボ酸態炭素のフラックスとして見積もった結果，2005年4月〜2006年3月までの1年間で7390 tCであった．

フルボ酸様物質の河川から沿岸域へのフラックスは，雪解け時の4月に最大になり年間フラックスの約30％を占めている．季節的には春季（4～6月）が全体の44％，秋季（10月～12月）には34％であった．また，各測点でのフラックスは下流域で高いことから，雪解け時期には下流域が重要なフルボ酸の供給源と考えられる．

これまで示してきたように，河川水に含まれる窒素成分や溶存腐植成分は流域環境や土地利用の特性によって変化しながら，下流へと運ばれている．北海道北部に特徴的な融雪期における出水イベントも濃度変動やフラックスに重要な役割を果たしていた．上流から下流へ運ばれる溶存成分は，下流の生態系にどのような役割を果たすのであろうか．以下では，天塩川河口における溶存成分やプランクトンの動態などを通じて，流域環境と生物生産との関係について考察する．

(4) 下流感潮域におけるシジミを巡る物質動態

天塩川河口域では，汽水性懸濁物食性二枚貝であるヤマトシジミ（*Corbicula japonica*）が重要な水産資源となっている．ヤマトシジミの漁場は，天塩川河口域，天塩川河口から11 km上流で合流しているサロベツ川，およびサロベツ川の中流に位置するパンケ沼である（図1）．パンケ沼は，サロベツ川を塩水が遡上して影響を受ける汽水湖であり，パンケ沼およびサロベツ川は泥炭地を流れるため豊富な有機物を含んでいる．しかしながら，ヤマトシジミの漁獲量は近年急激に減少しており，（図8），その減少がどのような原因によるのか，様々な調査が行われているが未だに解明されていない．シジミを重要な水産資源としている下流地域では，これらの減少が乱獲によるものなのか，あるいは流域環境の悪化によるものなのか高い関心を寄せている．

そこで本節では，天塩川河口域の生物生産に関与する物理因子や，親生物元素の季節的，鉛直的及び局所的変動性を明らかにすることによって，物質

第 1 章　自然河川流域と沿岸生態系

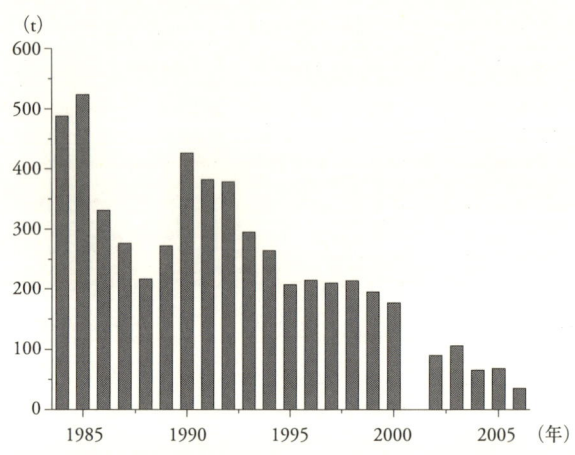

図 8　天塩川河口域におけるヤマトシジミの現存量変化（天塩川漁業協同組合より）

動態と，生物生産の制限要因を把握することを目的とした研究を紹介する．とりわけ，海水の遡上によって生成される塩水楔の動態と，支流であるサロベツ川水系の果たす役割を明らかにすることを目指し，2004 年度のデータを中心に議論する．

　天塩川河口域に 8 点，サロベツ川とパンケ沼 5 点の定点を設置し（図 9），河川水や湖沼水の水温，塩分，クロロフィル a，栄養塩，溶存有機炭素，溶存有機窒素などを測定した．また，天塩川河口近傍の定点で夏季に 24 時間連続観測を行った．その結果，天塩川河口付近に形成される塩水楔は，6 月から 11 月にかけて，水深 2.5 m に安定して存在することが分かった．また，水温及栄養塩についても明確な二層構造が形成されており，塩水楔が天塩川河口域における水塊特性に大きく寄与していると考えられた．

　河口からパンケ沼にかけての定点における毎月の塩分鉛直断面図の結果（図 10 [巻頭口絵 2]）から，5 月に雪解けによる河川流量の増加によって消滅していた塩水楔は，河川流量が安定するにつれて上流域に発達すると考えら

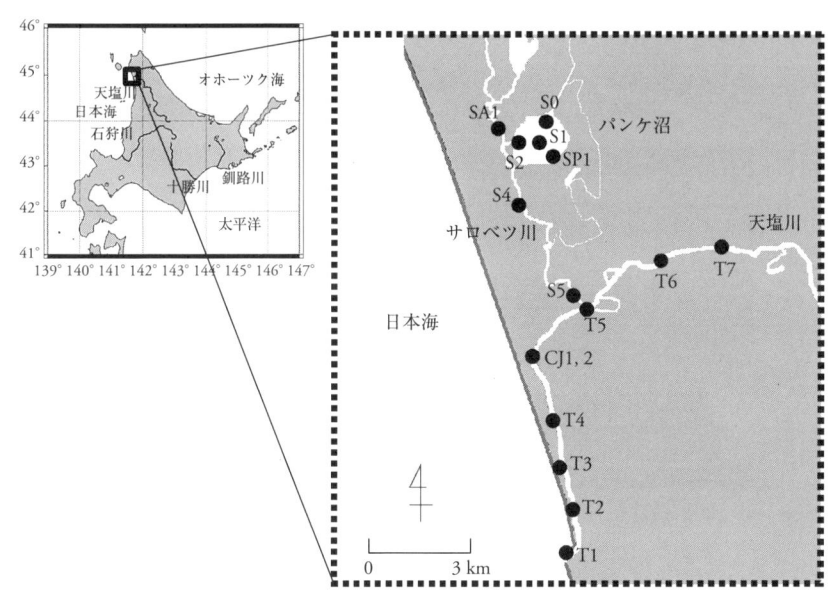

図9　天塩川河口域における定点調査地点の位置図

れた．特に渇水期にあたる夏季には非常に発達する傾向にある．その後，再び河川流量が増加することによって，徐々に河口方向に後退していくものと推定される．また，サロベツ川へ塩水が遡上するためには，合流点の河床（水深約 3.5 m）より浅い位置に天塩川の塩水楔が形成されている必要がある．この点から，天塩川本流に塩水楔が見られた 11 月においても，サロベツ川では塩水遡上はほとんど起こっていなかったと思われる．次に，前述の条件を満たしていた 9 月に塩水遡上がほとんど見られなかった原因は，降水が観測された後に，塩分の低下が見られる傾向にあることから，9 月は特に降水による河川の流量増加の影響を強く受け，塩水遡上が抑制されていたと推定された．一方で，7 月は合流点の河床よりも水深の浅い位置に塩水楔が形成され，比較的降水量も少ないため，サロベツ川への活発な塩水遡上が起こった

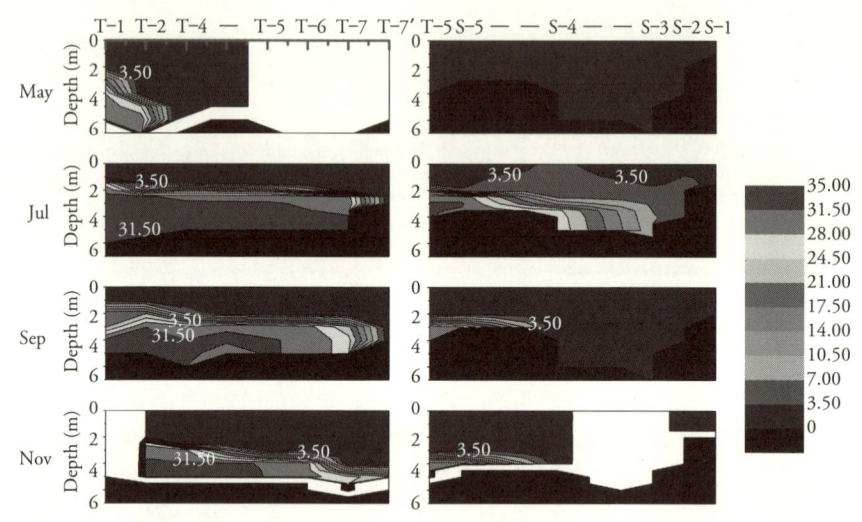

図10 天塩川河口域における河川水中の塩分分布（地点は図9を参照のこと．巻頭口絵2参照）

と考えられた．しかしながら，降水量のみが直接的に河川流量の増減に影響を与えるわけではなく，河川流域の土壌特性も非常に大きな影響力をもっているであろう．特に，サロベツ川流域は湿原であるため，保水力が高い可能性がある．そのため，今後は流域の水文プロセスや特性を考慮し，河川流量の実測値を用いた解析が必要であろう．

天塩川河口域における河川水に含まれる溶存窒素濃度の季節変動を見ると，夏季にアンモニア態窒素濃度が上昇し，硝酸態窒素濃度は秋季以降に上昇するという季節変動を示した（図11）．また，河川水のリン酸濃度は期間を通じて低い値で推移しているものの，8月上旬に濃度上昇が認められた（図11）．これは，降水の影響を受けたものと考えられる．このように，天塩川は一年を通して窒素やリンなどの親生物元素の濃度は低いレベルであるが，突発的な濃度上昇が起きることが示唆された．その結果，沿岸域への物質供給源として，より大きな影響力を発揮すると考えられた．さらに，天塩

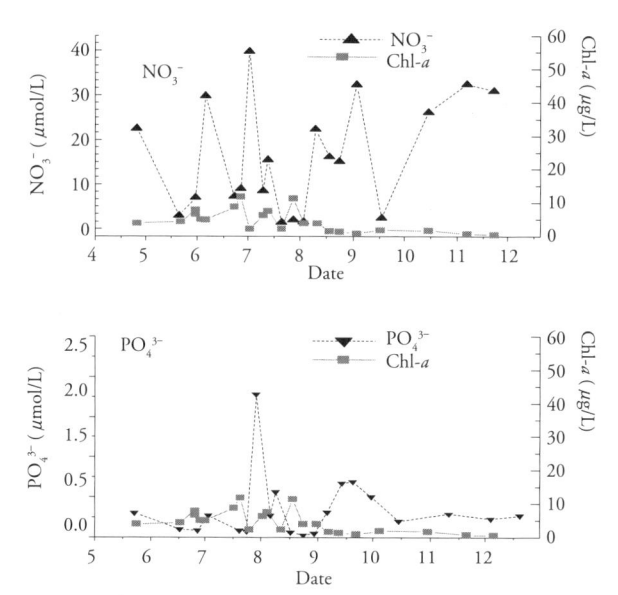

図11 天塩川下流における河川水の硝酸態窒素，リン酸態リン，クロロフィル-a (Chl-a) の濃度変化

　川は4月から5月末にかけて，降水以上に大規模な雪解けによる長期的な河川流量の増加が起きる（図2）．したがって，雪解け時に天塩川が沿岸域への物質供給源として，非常に重要な役割を担っている可能性が示唆された．

　天塩川下流およびパンケ沼におけるクロロフィル-a (Chl-a) の時系列変化（図11，12）から，パンケ沼は天塩川本川に比べて非常に高い基礎生産があることが示唆された．パンケ沼におけるChl-aの平均濃度は29.1 μg/Lであり，最大濃度は56.2 μg/Lであったことから，パンケ沼は富栄養湖に分類されると考えられる．しかし，栄養塩の時系列変化をみると（図12），観測開始から10月にかけて，無機態窒素の枯渇が見られた．上述のような高い基礎生産を維持するためには，栄養塩である無機窒素は欠くことができない．このことから，パンケ沼の基礎生産は窒素固定能を有する藍藻類が主体である可

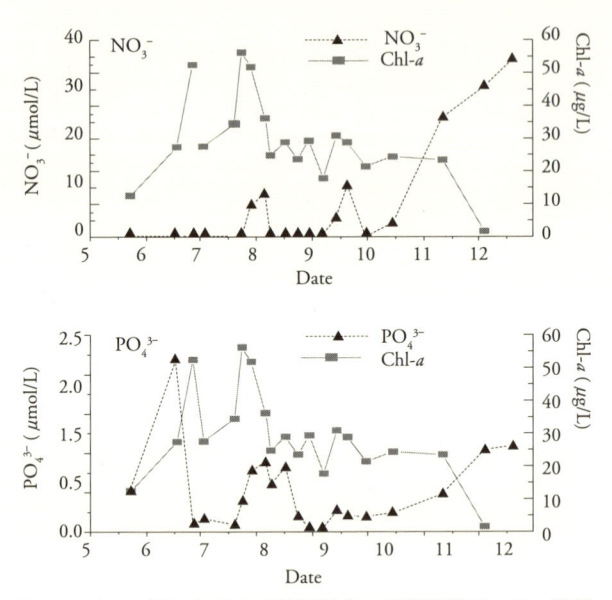

図12 パンケ沼における表層湖沼水の硝酸態窒素，リン酸態リン，クロロフィル-a（Chl-a）の濃度変化

能性が示唆された．これまでにパンケ沼では，春季において藍藻類の *Anabaena flosaquae* によるアオコの発生が確認されている．特に，6月中旬から下旬にかけて，リン酸濃度が著しく減少した．それに対してChl-a濃度は，6月下旬に極大値をとった．この間無機窒素は枯渇状態であったことから，藍藻類がリン酸塩を使って爆発的に増殖した可能性が示唆された．その一方，これまでの調査で *Anabaena flosaquae* は夏季に確認されていない．そのため，夏季に優占していた植物プランクトン種を特定することが今後の課題であろう．また，近年では底生珪藻が堆積物の再懸濁にともなって水柱に舞い上がる現象が確認されている．パンケ沼は平均水深が約1mと浅く，底生珪藻の増殖に必要な光量が堆積物表層に到達する可能性が十分にある．また，風などの外力の影響を受け，堆積物の再懸濁が頻繁に起きている可能性もある．

また，パンケ沼への栄養塩の供給源として，サロベツ川流域の主要な土壌である泥炭からの浸出水の可能性が考えられる．栄養塩の時系列変化から，パンケ沼は降水後に無機窒素及びリン酸塩濃度が上昇したが，極大値を取るまで，天塩川よりも時間を要する傾向が見られた．このことから，パンケ沼は降水後，ある期間持続的に流域からの栄養塩供給を受けている可能性が示唆された．今後は沼底堆積物—水柱フラックスや，湿原浸出水の影響を評価する必要があると考えられる．

　次に，栄養塩の供給源候補として水柱での有機物分解が考えられる．特に，窒素枯渇状態のパンケ沼では，有機態窒素の分解過程が重要であると思われる．そこで，全溶存窒素の組成変化を見ると，パンケ沼の表層水では，全溶存窒素に占める有機態窒素の割合は季節的に変化するものの，その絶対量に明確な季節変化は見られなかった．このことから，パンケ沼の溶存有機窒素は保存的であり，基礎生産に関与しにくい難分解性である可能性が示唆された．

　以上のようにパンケ沼の基礎生産を支える栄養塩供給源は，流域からの浸出水や水中での有機物分解などが関係していると考えられ，定量的にはきちんと特定されていないが，それらの様々な要因が複雑に関与していると考えられる．

　パンケ沼の存在が天塩川河口域に及ぼす影響についてパンケ沼で生産された有機物の動態について考えると，パンケ沼から下流に向けて高濃度のChl-aが流下する様子が観察された．それは最も7月が活発であり，サロベツ川 (Stn. S-4) では，水深2mでパンケ沼の表層とほぼ同濃度を示した．他の月では7月ほど活発に流下する様子は観察されなかった．この原因を考えてみると，塩分の定点観測の結果から，7月は最もサロベツ川への塩水遡上が活発であり，この時の塩分躍層とChl-a濃度の躍層はよく一致していた．このことから，サロベツ川への塩水遡上によって強固な密度躍層が形成され，パンケ沼で生産された有機物粒子がサロベツ川内で堆積することなく，

天塩川まで流下し，河口部に生息するシジミの餌資源となっていると考えられた．また，サロベツ川合流点から下流では，塩水楔の上層でChl-a濃度の増加が見られ，塩水楔の直上で最大値をとり，集積する傾向が見られた．

さらに，単位懸濁粒子重量あたりのChl-a含有率を見ると，塩分値で0～5 psuと5～35 psuの水塊に区分したとき，7月は他の月よりも明確な差が見られた．特に，0～5 psuの水塊ではパンケ沼と天塩川の値の一致性が高かった．

以上のように，サロベツ川合流点から天塩川下流域に，パンケ沼から流下した基礎生産物が連続的に供給されており，それは7月のようにサロベツ川への塩水遡上が活発であるほど促進されていた．天塩川が河口から二十数kmの上流部まで感潮域であることは，シジミの生息にとって，単に産卵を促す因子としてだけではなく，上流の淡水域で生産された有機物を効率よく運搬してくれるポンプとしての機能も保証していることになる．それにより，天塩川下流部の底生生物生産は，上流部のパンケ沼での基礎生産に大きく依拠していることが明らかとなった．

(5) おわりに

天塩川は日本最北の大河であり，冬には多量の降雪が生じる地域に位置している．融雪期における短期間で大量の出水は，上流から下流にかけての窒素や溶存腐植物質などの溶存成分の動態や，河口域における塩水楔変動，河口から沿岸域への物質供給に対して，きわめて重要な自然的要因であった．上流部のダムによる流量調整は，直近の河川水の水質変動を大きく変容させていることが示された．

また，北海道北部に特有な緩やかな地形は中流部から下流部にかけての農地利用を可能にし，最下流部には広大な湿原が広がっている．このことは上流から下流，沿岸に対しての窒素や溶存腐植成分の流出に深く関わってい

た．特に，流域内における農地への土地利用変化は土壌から河川への窒素溶脱を増加させ，河川水の硝酸態窒素濃度を上昇させていた．

　河口域においては，上流域から運ばれた物質供給の影響だけではなく，河口域特有の物質動態の特徴が重要であった．つまり，緩やかな河川地形と潮汐との相互作用の結果として生成された塩水楔の動態によって，河口域生態系に対して重要な栄養塩や餌資源などの動態が大きく変化していた．

　以上のように，流域生態系全体の環境変化と生物生産との関係を理解するためには，地理的条件のもとに形成された自然プロセスと，人為改変によって生じた変化パターンについてその要因と相互作用を明らかにすることが重要である．また，何らかの人為による環境変化を負の影響として排除する方向で議論するのではなく，人間に対する生態系利用のバランスをどのように設計すれば，環境保全と農林水産業を含む生物生産との調和が図れるのかを議論することが重要である．自然生態系と農林水産システム間，あるいは上流圏と下流圏間での生態系サービス（生態系からの恵み）のトレードオフ関係を考慮に入れた，新たな適応的流域生態系管理の方策を検討することも重要であろう．

▶▶▶柴田英昭／上田　宏／イレバ・ニーナ／長尾誠也／
中村洋平／門谷　茂／柴沼成一郎

第 1 章　自然河川流域と沿岸生態系

❷ 別寒辺牛川における森と海の関わり

　北海道東部の根釧原野に流れ，厚岸町の大部分と標茶町の一部を流域に持つ別寒辺牛川は河口域の厚岸湖や厚岸湾とともに，厚岸水系を形成して，第一次産業中心の厚岸町にとって，最も重要な自然資源と言える．また，この周辺の森林と沿岸域の連環を見るために格好の場所といえるだろう．

(1)　厚岸水系（別寒辺牛川・厚岸湖・厚岸湾）の概観

(a)　別寒辺牛川

　別寒辺牛川は，北海道東部標茶町と厚岸町の境界あたりの丘陵地帯に源を持ち，釧路湿原の東側にあるもう一つの大規模な湿原「別寒辺牛湿原」の中を流れて厚岸湖に注ぐ二級河川である（図13）．この別寒辺牛川の特徴は，標高差がきわめて少ない河川であることで，本流の流程が約 43 km もあるにもかかわらず，標高差はわずか 100 m 足らずと，広大な湿原の中をゆったりと流れている（図14）．フッポウシ川，サッテベツ川，大別川，トライベツ川，チライカリベツ川，チャンベツ川などなど，別寒辺牛川は多くの支流を持ち，オッポロ川やホマカイ川は，旧尾幌川となって河口直前で別寒辺牛川本流に合流して厚岸湖に注ぐ．その流域面積は約 447 km^2 と二級河川としてはかなり広い．

　もう一つの特徴は，現在の日本では数少ない河川改修がほとんど行われていない自然河川であることである．また，河川流域の人口密度はきわめて低く土地利用も少なく，そのために，河川の両側に広い湿原・氾濫原を上流近くから下流まで持っており，湿原の中を蛇行する河川本来の姿をその流程の多くのところで見ることができる（図15 [巻頭口絵 3]，16）．

　河川の改修がないため，サケ科魚類などの遡河型生物が上流から下流・河

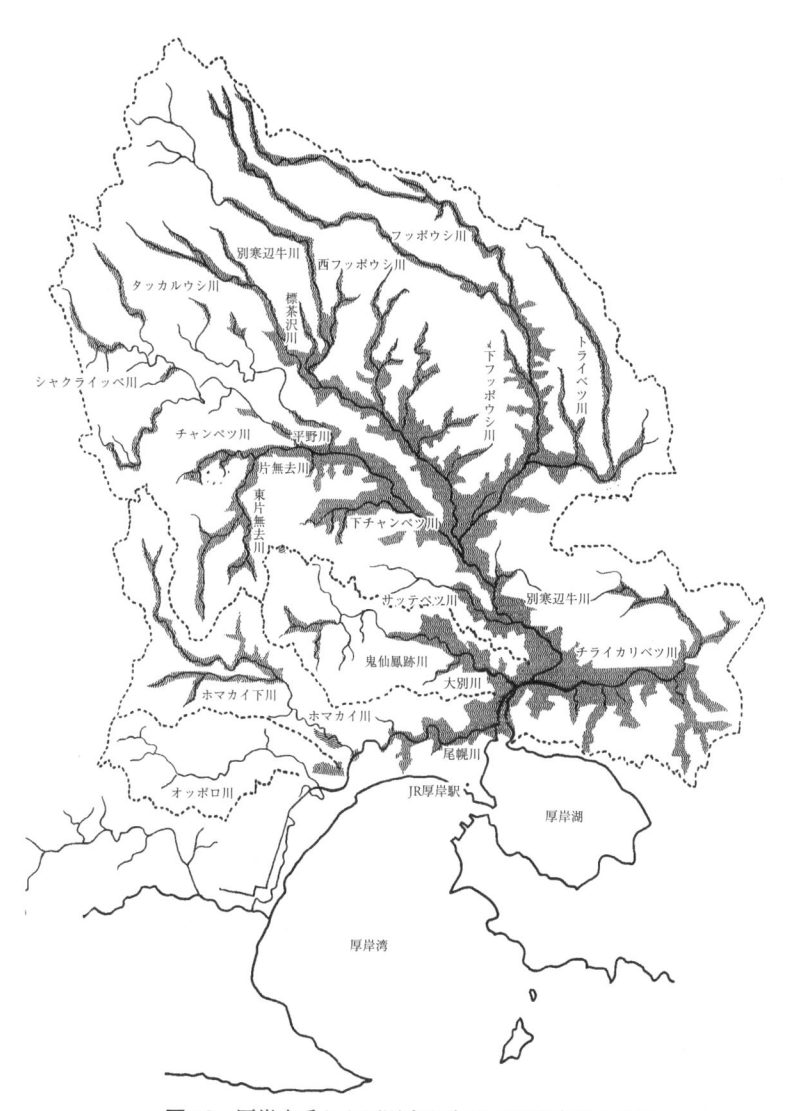

図 13　厚岸水系および別寒辺牛川の流域全体の地図

第 1 章　自然河川流域と沿岸生態系

図14　別寒辺牛湿原の中をゆったりと流れる別寒辺牛川

図15　別寒辺牛湿原の中を蛇行して流れる別寒辺牛川（巻頭口絵3参照）
手前の黒く見える森林は，この地方の天然林であるミズナラ・ダケカンバとエゾマツ・トドマツの針広混交林．

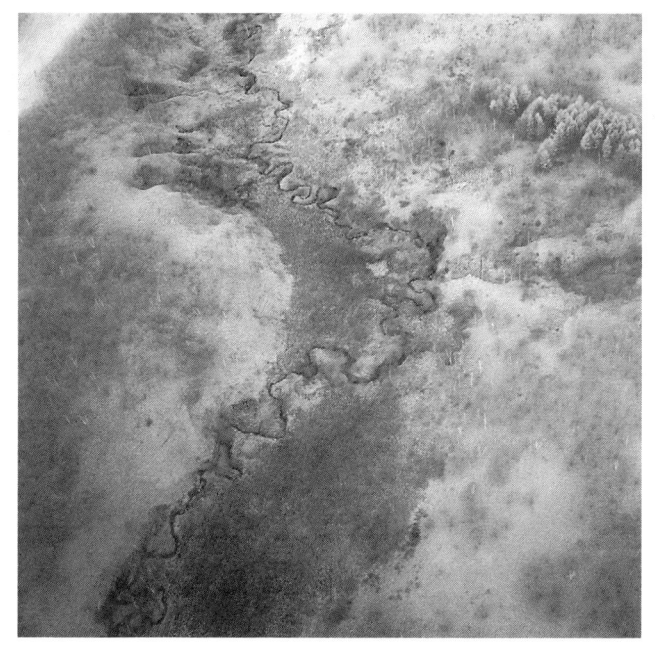

図16 別寒辺牛湿原の中を蛇行しながら流れる自然河川の別寒辺牛川
周辺の湿原には，高層湿原も見られる．

口域までを自由に行き来でき，サケ，シシャモ，シラウオ，イトウ，アメマスなどが生息しており，とくに日本では絶滅を危惧されている幻の魚といわれるイトウが安定的な繁殖を続けている川である．

(b) 森林の特徴

冷温帯に属する道東の原生的森林はエゾマツやトドマツなどの針葉樹とミズナラやダケカンバなどの広葉樹が混じって生える針広混交林である．別寒辺牛川の流域には，そのような針広混交林が河口周辺の山などに残っているが，上中流域では，かつて大量に伐採された後に作られた二次林が中心の落

葉広葉樹林が多い．低湿地ではハンノキ，ヤチダモなどの湿性林となり，丘陵ではミズナラ，イタヤカエデ，シラカンバなどの落葉広葉樹林となり，海岸段丘や山麓では針広混交林となる．別寒辺牛川の最上流部に位置する京都大学フィールド科学教育研究センターの北海道（標茶）研究林でみられる主要な樹種は，ミズナラ，ケヤマハンノキ，ダケカンバ，シラカンバ，ハルニレ，ヤマグワ，エゾヤマザクラ，キハダ，イタヤカエデ，ハリギリ，ヤチダモ，バッコヤナギなどである．

　かつては別寒辺牛川の流域の森林で天然林を利用する林業が盛んに行われ，紙パルプの材料として，また燃料や建築資材に利用されたため，巨大木はほとんど残っていない．流域の森林はそのためにかつて荒廃し，日本全体の林業の低迷とともに道東の林業もその存在は希薄になってきている．

　上流部には，パイロットフォレストと呼ばれる国有林があり，もともと北海道にはなかったカラマツを大規模に植林している．パイロットフォレストは，すでに60〜70年経過した立派な針葉樹の森林となっているが，周辺の落葉広葉樹林や針広混交林と比べて，やや異質な森林となっている．

　また，京都大学の研究林に接するように別寒辺牛川の最上流部に，かつて農地開発が行われていた1万6800 haにおよぶ自衛隊の演習地があり，ヘリパッドと着弾地を除けば，現在ではカシワ林を含む良好な落葉広葉樹林が復活している．

(c) 別寒辺牛湿原

　別寒辺牛川の下流域には，日本で3番目に広大な別寒辺牛湿原を川の両側に持っている．別寒辺牛湿原には，高層湿原も存在するなど，手つかずの自然の残る貴重な湿原として知られ，1993年に厚岸湖とともにラムサール条約登録湿地となった．別寒辺牛湿原は，国内有数の原生的な自然が残された湿原で，全体の面積は約8300 haにのぼり，このうち4896 haが登録当初の面積だったが，2005年に381 haが追加され，厚岸湖・別寒辺牛湿原の登録

湿地面積は 5277 ha となった．

　厚岸湖に注ぐ別寒辺牛川河口をはじめ，そのほとんどは典型的な低層湿原で，ヨシ，スゲ類，ハンノキの群落が広がっているが，中・下流域において，本流と支流のトライベツ川に囲まれる沖積低地に，約 110 ha の発達した高層湿原があり，オオミズゴケなどからなるミズゴケ群集（絶滅危惧種及び絶滅が危惧される群集）が形成されており，このミズゴケ群集上に，ガンコウラン，ヤチツツジ（絶滅危惧・B 類（EN）），イワノガリヤス，イソツツジ，ヒメシャクナゲなど高山植物群落が見られる．また小規模な中間湿原やそれに近い高層湿原が数ヶ所点在している．

(d)　流域の農業

　別寒辺牛川の流域では，6 月から 8 月にかけて道東の太平洋岸に発生する海霧により，気温が下がり日照も低下するため，畑作や水田農業は行われていない．ほとんどが酪農を営んでいる．流域の標茶町に属する一部でジャガイモなどの畑作が行われているが，その割合は無視できる程度である．酪農は盛んで，厚岸町の農家 120 戸足らずに乳牛が 1 万 4200 頭も飼育されている．この乳牛の数は厚岸町の人口に匹敵する．酪農は森林を開発して広大な草地を使う．牧草の生育のために人工肥料や農薬も使用する．さらには，家畜の糞尿が大量に発生し，無処理の場合は大雨の時に河川に流れ込む．1 頭の牛は人間の 10 倍の排出量があるといわれているから，農業の河川環境への影響はかなり大きい．

　別寒辺牛川の流域面積に占める酪農草地の割合は，現在のところ約 12％程度で，別寒辺牛川や厚岸湖の水質に大きく影響はしていない．しかし，一部支流の流域に農地が集中していることもあり，チャンベツ川や大別川という支流では河川の水質にかなりの悪影響を与えている．

図 17 別寒辺牛川河口付近
左側が厚岸湖．上方から尾幌川が合流している．

(e) 厚岸湖

　別寒辺牛川が流入する厚岸湖は，河口にできた海跡湖で面積は 31.8 km^2，最大水深 7 m の浅い水域であり，厚岸湾と狭い水道でつながり，水の平均滞留時間は 0.1 年とされるように水の交換は良く，塩分は 10〜25 psu (practical salinity unit: 実用塩分単位) 程度で，河口の汽水域としては比較的高く，河口を除くとほぼ海水に近い．流入河川は別寒辺牛川の他に数本の小河川があるが，その流域も小さく流量は全体の 2〜3% 程度以下である．冬には湖口の水道部を除いてほとんど全面結氷する．

　厚岸湖の大部分はアマモとコアマモからなるアマモ場を形成し，湖口付近には砂の堆積による干潟ができている．過去にはこの干潟の多くにカキが生息し，カキ礁を形成していたが，20 世紀後半になって乱獲と津波・土地の沈降によって消滅した．その後の干潟には，山砂を入れてアサリの養殖が行

われている．一方，厚岸湖の奥部は天然の干潟が残されており，湖岸は湿地帯となり，タンチョウも営巣する．別寒辺牛湿原とともに，1993年にラムサール条約の登録湿地となった．

汽水湖である厚岸湖湖畔には，アッケシソウ（絶滅危惧・B類（EN））などの塩性湿地植物群落が点在しているほか，潮汐活動により潮の影響を受ける河川河口域においても，スゲ類などに特徴的な種構成が見られる．この群落には，シバナ，ヒメウシオスゲ，ウミミドリ，エゾツルキンバイ，チシマドジョウツナギ，エゾハコベ，ウシオツメクサなどの希少植物種が混在している．

厚岸湖の生態系は，沿岸域内湾の著しい特徴をよく備えており，外洋生態系と比べて，多くの変異に富んだ食物連鎖構造を持っている．〈植物プランクトン→動物プランクトン→小型魚類→大型魚類・鳥・人間〉という外洋生態系と同じ基本的な食物連鎖を持ってはいるが，その食物連鎖の重要性は以下のいくつかの食物連鎖に比べてかなり低い．

もっとも基礎生産が大きいのは，厚岸湖の面積の6割くらいを占めているアマモ・コアマモの光合成によるものである．密生しているアマモが冬も枯れずに生産を続けていることから，その単位面積あたりの基礎生産量は陸上の森林をしのぐほどであり，厚岸湖の基礎生産の大部分はアマモによる光合成と言える．しかしながら，アマモを直接食べる動物は，ここでは冬季にやってくるオオハクチョウが主体で，その被食量は局所的に大きいものの，氷が張ったところは食べられないから，全体としての被食量は少ない．また，春から夏のもっとも生産が盛んな時期には，直接消費する動物はほとんどいないので，消費されない．

この莫大な生産は，大部分はアマモが枯死した後に分解されて，栄養塩として溶出したり，細かい粒子となって海水中に懸濁したり，湖底に堆積する．前者は，再び植物プランクトンやアマモに利用されて基礎生産にリサイクルする．一方，後者の懸濁したものはカキやアサリなどの懸濁物食者によって

食べられる．堆積した粒子状の有機物は，ゴカイや小型のベントス（底生動物）によって食べられ，それらがさらにカレイ類などの魚類に食べられ，いわゆる腐食食物連鎖に組み込まれる．アサリやカキなどの懸濁物食者は，一般に植物プランクトンを食べていると考えられているが，調べてみると，植物プランクトンよりも質的には劣るが，量のいっぱいあるこれら粒子状有機物（デトライタス）に依存している部分の方が多いと言うことが分かった．アマモの生産は，腐食食物連鎖という形でこれらの生産に貢献している．

　もう一つの大きい基礎生産者のグループは，「付着藻類」と「底生藻類」である．どちらも珪藻を主体とする単細胞微細藻類で，前者はアマモなど海草の葉の表面に付着して生活しており，後者は海底の堆積物の表面や内部に生活している底生の微細藻類である．これらの微細藻類は，アマモにくらべてバイオマスはきわめて少ないけれども，生産は逆にきわめて活発で，厚岸湖の生物生産システムの主要な役割を果たしている．付着藻類も底生藻類も本来は海水中に浮遊して生活するものではないが，浅い厚岸湖では風が吹けば海底から堆積物が巻き上がり，アマモの葉からは付着藻類がはがれて海水中に懸濁する．海水中に浮遊している藻類を調べてみると，植物プランクトンは全体の1～2割程度で，その他の大部分はこれら付着藻類や底生藻類が海水中に懸濁したものであることが分かった．つまり厚岸湖で養殖されているアサリやカキの餌として重要な働きを持っているのは，これらの微細藻類の生産だった．

　また，厚岸湖の魚類生産にもこれらの微細藻類の基礎生産が重要な働きをしていることも明らかになった．それは，莫大な量のアマモの葉の表面に付着している藻類を直接食べる動物の存在による．それは，アミ類である．アミ類は，河口域や汽水域にきわめて普通に生息して，浮遊している粒子状の有機物や植物プランクトンを食べていると言われているが，厚岸湖ではアミ類がアマモの葉の表面にしがみついて，せっせと付着藻類をかじっているのが観察された．ここではアミ類は付着藻類を主要な餌としている．そしてア

ミ類は厚岸湖で見られる多くの魚類の餌となっている．アミ類を食べていない魚類を探すのが難しいくらい，ほとんどすべての魚類がアミを食べて成長している（渡辺ら 1996）．

　厚岸湖の生物生産は，いくつかの食物連鎖が同時に存在することによって，多様性と生産性の高い沿岸域生態系を形成している．これを支えているのは，陸上からの栄養塩の流入であるが，本州の多くの河川で見られるような栄養塩の過剰な流入による沿岸域の富栄養化は，現在のところ見られていない．

(2)　人間の利用とその影響

　別寒辺牛川流域，特に海岸部に近い地域は夏に海霧が発生して日照時間が少ないため，これまで農業としては牧畜業と牧草栽培のみが行われてきた．そのため，平坦な地形の大部分を占める湿地帯は，水田耕作をすることもできず，結果として自然の湿原のまま保全されてきた．隣の釧路湿原と同様に，この地域の気象条件が，広大な湿原を保全することに役立ってきた訳である．

　別寒辺牛川流域では，農地開発は局地的に行われており，支流によって農地率はかなり異なっている．別寒辺牛川全流域では，農地率は約 12％で，森林は 60％，湿地は 25％，市街地は 1％以下しかない．農地の多くがチャンベツ川と大別川流域に集中している（図18）．この農地の存在が，別寒辺牛水系の栄養塩濃度に大きい影響を与えていることが明らかになっている．Woli ら（2004）によると，別寒辺牛川全域から採取した川水の全窒素濃度の分布は，チャンベツ川と大別川が他の支流に比べて圧倒的に濃度が高くなっている．測定されたすべての地点の窒素濃度を，集水域の面積に占める農地の割合（農地率）に対して季節ごとにプロットすると，直線に回帰される．つまり，農地率が川水の窒素濃度の原因であることが推察できる．

図18 別寒辺牛川の流域の農地の分布（巻頭口絵4参照）

　農地が河川の生態系に与える影響は，農地率の違う河川を比較してみるとよく分かる．ここで，別寒辺牛川本川中流域とチャンベツ川中流域の生物相を比べてみよう（表1）．その生物相は一目瞭然である．全窒素濃度が高い値を示しているチャンベツ川の魚類は，ウグイなどコイ科の種が中心であるのに対して，別寒辺牛川ではイトウやカラフトマスなどサケ科の魚類がほとんどである．無脊椎動物を見るとその違いはさらに明確になる．渓流に生息するようなカゲロウ類の幼虫やカワシンジュガイが別寒辺牛川の中流域で普通に発見されるのに比べて，チャンベツ川では雑食性のヨコエビ類やスジエビが多く，カゲロウ類は発見されない．また，最近では外来生物のウチダザリガニが急速に個体数を増やしている．この生物相の違いは，両河川の栄養塩濃度の違いに由来すると考えられる．
　しかし，この高濃度の栄養塩を観測したチャンベツ川や大別川でも，その

表1 別寒辺牛川とチャンベツ川の生物相の違い

	別寒辺牛川	チャンベツ川
魚類	シベリアヤツメ	ウグイ
	アメマス	エゾトミヨ
	ヤマメ	トミヨ淡水型
	イトウ	フクドジョウ
	カラフトマス	
	エゾトミヨ	
	フクドジョウ	
無脊椎動物	カゲロウ類	よこえび類
	カワシンジュガイ	スジエビ
		ウチダザリガニ

濃度は本州の河川に見られるような濃度から見れば,低い濃度でしかない.それは,この河川の集水域に大きい人口を持つ市街地を持たないことによる.別寒辺牛川の各支流におけるバイカモの分布を調べると,本州ではもっとも水質のきれいな河川の上流部でしか見つけることのできなくなったこの水草が,別寒辺牛川水系ではむしろ栄養塩の濃度がきわめて低いトライベツ川やフッポウシ川などでは見つからず,チャンベツ川や大別川などを含む栄養塩のある河川に多く分布していることから,この別寒辺牛川の栄養塩濃度の高さと本州河川の栄養塩濃度のレベルの違いを感じることができる.

別寒辺牛川の下流にある厚岸町は,その上水道の水を別寒辺牛川の支流であるホマカイ川から取水している.現在のところ,その水質に大きな問題はないものの,春の融雪時には水質の悪化が起こり,大量の塩素の添加によって消毒が行われている.厚岸町では,下水道の整備を進めているが,現在のところその普及率は全世帯の 65.3％（2009 年）である.しかし,下水道の処理場の排水は直接厚岸湾に流出し,別寒辺牛川や厚岸湖には排出されていない.まだ下水道が整備されていないところでは,その家庭排水は地下浸透で,最終的には厚岸湖に流入している可能性はあるが,全人口に対するその

割合はきわめて低い．

　別寒辺牛川での漁業はほとんど行われておらず，釣り人による釣りが主である．別寒辺牛湿原も観光での利用はほとんどなく，ヒグマが生息することもあって，漁業や観光の利用は厚岸湖と厚岸湾に限られる．厚岸湖は漁業に最大限利用されている．厚岸湖の湖口近くの干潟は，かつては天然のカキ礁であったが，天然カキが絶滅した後は，アサリの養殖が精力的に行われている．カキの養殖は，かつては地蒔き養殖で生産量もわずかであったが，1990年頃から垂下養殖が始まり，今では厚岸湖のほぼ全海面を利用して行われるようになった．厚岸湖内では，春のシラウオ漁，初夏のニシン漁，秋のシシャモ漁，冬のコマイ氷下網漁などが行われ，アマモ場ではエビ籠によるホッカイエビの漁が行われている．厚岸湾ではコンブ漁が盛んで，その他，ホッキガイ，ホタテガイの漁も行われている．夏から秋にはサケ定置網でサケ・マスの漁獲も盛んに行われ，沖合ではサンマやイワシ，イカ漁が厚岸の漁業を支えている．

(3) 森と海の連環

　2000年から始まった陸上生態系と沿岸生態系の関わりに関する研究（向井ら 2002）によれば，農地開発が流域の3分の2に及んでいる大別川と，農地が1%以下で森林や湿原が流域のほとんどを占めるオッポロ川を比較した結果，以下のような結果が得られた．

①森林面積が3分の1以下に減少している大別川では，降雨の3日後には蒸散したと推定された水の量を除くそのほとんどが河口から沿岸に流出してしまう．一方，森林と湿原の面積が80％を超える別寒辺牛川本流では，3日後の流出量は，わずか11％であった．つまり，農地開発が森林の持つ保水機能を大幅に減少させていることが分かった．

②河川の硝酸濃度などの栄養塩は，大別川で圧倒的に高い濃度を示してい

る．これは農地開発によって森林や湿原が潰され，土壌表層からの栄養塩流出が起こりやすくなっていることや，牧草地への人工肥料の添加などが主要な原因である．一方，森林・湿原が人為によってほとんど変更を加えられていないオッポロ川などでは，栄養塩濃度は低い．ところが，水に溶けている有機酸などの濃度は，その起源が主として湿原にあるため，農地開発して乾燥化した流域よりは濃度が高くなる．

③水に懸濁している粒子状有機物の濃度は，オッポロ川も大別川もほぼ同じレベルである．つまり粒状有機物濃度に関しては，農地開発の影響がないと言える．しかし，後で述べるように，大雨時には湿原から大量の粒子状有機物が流れ込むため，農地開発をしていない流域から多くの粒状有機物が下流に流れてくることになる．

以上のような陸から海に流入する栄養塩や粒状有機物の濃度の検討から，現在の陸上からの栄養塩の流入のレベルは，沿岸のカキやアサリの養殖にマイナスになるような富栄養化を起こしてはいないこと，むしろ現在の規模のカキとアサリの養殖生産を維持するためには必要な栄養塩が陸から供給されていることが推察された．しかし，この検討は陸からの栄養塩や有機物の流入が平水時の流入量とパターンに依存している場合である．大雨や融雪時のような非定常的なイベントのある時は，この関係が成り立たないことも明らかになっている（赤羽ら 2003）．

それでは，非定常時には流入量やパターンはどのように変わり，それが沿岸生態系にどのような影響を与えるだろうか．降雨後6時間おきに約10日間にわたって別寒辺牛川本流，オッポロ川，大別川の3河川の河口部と厚岸湖内の定点で水の中の栄養塩濃度と粒子状有機物の濃度を測定した結果から，次のような傾向が見られた（向井ら 2002）．

①栄養塩濃度の高い大別川では，降雨によってむしろ濃度は減少する．これは，降雨が急速に河川に流出するために，栄養塩濃度が希釈されることによると思われる．一方，オッポロ川や別寒辺牛川本流では，降雨が森林や

湿地帯に一時貯留され，一度に河川に流出しないため，栄養塩濃度はゆっくりと上昇し，その影響はかなり長く続く．この栄養塩濃度の続く長さは，流域面積の大きさに依存しており，オッポロ川では比較的短期間で終息したが，別寒辺牛川本流では数週間にわたって降雨の影響は続いた．

②粒子状有機物の濃度は，上述したように大雨時には農地開発が行われている大別川ではなく，オッポロ川や別寒辺牛川本流で急増した．これは，平常時もしくは小雨時には森林や湿地帯がバッファ（緩衝）となり雨を吸収するが，大雨時には森林や湿地に蓄積されていた有機物がいっせいにあふれて河川に流入するためであろうと思われる．

③上述したような河川における大雨時の反応は，厚岸湖に流入した後に，厚岸湖の生態系に定常時とは異なる反応を引き起こすと考えられる．定常時に流入する栄養塩は，厚岸湖に入った後，厚岸湖の海水中に卓越する付着藻類と底生微細藻類に利用されてその生産に寄与する．これらの藻類は，養殖されているカキやアサリに利用されてその生産に寄与している．また，アマモの葉上の付着藻類の生産にも利用され，それは葉上性の付着藻類を食べる**鍵種**のアミ類に食べられ，魚類の生産へとつながっている．また，栄養塩は厚岸湖におけるもっとも重要な生産者であるアマモの生産にも利用される．

④大雨時に河川から流入する栄養塩や有機物の量は，一般に平水時の何十倍にもなり，年間で考えると80〜90%が，大雨などの非定常時に流出する．ところが，この大量の栄養塩や有機物は，厚岸湖の生態系に有益に利用されていないことが分かった．なぜなら，大雨時には大量の出水が高いエネルギーをもって河口から沿岸に押し寄せる．その河川水には多量の栄養塩や有機物が含まれているが，この高エネルギーによって，厚岸湖に入ってきた河川水はそのまま厚岸湾へ流れ出てしまう．そのために，その栄養塩は沿岸の生態系には組み込まれないままに沖合に流れ去ることになる．それは，以下のようなシミュレーションモデルによって証明された．

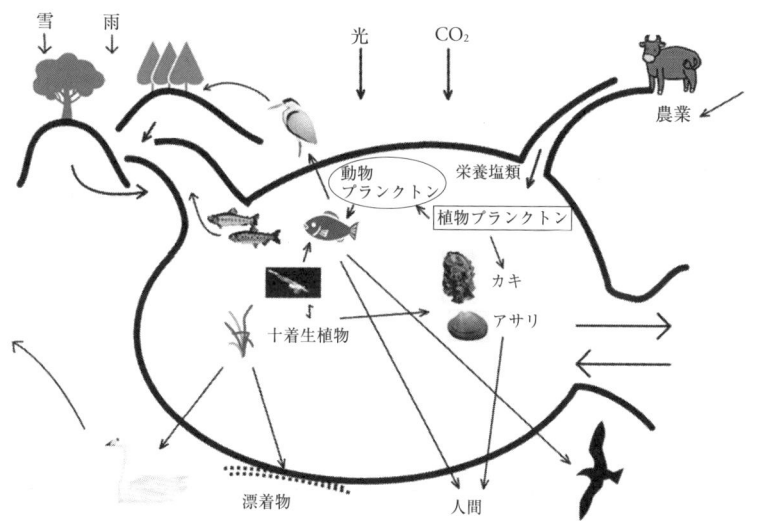

図 19 厚岸湖生態系の模式図

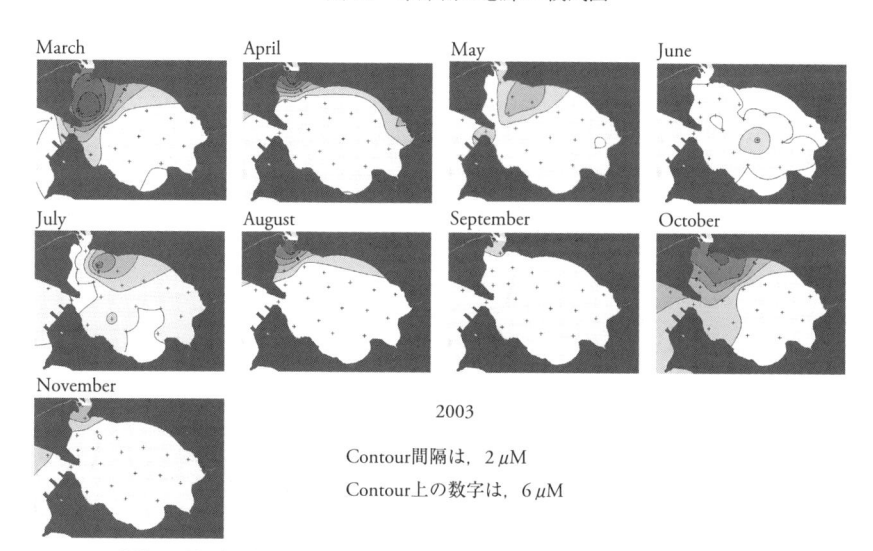

2003

Contour間隔は，2 μM
Contour上の数字は，6 μM

$NO_2 + NO_3$ (μM)

図 20 厚岸湖における栄養塩（硝酸＋亜硝酸）濃度の季節変化

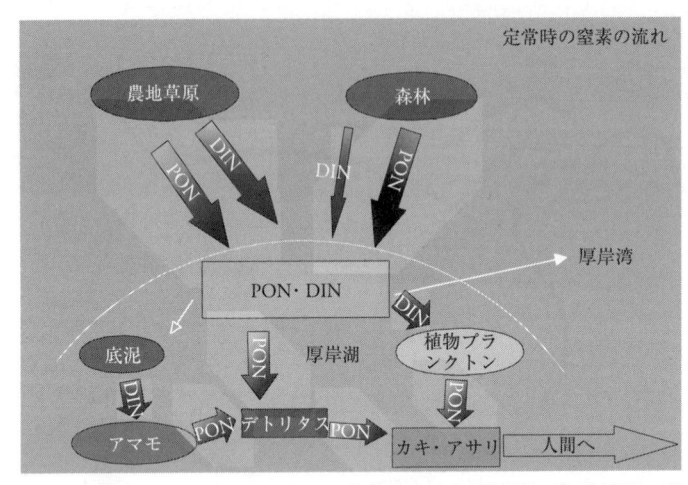

図21 定常時における河川からの窒素の流入と厚岸湖の物質循環の模式図

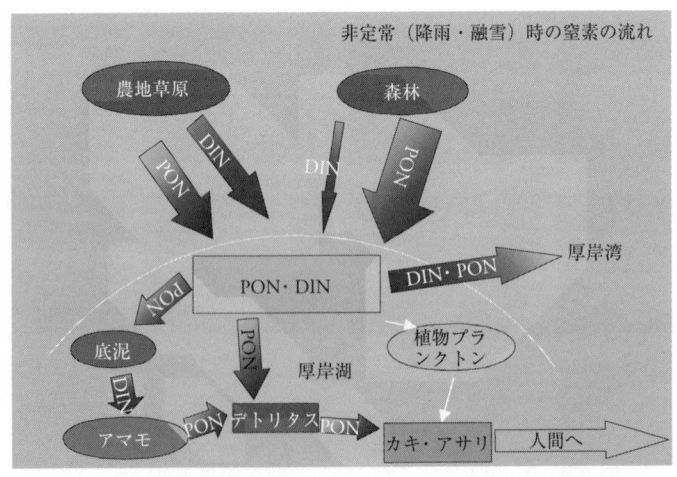

図22 大雨などの非定常時における河川からの窒素の流入と厚岸湖における窒素循環の模式図

1967年
(14.3 km²)

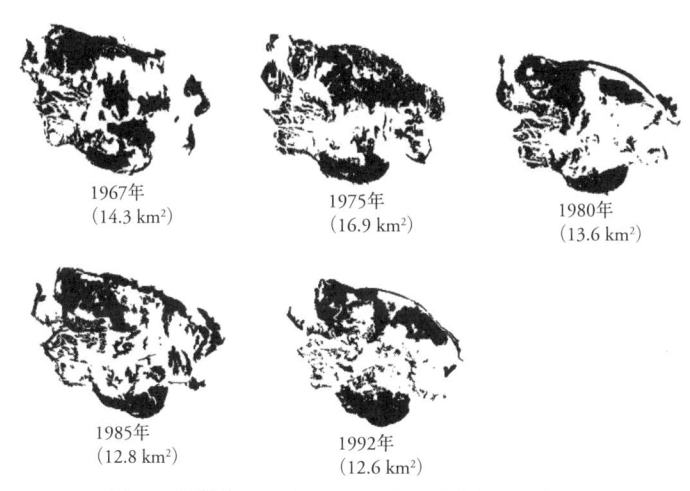

1975年
(16.9 km²)

1980年
(13.6 km²)

1985年
(12.8 km²)

1992年
(12.6 km²)

図23 厚岸湖におけるアマモ場の分布とその変遷

⑤赤羽ら(2003)の厚岸湖生態系モデルに基づき，非定常時の厚岸湖生態系の反応を予測した．大雨時には，平水時の何倍もの栄養塩が流れ込むが，ここでは2倍の栄養塩が流れてくると仮定して予測した．2倍の栄養塩が流れ込むパターンに二つある．その一つは，栄養塩の濃度が2倍になって流れ込むパターンであり，もう一つは濃度は同じだが，流量が2倍になった場合である．どちらも流れ込む栄養塩の量は同じだが，流入するパターンが異なる．前者は，流域の開発が進んだ場合におこる栄養負荷の増加をシミュレートしたものであり，後者は大雨の時に大量の水が流れ込むことを想定したものである．この2通りの状態を想定して，厚岸湖の生態系モデルを動かして厚岸湖内の植物プランクトンの量の変化をみてみると，前者の場合には，直後には植物プランクトンが増加し始め，約10％増加して安定化した．一方，後者の場合は植物プランクトンは，むしろ減少した．つまり，同じ量の栄養塩が厚岸湖に流れ込んでも，その流入パターンが異なれば，厚岸湖の生態系の反応は異なるということである．そして，大雨

が降って栄養塩が一時的に大量に流れ込むことは，厚岸湖の生態系にうまく取り込まれることがないが，徐々に雨が流れ込んだ場合は，流れ込んでくる栄養塩はうまく厚岸湖の生態系に取り込まれ，アサリやカキや魚類の生産に寄与していることが分かる．

以上のことは，森林の存在によって流量が調節され，雨が降ったときには雨を貯留し，雨が降らないときにも少しずつ水を出し続ける緑のダムとしての森林の意義を明らかに示している．

(4) 海の利用と問題

厚岸湖は縄文時代からその水産物の利用が知られているほど，古くから人々の生活の糧として利用されてきた．現在でも多くの種類の海産生物が漁獲されている．その主なものは，魚類では，サケ，カラフトマス，カレイ類，シシャモ，コマイ，チカ，アイナメ，キュウリウオ，シラウオなどで，生活史の中で季節的に河川を遡る魚類が多いのが特徴的である．また，ニシンは厚岸湖で産卵する個体群「湖ニシン」が知られており，一時ほとんど絶滅状態であったが，近年少しずつ増加の気配が見られている．冬の結氷期には，氷に穴を開けて網を入れる氷下網漁でコマイなどの漁獲が行われている．

その他の海産無脊椎動物では，ホッカイエビが厚岸湖内のアマモ場で漁獲されており，アミ類もわずかに漁獲されている．さらに，カキとアサリは養殖が行われている．カキの養殖は，湖口周辺へ稚貝を放流する地蒔き養殖が長い間行われてきたが，1990年代初期からそれまでの粗放的地蒔き養殖からロープに吊す養殖に変換し，その後は需要が増えるとともにその養殖量も増加してきた(図24)．しかし，その後10年くらい経過したところで，利用できる湖面をほぼ使い尽くし，需要は増えているにもかかわらず供給は頭打ちになっている．また，同時に海の汚染も進み，漁業者の間からもこれ以上の増産は慎重にする必要があるという意見も出ている．

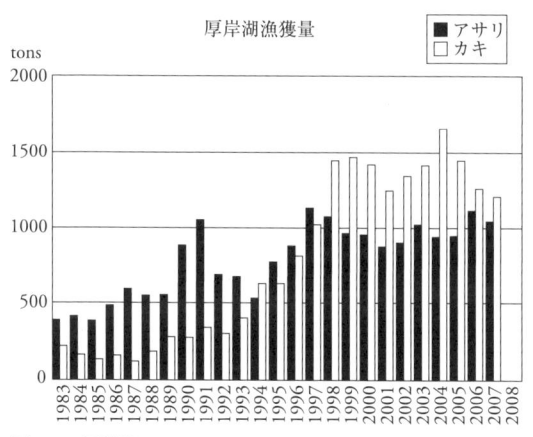

図24 厚岸湖におけるアサリ・カキの水揚げ量の変遷

　一方，アサリはもともと湖口付近の干潟やその周辺の海底に生息していたものを採取していたが，干潟のカキ礁のカキがほぼ絶滅したことから，干潟に山砂を被覆して，干潟の深さをぎりぎりまで浅くして，そこにアサリが繁殖するのを漁獲するようになった．アサリは現在でも外から稚貝を入れず，天然の稚貝だけで十分なほどの定着が見られている．近年アサリの価格が高騰したことから，アサリの養殖漁業に専念する漁家も増えた．ここでは，干潟を陸上の水田のように区分けし，漁業権は代々引き継がれており，新規参入は難しくなっている．北海道におけるアサリの生産量の70％が厚岸湖からの生産である．しかし，順調に伸びてきたアサリの生産量も，1990年代後半からはほぼ頭打ちになっている（図24）．この図から見る限り，厚岸湖のカキやアサリの生産は，厚岸湖の生産性のほぼ上限近くを維持しており，これ以上の増産は難しいと考えられる．さらに，厚岸湖の環境はカキとアサリの増産が始まってから，徐々に悪化しつつあり，温暖化に伴う水温の上昇によってその問題点が浮上してきた．

　厚岸湖の環境問題とは，一つはカキ／アサリの養殖がめいっぱい行われる

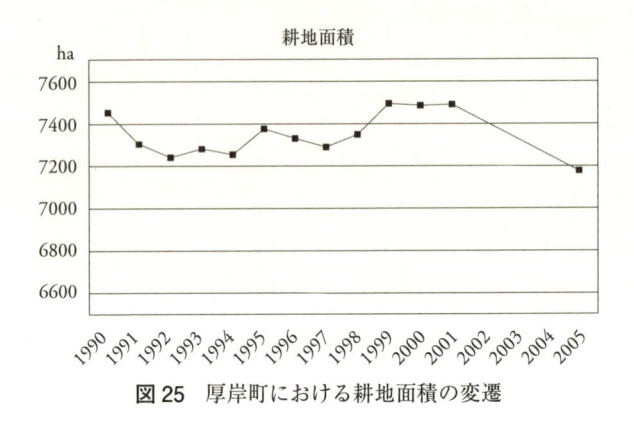

第 1 章　自然河川流域と沿岸生態系

図25　厚岸町における耕地面積の変遷

ようになったために，植物プランクトンなどの生息量が減少しているということである．付着藻類や底生藻類の量はけっして減っていないが，カキ／アサリによる摂食量が増大したために，気象・海洋条件によっては，一時的な餌不足に陥る可能性が出てきている．

　二つ目は，有機汚染が進んでいること．陸上の農業からの有機物の供給は，流域の農家が増えていないこと（図25）や，1999年に家畜排せつ物法が施行され，家畜の糞尿の処理が進んだことなど，悪化の原因にはなっていないと考えられる．しかし，図26に示されているように，海水中の **COD** の値は，1990年代初期から変動が激しくなり，平均的には濃度が増加している．これは，カキの養殖に伴うカキの擬糞・糞の海底への堆積が進み，浅い海底のために，風や潮汐によって再懸濁が起こるために変動が激しくなってきていると考えられる．その証拠の一つと考えられるリン濃度の分布は，夏に厚岸湖の奥部にきわめて高い濃度が現れることを示している．水温が上昇すれば十分赤潮状態が起こるレベルの水質の悪化が始まっていると見るべきだろう．

　水温の上昇は徐々に進んでいる．厚岸湾での長期観測によると，1985年頃から2005年頃までの20年間で，平均して約2℃の上昇が観測されている．

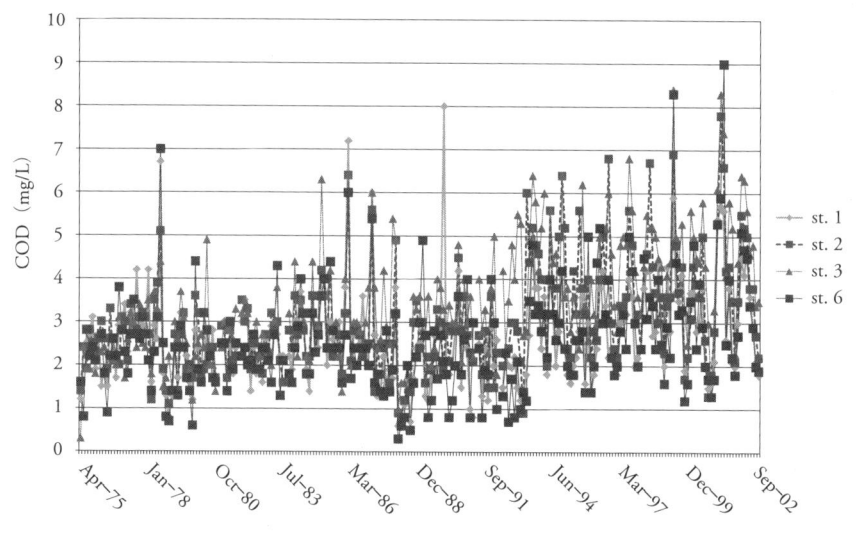

図26 厚岸湖内の4定点における海水中のCODの変遷

厚岸湖は止水域でもあり，しかも水深が浅いため，水温の上昇はさらに激しくなる．これまでの厚岸湖の水温は，−1.6℃から+25℃くらいの季節変動をしていたが，最近では夏に30℃近い表面水温を記録することもあるようになった．カキの稚貝が夏の高温で大量死する事件も起こっている．

(5) 水質改善の取り組み　農業における取り組みも

今から75年くらい前，厚岸湖のカキが大量斃死する事件があった．当時はまだ牡蠣の養殖などは行われておらず，天然のカキ礁から人々がカキを採取して日常の食事や特産物のカキ燻製を作っていた程度だったが，食料が枯渇するという心配で，北海道大学の犬飼教授に原因調査を依頼した．その結果，犬飼教授は，流域の森林を大量に伐採したことが原因で厚岸湖の水温が上昇し，それが原因で大量斃死が起こったのだろうと結論づけた（犬飼

1938).陸上の生態系の改変が沿岸域の生態系に影響を与えることを科学的に指摘したのは，おそらくこれが初めてであろう．それ以来，漁業者の目が陸上に向けられるようになった．

　明治初期のころの大量伐採と太平洋戦争時の伐採は，北海道の森林を大幅に衰退させた．1957年，当時農林省林野庁営林局が別寒辺牛川の流域に大規模な植林を開始した．「パイロットフォレスト」と称するその植林事業は，40年間にわたって約1万haの荒れ地にカラマツを主体とした植林を行うことで実施された．その目的は，「農産物の生育に障害となっていた夏場の霧の軽減」や「厚岸湖のカキの増殖に悪影響を及ぼしているといわれたベカンベウシ川の上流域の森林荒廃を回復」するもの（帯広営林支局1997）であった．夏場の霧の軽減の効果は不明であるが，別寒辺牛川の水質回復にはある程度効果があったと考えられている．

　一方，厚岸湖・厚岸湾で漁業を営む漁師たちが，海の環境を守るために山に植林する事業を1991年ころから行ってきた．1982年に明治以来のカキの大量斃死が起こり，カキ島（oyster reef）で行われていたカキの地撒養殖は全滅に近い被害を受けた．この経験から，厚岸の青年漁業者の間からカキの養殖方式を地撒きから垂下式養殖へ切り替える工夫がなされ，同時にカキの大量斃死の原因を探り対策を考える動きが出てきた．彼らは明治時代の出来事の顛末を老人から聞き取り，川に原因があるのではないかと考えて，別寒辺牛川上流の視察を行った．その結果，酪農の大型化に伴う草地開発が川岸近くまで行われていることや，森林が伐採されたまま利用されていない土地（無立木地）があることや，生活排水の流入などが原因であると推察した．また，厚岸湖の湖口の港湾建設が厚岸湖の水代わりを悪くしていることも原因の一つと推定した．それらの対策として，山に木を植えてよりより厚岸湖の生産環境を取り戻すべく「緑水会」を結成して活動を始めた（川辺2006）．その後，この運動を厚岸町も積極的に支援するようになり，現在では町の植林事業として流域に厚岸「町民の森作り」として続けられている．けれども

その植林の量はかならずしも厚岸湖や沿岸の生態系の生産システムに有効に作用できるほどの規模ではないが，漁師が山へ木を植える運動を行っているという精神的なメッセージとして，厚岸町の酪農家たちに排水への配慮と関心を呼び起こすことに役立っている．

厚岸町では，生産の拠点である厚岸湖の環境保全のために様々な取り組みを行っている．その一つである「石けん普及運動」では，「環境ホルモン」作用が心配されている界面活性剤の使用を押さえるために，石けん使用を奨励し，石けん販売に補助金を支給している．しかしながら，石けんの普及は一時的に増加したものの（1998年に補助金220万円），その後は増減をくり返して，一定以上の増加は見られていない．

厚岸町は別寒辺牛川の支流ホマカイ川から上水道のための取水を行っている．そのために，ホマカイ川の水質保全の取り組みにはきわめて積極的に取り組んでいる．流域の農地の家畜排泄物処理はもちろん早くから取り組んできたし，最近ではホマカイ川の両側に開発された農地の中から，川から30mの幅の農地を農家から借り受け，渓畔林を植樹する取り組みを始めている．これまで6.6haの河畔林を植林し，農地が直接河川に接する場所が無くなりつつある．

農家もまた変わりつつある．1999年の家畜排せつ物法の施行によって農家の意識も変わってきているといわれている．それまでの拡大一方だった酪農業者の中から，飼育頭数を抑える傾向が出てきた．さらには，放牧型の酪農を始める動きも出ている．広大な草地を開発せずに，自然の中で乳牛を育てる環境と食の安全に配慮した新しい酪農の方向が始まっている．

(6) 上流下流問題

別寒辺牛川の流域には，厚岸町の大部分と標茶町の一部が入っている．厚岸町は，その主産業が農業と漁業であり，漁業に従事している町民が多い．

一方，標茶町は海に面しておらず，漁業は無い．そのために，上流の土地利用・産業や生活形態が川の水質や沿岸へ与える影響について，標茶町の町民の関心の低さが問題になっている．実際，流域の標茶町を流れてくる支流であるチャンベツ川では，栄養塩（硝酸）の濃度は他の支流と比べるときわめて高い．厚岸町の農地が集中している大別川流域でも栄養塩濃度が高いが，そこでは厚岸町営農場をはじめとして，牛馬の糞尿処理施設を建設し，糞の野積みを禁止したり，堆肥に加工して農地に還元するなどの環境対策がとられるようになった．

　標茶町は海がないが，厚岸町に流れる別寒辺牛川だけでなく，釧路湿原を流れる釧路川や根室湾へ流れる標津川の源流域にもなっており，これら下流域との間で河川の水質を巡るトラブルが生じている．そのために，標茶町はおくればせながら河川水質の浄化対策に取り組み始めている．標茶町内にあるホマカイ川上流の周辺では，厚岸町の希望で河畔林の植林を行おうとしたが，標茶町の農地では，農地の排水を地下のパイプでまとめて河川に排水しており，河畔林の植林の果たす役割は大きくないとして，標茶町の農家は植林に合意していない．厚岸町と標茶町を含む別寒辺牛川水質改善協議会では，ホマカイ川の水質改善のために，農地からの排水パイプの流出孔付近に厚岸湖で生産されたカキ殻を木炭と混ぜて詰めた浄水装置を入れて，その浄化効果を試しており，効果が確認されれば今後この浄水装置を各所に設置しようとしている．この試みはカキの殻の廃物利用にもなり，その処理に困っている厚岸湖の漁業者にも歓迎されている．

(7) 砂防ダム問題

　すべての支流を含む上流から河口まで，ほぼ完全に自然河川がそのまま残っていることで，希少な価値を誇っている別寒辺牛川だが，2000年に最上流部のトライベツ川とすぐ横のフッポウシ川と西フッポウシ川に3基の砂

防ダムを防衛施設庁（当時）が設置することになり，日本最後の自然河川もいよいよコンクリートによる改修が行われることになった．2003年に，3基のうちの最初の砂防ダムが川幅1〜2mのトライベツ川の上流部に幅230mの大きさで，自衛隊の矢臼別演習場内に完成した．しかし，トライベツ川は，本流の別寒辺牛川に生息する幻の魚と言われるイトウが産卵する上流部として一部の魚類研究者や釣り師に知られていたため，1基目が完成した後，砂防ダムの設置に反対の声が上がった．住民の反対の声に政府や町は再検討をせざるを得なくなり，住民を含む検討委員会を開き，フッポウシ川と西フッポウシ川の砂防ダム建設を断念した．さらにすでに完成したトライベツ川の砂防ダムも撤去すべきという意見があったが，国と町はダムの中央部に幅1.5mのスリットを入れ，河川の水を湛水しない形に改修した．イトウの遡上や，より上流での産卵床の形成には支障が無くなったが，このスリット式砂防ダムの影響がどうなるか，今後の様子を注目しておかねばならない．

▶▶▶ 向井　宏

③ アムール川とオホーツク海・親潮

(1) 豊穣の海 オホーツク海

　北西部をユーラシア大陸，北東部をカムチャッカ半島，南西部をサハリン島，東を千島列島と北方四島，そして南を北海道に囲まれるオホーツク海は，総面積約153万km^2，日本海の1.5倍ほどの面積をもつ北の海である（図27）．オホーツクという名前は，北西部に位置するロシアのオホーツクという町を流れるオホータ川に由来する．今では人口5000人あまりの小さな町に過ぎないが，オホーツクはロシアが最初に築いた極東の拠点であり，18世紀に入ると，ここから毛皮を求めた商人がカムチャッカやアラスカへと乗り出した．江戸時代の漂流民，大黒屋光太夫は，5年間にわたる漂流生活の末，ロシアに捕らえられ，オホーツクの町を経由して当時の都であるペテルブルクに送られている．19世紀に入ると，商業の中心はペトロパブロフスク・カムチャッキーへと移り，その商業的な重要性は失われ，20世紀になってソ連時代になると，ウラジオストックが極東の中心として発展を遂げ，オホーツクの町は著しく過疎化した．

　我々日本人にとっては，オホーツク海は流氷の海として知られる．北半球で最も南に位置する凍る海，オホーツク海．南端の緯度44度は地中海の北端に等しいので，この海が凍るということはヨーロッパ人にとっては驚きをもって迎えられる．北半球広しと言えども，こんなに低緯度で凍る海はない．

　オホーツク海は生物多様性という観点からも貴重な海である．夏の間，宗谷岬を通ってオホーツク海に流れ込む対馬暖流は，オホーツク海に暖流系の生物が生息することを可能にし，冬に強まる寒流の東樺太海流は，寒流系の生態系を成立させた．その結果，オホーツク海には暖流と寒流の両方の特性をもった生態系が成立し，これを利用するサケ・マスなどの遡河性回遊魚の

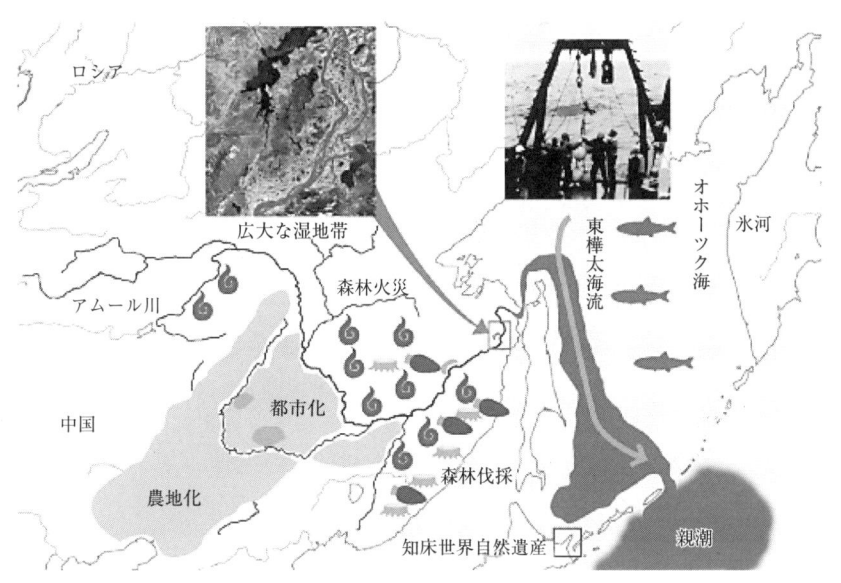

図27 オホーツク海・親潮域に対する巨大魚附林としてのアムール川流域

生育を可能にし，そのサケ・マスを餌とするヒグマなどの大型哺乳類を養っている．このような，凍る海を舞台とした陸と海の生命連環は，2005年の知床世界自然遺産となって世界的な価値をもつことになった．

　目を水産資源に転じよう．オホーツク海とは日本にとってどのような海であろうか．2007年の統計データを見る（北海道 2008）．北海道の漁業生産量は146万 t で，全国の564万 t のうち25.9%を占める．146万 t の内訳はホタテ（38.6万 t），スケトウダラ（20.3万 t），サケ（17.2万 t），ホッケ（13.4万 t），サンマ（13.1万 t），イカ（9.4万 t），コンブ（9.0万 t），タラ（2.6万 t），タコ（2.4万 t），マス（2.3万 t），その他（14.8万 t）である．海域別で見ると，日本海海域（30万 t），えりも以西太平洋海域（34万 t），えりも以東太平洋海域（43.8万 t），オホーツク海（35.2万 t）となっていた．沿岸地区漁協組合員一人当たりの生産額は，日本海海域が846万円，えりも以西太平洋海域1139万円，

えりも以東太平洋海域が1934万円，そしてオホーツク海が3161万円．つまり，オホーツク海は6%，隣接する太平洋の親潮域（ここでは北海道の太平洋沿岸のデータを使用）を含めると，日本全国の漁業生産量のおおよそ20%を占めている．オホーツク海の沿岸地区漁協組合員一人当たりの生産額3161万円という値は日本でもっとも高い．

一方，同じくオホーツク海の大部分を領有するロシアにとって，その水産資源は日本以上に重要となる．2006年のFAOの統計によれば，ロシアの排他的経済水域（EEZ）における全漁業生産量330万t中，極東地域の生産量は199万tと，広大なロシアの水産資源の60%を産出する．海域としては，オホーツク海（51%），ベーリング海（24%），カムチャッカ東部の太平洋（7%）が主要な極東の漁業海域である．その主要魚種は，スケトウダラ，各種サケ類，ニシン，イカ，サンマ，ヒラメ・カレイ，甲殻類などとなっている．

このようにして，オホーツク海という海は，流氷，生物多様性，水産資源という三つのキーワードによって日本のみならず，極東地域の宝として古くから我々日本人にその恵みを与えている．

(2) オホーツク海が豊かな理由

オホーツク海が豊かな原因は，これまで海氷の存在に求められてきた．すなわち，海氷の底部に付着して繁殖する藻類（アイスアルジー）がより高次の動物プランクトンや底生生物の餌となり，生態系を支えているという図式である．そして，低緯度のオホーツク海に季節海氷が発達する原因として，①シベリアからの寒気の吹き出し（冷やす力），②アムール川による淡水の供給およびこれによる密度成層の発達（冷えやすさの構造），③外海から遮断され混合の起こりにくい海況（冷えを維持する効果），の3点が指摘されてきた（青田1993）．

1994年から2002年にかけて行われた「オホーツク海氷の実態と気候シス

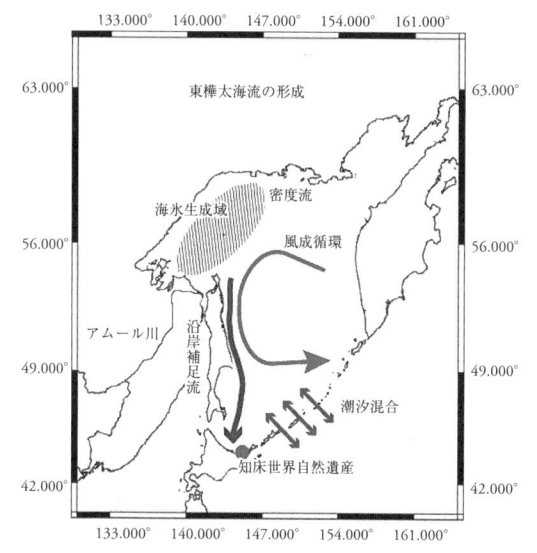

図28 環オホーツク地域の概念図
東樺太海流はサハリンの東岸を南流して千島列島から太平洋に流出する強い海流であり，海氷生成に伴う密度流，風成循環，沿岸補足流によって形成される．

テムにおける役割の解明（戦略的創造研究推進事業・科学技術振興事業団）」（若土 2003）というプロジェクトは，従来とはまた異なるオホーツク海の新しい姿を明らかにした．まず海氷の生成であるが，オホーツク海の海氷はオホーツク海全体で形成されるわけではなく，オホーツク海北西部の大陸沿岸とサハリン沿岸域で大部分が作られることがわかった（図28）．ここで作られた海氷が冬の北西季節風によって駆動される反時計回りの海流によって南に運ばれ，北海道沿岸を広く覆うことになる．海氷を反時計回りに南に運ぶ海流は「東樺太海流」と名づけられ，その強さは年平均で見ると黒潮の2～3割の流量に相当する大海流であることが観測から明らかになった．東樺太海流は北海道の北を東進して，千島列島のウルップ島とシムシル島の間にある

ブッソル海峡から太平洋へと流出している．そしてこの水は北太平洋中層水として，北太平洋全域に広がるのである（Ohshima et al. 2002, 2004）．

　一方，この東樺太海流の深度200～500 m付近には濁度の高い海水が存在する．これはアムール川の河口から北に広がる大陸棚から巻き上げられた堆積物であり，アムール川流域を起源とする様々な陸起源の物質が含まれていると考えられる．この流れは，海氷生成域で海氷生成に伴って排出される高塩分で低温の**ブライン水**が熱塩循環によって沈み込み，大陸棚において潮汐混合によって物質を取り込みながら，沖合いに運ばれる流れである（Nakatsuka et al. 2002, 2004a, b）．この中層の流れは，東樺太海流に合流することによって，効率よくオホーツク海から太平洋へと物質を輸送している．かくして，海氷生成に伴う**熱塩循環**と**西岸境界流**としての東樺太海流が主役となる新しいオホーツク海の海洋物理・物質循環像がわれわれの前に見えてきた．

　このような研究の進展に伴い，オホーツク海や親潮が世界でもまれにみるほど高い基礎生産量を誇る理由として，海氷とアイスアルジーの存在とは独立した新たなメカニズムが見えてきた．それは，アムール川が供給する鉄がオホーツク海とそれに隣接する親潮の基礎生産を支えているという考えである（中塚ら 2008）．少し長くなるが，陸域と外洋の物質的・生態的連環を成立させる重要な考えであるので以下説明しよう．

(3) 鉄が豊かなオホーツク海・親潮

　植物プランクトンは光合成によって成長する植物である．光合成とは，太陽からの光を使って，水と空気中の二酸化炭素から炭水化物を合成する働きであり，この時，陸上植物は土中に含まれている窒素，リン，カリウムなどの栄養塩と呼ばれる物質を使用し，一方で酸素を放出する．植物プランクトンも全く同様であり，土中の栄養塩の変わりに，海水中に溶けている栄養塩

を利用する．

　地球上に広がる海は，栄養塩という点から見ると，一様ではない．海水中の栄養塩は，光が届く海洋表面において植物プランクトンに利用されるため，植物プランクトンの生産と引きかえに，枯渇することになる．そして，栄養塩に富んだ深層や中層の水が表層に湧き上がることによって，枯渇した栄養塩が再度補給され，次なる植物プランクトンを養っている．したがって，海洋の中で栄養塩が豊富な海は，陸域から栄養塩が流入する沿岸域であり，外洋の場合は，低気圧に起因する強風や熱塩循環によって常に海が攪拌されている高緯度の海や，海流によって湧昇流が作られる海となる．

　ところが，世界の海には，東部太平洋赤道域，南極海，北太平洋亜寒帯域のように，栄養塩が夏になって余っているにもかかわらず，植物プランクトンの増殖が止まってしまう海域が存在する．このような海は，高栄養低クロロフィル海域（High Nutrient Low Chlorophyll を短縮して HNLC 海域ともいう）と呼ばれ，なぜ栄養塩があるのに植物プランクトンが増殖できないのか，長い間議論されてきた．米国モスランディング海洋研究所のジョン・マーチンは，この原因が鉄の不足にあると考え，このような海域に鉄を人工的に散布することにより，植物プランクトンが増える可能性を提唱した（Martin et al. 1989）．

　鉄が植物プランクトンの光合成に関与しているという点は奇異に思えるかもしれない．鉄は，陸上では極めてありふれた元素であり，どこにでも存在する．しかし，その水に溶けにくい性質のゆえ，海水中には極めて微量な濃度しか存在せず，20 世紀の終わりになるまでは有効に分析する方法が存在しなかった．海水中の鉄の分析が可能になると，HNLC 海域では鉄が不足しており，そこに人工的に鉄を添加することによって実際に植物プランクトンが増殖することが確認されるようになった（例えば，Tsuda et al. 2003）．

　いったい，植物プランクトンはなぜ鉄を必要とするのだろうか．植物プランクトンは，前に述べたように，窒素，リン，ケイ素を主要な栄養塩として

利用する．このうち，窒素は窒素ガス（N_2），硝酸イオン（NO_3^-），亜硝酸（NO_2），アンモニウムイオン（NH_4^+）という異なる形で大気や海洋中には存在する．ある特定の植物プランクトンを除き，多くの植物プランクトンはその構造から窒素ガス，硝酸イオンそして亜硝酸イオンを直接同化することができない．そのため，これらの元素を還元して利用する仕組みを進化させてきた．その仕組みとは，鉄が酸素と結びついたり離れたりしやすい性質を利用して，窒素ガスや硝酸イオンを亜硝酸やアンモニウムイオンに還元して取り込む能力である．類似の仕組みに，人間が身体の隅々に酸素を送り込む機能がある．血液中のヘモグロビンは，鉄原子を中央にもつタンパク質であり，肺で取り込まれた酸素がヘモグロビンの鉄と結合し，血管を通じて身体の末端部まで輸送される．そこで，酸素を切り離し，再び肺に運ばれて酸素と結合し，身体全体に酸素を輸送する働きをしている．それゆえ，体内に鉄が欠乏すると，酸素を輸送するヘモグロビンが欠乏し，貧血などの症状を起こすのである．

　オホーツク海や千島列島を挟んでそれと隣り合ういわゆる親潮海域は，世界的にみても最も植物プランクトンの生産量が高い海として知られている．しかし，これらの海域では，夏に栄養塩が余ってしまうことはほとんどなく，前述した HNLC 海域とは異なる状況にある．2005 年から 2009 年にかけて総合地球環境学研究所が全国の大学との共同研究として実施したアムール・オホーツクプロジェクトは，「オホーツク海と親潮が HNLC 海域にならない原因はアムール川が供給する豊富な鉄がこれらの海域に効率良く輸送されているからである」との作業仮説を掲げ，オホーツク海や親潮域において鉄の濃度を観測した．その結果，図 29 に示すように，確かにアムール川起源の鉄がオホーツク海と親潮に輸送され，これらの海域で植物プランクトンに利用されていることを確認した（Nishioka et al. 2007）．興味深い発見は，アムール川が輸送する溶存鉄は，アムール川の汽水域で海水と接することによって大部分が凝集して海底に沈殿してしまい，表層を輸送されるのはア

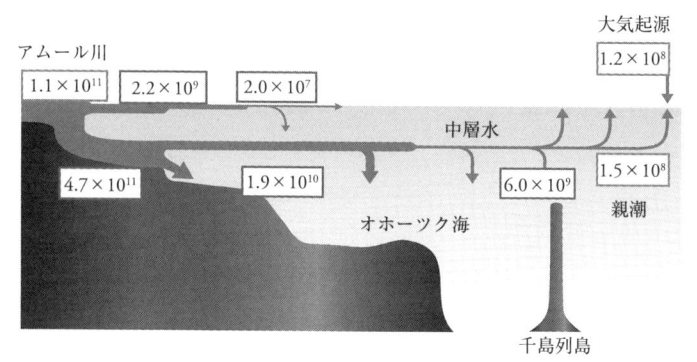

図29 アムール川流域からオホーツク海・親潮域に至る年間の鉄輸送量（単位はg/年）

〈西岡純らの未公表データに基づいて作成〉

ムール川が輸送する溶存鉄フラックスの5〜10%程度に過ぎないという点である（Nagao et al. 2010）．しかし，この量だけでも，オホーツク海の海洋表層の鉄濃度は他の外洋に比べて著しく高くなっており，オホーツク海で形成される植物プランクトンはアムール川起源の鉄に依存していることが明らかとなった．

一方，面白いことに河口域で凝集し，海底に沈降した鉄は，この地域の激しい潮汐混合によって，大陸棚に堆積することなしに，外洋へと流出し，東樺太海流によってオホーツク海の中層を千島列島まで輸送されていることが見えてきた．千島列島から太平洋に流出する際には，ブッソル海峡における激しい潮汐混合によって，中層の鉄は表層に湧昇し，ちょうど親潮付近の表層の鉄濃度を高めている．つまり，アムール川に起源をもち，オホーツク海の特異な海洋環境によって遠く親潮まで輸送される鉄こそが，親潮をHNLC海域とせず，その豊かな基礎生産を支えている源であることが見えてきたのである．

(4) 巨大魚附林としてのアムール川流域

　我が国には魚附林（うおつきりん）と呼ばれる森林がある（若菜 2001, 2004）．狭義の意味では森林法に定められる「魚つき保安林」を指し，全国に約 3.1 万 ha の面積を持ち，主として海岸線に沿って指定されている．その期待される機能としては，河川および海域生態系に対する①栄養塩供給，②有機物供給，③直射光からの遮蔽，④飛砂防止，が挙げられている．いっぽう，広義の魚附林は，海域の生態系に対し，そこに流入する河川流域全体の森林や湿地といった陸面環境を指す．この場合の魚附林の機能には，上記の 4 点に加え，⑤微量元素供給，⑥水量の安定化，⑦土砂流出安定化，⑧水温安定化などが期待されている．

　アムール・オホーツクプロジェクトは，アムール川流域の陸面環境がオホーツク海や親潮に鉄を供給するためにとりわけ優れたものであるとの仮説に立ち，オホーツク海や親潮に対して，アムール川流域が魚附林としての役割を果たしていると考えた．ただし，ここでいう魚附林は，従来，日本で想定されていた流域とは異なり，大陸規模の流域であるため，特に「巨大魚附林」という言葉で表してきた．いったい，なぜアムール川流域は，豊かな鉄をオホーツク海や親潮に供給することができるのであろうか．

　アムール・オホーツクプロジェクトが作業仮説を立てるにあたり応用した基となる考えは，1970 年代に北海道大学の松永勝彦によって唱えられたフルボ酸のような腐植物質が鉄の輸送に果たす役割である（松永 1993）．松永は，水に溶出しにくい鉄が河川を通じて陸域から海洋に運ばれるためには，フルボ酸などの**腐植物質**が鉄と**錯体**を形成することが必須であると考えた．河川流域の森林が荒廃すると，鉄を溶存状態のまま河川を通じて海洋に輸送する腐植物質が減少し，結果として海洋に輸送される鉄が減少する．これが沿岸域で生じる磯焼けの原因であると松永は主張した．

　我々の観測によれば，アムール川下流域の河川中の溶存鉄の平均濃度は

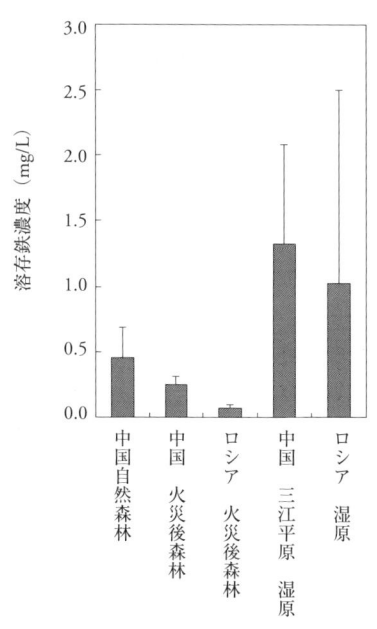

図30 アムール川流域の森林と湿地の表層水における溶存鉄濃度の平均値（単位は mg/L）
〈柴田英昭らの未公表データに基づいて作成〉

0.2 mg/L であるが，河口域で塩水と接した溶存鉄は凝集して沈殿し，河口域の沖合に広がるサハリン湾では 5〜20 μg/L に希釈される（Nagao et al. 2010）．そして，その鉄は腐植物質錯体として存在している．沈殿した鉄は腐植物質錯体や粒子態として中層を通じて親潮域へと輸送される．

　河川中の溶存鉄の平均濃度 0.2 mg/L という値は，日本の河川の値に比較すると一桁から二桁高い濃度である．アムール川の溶存鉄濃度がこのように高い理由は，流域に存在する湿原にある．図30は，アムール・オホーツクプロジェクトが実施したアムール川流域のいくつかの森林流域と湿原の表層水の溶存鉄濃度の平均値を示したものである．図から明らかなように，湿原

の鉄濃度は森林流域に比べて高い値を示している．その理由としては，酸化的な環境では粒子態としてしか安定できない鉄が，湿原のような常時還元的な環境では溶存態となっていることが考えられる．また，湿原には腐植物質が大量に存在することから，二価の鉄も三価の鉄も腐植物質と錯体を形成して安定状態を保っていることが確認された．以上，まとめると，アムール川流域に存在する広大な湿原の存在こそが，アムール川に豊富な鉄を供給する原因であると言えよう．また，森林は表層水における溶存鉄濃度こそ低いものの，その広大な面積によってアムール川本流の溶存鉄濃度に少なからぬ影響を与えている．

(5) 劣化する巨大魚附林

　アムール川・オホーツク海・親潮は，上で述べたような不思議としかいいようのないシステムで結びついているのであるが，ここでも例外なくわれわれ人間がシステムに影響を及ぼしつつある．巨大なシステムゆえに，影響がどの程度自然の摂理を変えてきたのか，あるいは今後変えていくのか，評価することは大変難しい．しかし，システム全体の理解とともに，現状を正確に把握することは，**予防原則**に基づいて問題の解決に向かうためにも必要な過程である．以下，このシステムでほころび始めている問題を列記し，この類い希なる陸―外洋生態系連環を後世に引き継いでいくために我々が考えねばならない点を指摘したい．

(a) アムール川流域における急速な陸面変化の実態

　図31はアムール・オホーツクプロジェクトが作成した1930～40年代と2000年におけるアムール川流域の土地被覆・土地利用状況である（Ermoshin et al. 2007; Ganzey et al. 2010）．両者を比較すると，この70年間の間に草地と湿原がそれぞれ5.4％と6.4％減少し，畑地と水田がそれぞれ10.3％と1.2％

アムール川とオホーツク海・親潮 | 3節

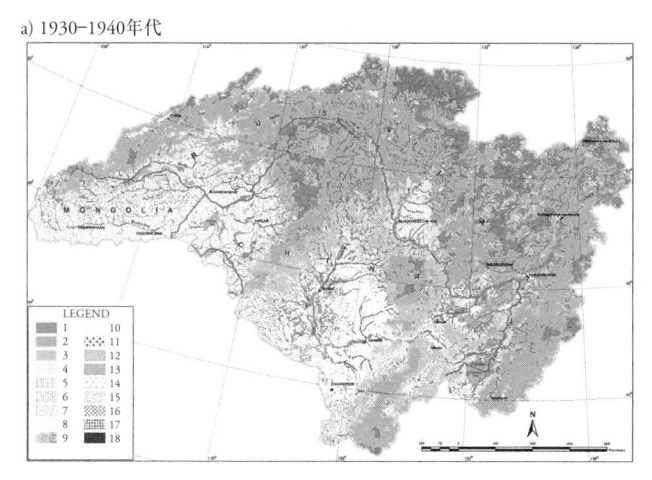

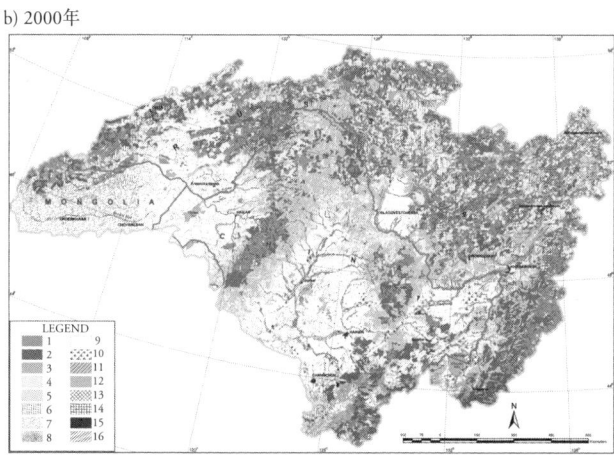

a) 1930-1940年代

b) 2000年

図31 1930〜40年代と2000年におけるアムール川流域の土地被覆・土地利用図 (Ganzey et al., 2010)

凡例:1930-40年代 1)針葉樹林, 2)混交林, 3)広葉樹林, 4)まばらな低木と草地帯, 5)まばらな低木帯, 6)低木と草地帯, 7)低木帯, 8)草地帯, 9)山岳ツンドラ(農地利用), 10)畑, 11)水田, 12)湿原, 13)湖沼, 14)塩性湿地, 15)砂質帯, 16)森林火災を受けた森林, 17)森林伐採地, 18)市街地. 凡例:2000年 1)針葉樹, 2)混交林, 3)広葉樹, 4)疎林, 5)低木と草地帯, 6)低木帯, 7)草地帯, 8)山岳ツンドラ(農地利用), 9)畑, 10)水田, 11)湿原, 12)湖沼と貯水池, 13)森林火災を受けた森林, 14)森林伐採地, 15)市街地, 16)未利用地.

増加した．

　豊富な溶存鉄をオホーツク海に供給する源はアムール川流域に広がる湿原と森林であることは前述した．われわれはともすると，極東地域を今でもデルスウ・ウザーラ（ロシア人アルセーネェフによるシホテーアリン山脈の探検誌に登場する少数民族出身の主人公の名前）の活躍する未開の地としてとらえがちであるが，現実には大きな開発の圧力が働いている．

　図で見る限り，森林面積の変化は小さいが，極東の森林はロシア連邦内で唯一，近年その質が劣化している地域である．日本や中国を輸出先とする過剰伐採に加え，不適切な森林管理がこれを加速している．特に価格の高い広葉樹林の伐採が進んでおり，持続可能とはいえない森林資源開発が行われている（柿澤・山根 2003）．

　森林火災についてみても，ロシア極東地域はロシア連邦内でもっとも被害の大きい地域である．失火原因の 8 割は人為的な原因と言われており，毎年，北海道の面積に相当する森林が焼失する状況がここ何年間か続いている．1990 年代初頭のソ連邦の崩壊以降，森林火災の消火体制の不備も大規模な森林火災を続発させる結果になったと言われている（柿澤・山根 2003）．このような森林環境の劣化は，森林を通じて生産される腐植物質を減らし，腐植錯体鉄の生成量に影響が出ることが予想される．

　アムール川中流域の右岸である中国側での陸面変化に注目すると，湿原から耕地への転換が最も大きな変化である．松花江・ウスリー川・アムール川の合流地点に発達する三江平原は，1980 年には約 1 万 9000 km^2 の湿原が広がっていた．その後，中国の国策と日本からの技術援助により，三江平原には水田が広がり，2000 年までの 20 年間に約 9000 km^2 の湿原が消失した（Song et al. 2007）．湿原から水田や耕地に変えるには，排水により地下水を下げる必要がある．地下水位の低下は，当然ながら地表面を酸化させるので，溶存鉄の溶出に大きな影響を与えることが確認されている（図 32：Yoh et al. 2007）．

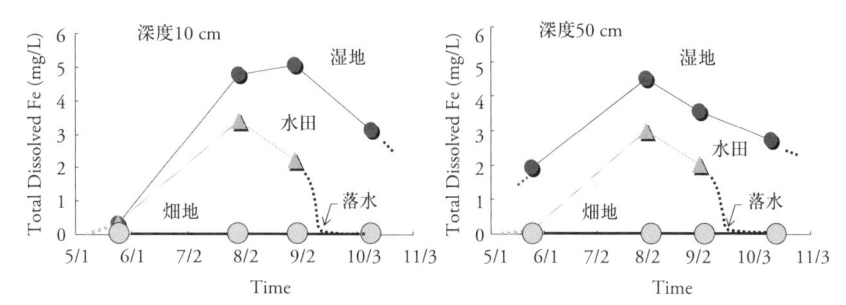

図32 三江平原の湿原,水田,畑地の表層土壌中の間隙水における溶存鉄濃度(単位はmg/L) 〈Yoh et al., 2007〉

ダムの建設も河川の洪水頻度を減らし,物質循環に大きな影響を与える.アムール川流域のロシア領には,ゼーヤ・ダム($2419\ km^2$:1964年完成)とブリヤ・ダム($750\ km^2$:2009年完成)という発電用の巨大ダムが建設された.琵琶湖の面積が$674\ km^2$であることを考えると,これらのダムの規模が想像されよう.ダム建設によるアムール川の洪水頻度の減少は,湿原の維持に大きな影響を与える可能性がある.

上述した全ての人為改変は,必要から行われたことは述べるまでもないが,オホーツク海への溶存鉄供給という観点から考える限り,いずれも溶存鉄を減らす影響がある.

(b) アムール川の人為汚染

2005年11月13日,アムール川の支流のひとつ松花江上流の石油化学工場で爆発事故が発生し,100 tを超えるベンゼンやニトロベンゼンが松花江に流入した.下流にある人口400万の大都市ハルビンでは,11月22日から28日まで断水処置がとられた.汚染された河川水は松花江の結氷のために下流への輸送が遅れ,12月22日になってアムール川河岸の町ハバロフスクに到達した.揮発性のベンゼンやニトロベンゼンが汚染源であったため,この汚染によるオホーツク海や日本沿岸の被害は小さいものと予想される.し

かし，松花江流域からの汚染物質の排出の問題は，ロシアも以前から注目しており，残留性の物質については長年にわたる影響も懸念されている．アムール川によって排出される汚染物質は最終的には東樺太海流によって日本沿岸へと輸送される運命にあり，終着点に位置する我が国としても，上流の環境にも大きく注意を払わねばならない．

(c) 石油・ガス開発に伴う海洋汚染

四半世紀にわたる調査を終え，ついにサハリン大陸棚における石油・天然ガス開発が本格的な操業段階に突入した．サハリンⅠ〜Ⅸと名づけられた開発区の中でも，サハリン北東部に位置するサハリンⅠとⅡはすでに操業が始まっている．その沖合いを前述した東樺太海流が流れることから，知床を含む北海道オホーツク海岸への油汚染が懸念される．ロシアの本格的な海洋石油・天然ガス開発はサハリン沖が初めてであり，海洋汚染に対する環境面での対応は緒についたばかりであり，開発に熱心なサハリン州行政府やロシア連邦政府は基本的に開発を進めながらモニタリングを進めれば良いという姿勢をとっている（村上 2003）点も心配を助長する．これらの施設や輸送途上に原油流出事故が発生すれば，適切な対策をとらない限り，北海道オホーツク海岸は壊滅的な影響を被る．

(d) 温暖化によるオホーツク海の流氷減少と海洋循環の弱化

過去 30 年の間にオホーツク海を取り巻く陸域においては冬期気温が上昇し，これと軌をいつにして 20％の海氷減少が生じている（Nakanowatari et al. 2007）．海氷の減少は，海洋の鉛直循環の弱化につながる．これを証明するように，オホーツク海や周辺海域においては，中層水の水温上昇と溶存酸素濃度の減少が生じている．これらの温暖化による影響は，陸域からもたらされる溶存鉄を外洋に輸送するシステムの弱化であり，将来的にオホーツク海や親潮へ輸送される溶存鉄の減少と基礎生産の減少をもたらす可能性があ

る．

(6) アムール川流域とオホーツク海・親潮の環境保全にむけて

2005年から始まったアムール・オホーツクプロジェクトは，巨大魚附林という作業仮説に基づき，オホーツク海と親潮域の植物プランクトンの生産に果たすアムール川起源の溶存鉄の役割を評価した．その結果，アムール川起源の溶存鉄はオホーツク海に供給されるのみならず，オホーツク海の中層を通じて親潮域に輸送され，ここで植物プランクトンの生産に寄与していることが明らかとなった．これは大陸規模の陸面環境と外洋の海洋生態系が鉄という物質を介してつながっていることを証明した世界で最初の研究である（白岩 2012）．

一方，20世紀の後半に生じたアムール川流域における急速な陸面変化は，巨大魚附林の機能を劣化させつつあるようにみえる．つまり急速に進むアムール川流域の湿原の干拓化，森林の劣化，森林火災による森林の焼失は，河川中の溶存鉄濃度と腐植物質を減らし，オホーツク海や親潮域で植物プランクトンが利用できる鉄を減らす可能性がある．日本の沿岸域においてカキや魚類の減少が進み，漁業従事者が率先して上流域の森林保全に乗り出した魚附林運動の歴史に鑑みて，アムール川流域の陸面環境の劣化に対し，オホーツク海や親潮域の水産資源に恩恵を受けているわれわれには何ができるだろうか．

アムール・オホーツクプロジェクトは，この問題を当初から考えてきた（白岩 2006, 2011）．多くの環境問題の解明には自然科学的な手法が有効であることは言を待たない．しかし，その解決にあたっては，時として自然科学は無力である．社会科学や政治学，あるいは経済学が鍵を握る．広く言えば，人文科学的な考察なしに，環境問題の解決はあり得ない．私たちが注目したのは，鉄の減少をもたらしているアムール川流域の土地利用変化の歴史とそ

の背景である．5年間の現地調査の結果，湿原の急速な干拓と水田化，森林管理の混乱，森林火災の三点が土地利用変化の最大の要因として浮かび上がってきた．更に突きつめていくと，これらの要因の背景には，アムール川流域国である中国やロシアの国内事情だけでなく，近隣諸国の社会・経済活動がアムール川流域の土地利用変化の駆動力として強く働いていることが見えてきた．すなわち，鉄や汚染物質でみると固定されてしまう上流と下流の加害者—被害者関係が，人文社会科学の視点を加えることにより，より複層的な構図として浮かび上がってきたのである．ここでは，加害者と被害者の関係は時として逆転し，仕組みさえ整えば，双方が納得できる解決策が見つかる可能性がある．

　私たちは，巨大魚附林という壮大な地球環境システムを保全するために，ロシアや中国の研究者と協力して，具体的な保全策の策定を開始した．政治的には極めて障壁の大きな3ヶ国の越境問題を扱うため，その実現には大きな困難が伴うであろう．現在は，図に示すような既存の法体系の整理を進め，保全に欠けている仕組みを洗い出すことを進めている（図33：Hanamatsu et al. 2010）．一方，歴史的に見ると，この3ヶ国の国境の高さに起因して，国を超えて情報やデータを交換する仕組みが発達してこなかった．このため，アムール・オホーツクプロジェクトに参加した日中露の研究者が中心となり，定期的にオホーツク海や親潮域の環境保全を討議するための国際連携組織としてのアムール・オホーツクコンソーシアムを2009年11月に立ち上げた．アムール・オホーツクコンソーシアムは，各国の研究者が，自国の法律の許す範囲で情報を公開し，2年に1回の会合を通じて継続的にオホーツク海の保全を議論していくネットワークである．

　私たちがモデルと考えているのは，バルト海の保全を進めるための国際組織であるヘルシンキ委員会である．陸域からの大量の栄養塩供給によって富栄養化と貧酸素水塊が慢性的な状態となってしまっているバルト海の保全を進めるため，1970年代の冷戦時代に始まったこの仕組みは，当初，旧ソ連

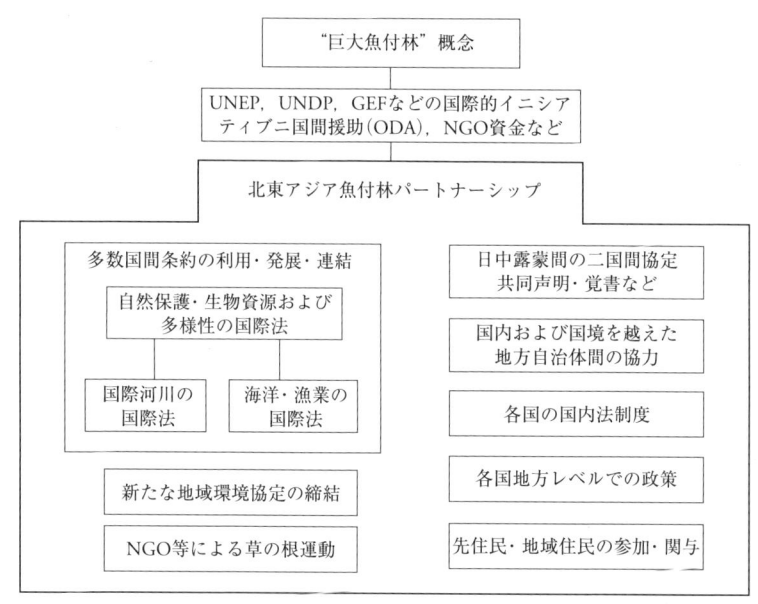

図33 巨大魚附林とオホーツク海・親潮を保全するための法的・制度的枠組
(Hanamatsu et al., 2010)

との間にある巨大な障壁に苦悩しつつ，過去30年間にわたって徐々に機能を強化して，バルト海に面する加盟9ヶ国の連携によってバルト海の環境保全に大きな役割を果たしてきた．アムール・オホーツクコンソーシアムは将来のオホーツク委員会とも呼ぶべき国際機関の小さな種子となれるだろうか．アムール川流域における中露市民の可能性を損なうことなく，世界に誇れるオホーツク海や親潮の豊かな海洋生態系を将来世代に引き渡すべく，われわれに課された大きく重い課題を考えていきたい．

▶▶▶ 白岩孝行

第 2 章

森林の管理と沿岸域管理
—— 林業と沿岸 ——

① 仁淀川

(1) はじめに

　仁淀川は，高知県第二の，また四国でも第三の規模を持つ河川である．その長さは124 km，流域面積は1560 km^2 である．四国では，四国三郎と呼ばれる吉野川，清流として全国に名を知られる四万十川が著名であるが，仁淀川はこれらの河川に匹敵する，水質のよい豊かな大河川である（図1）.

　仁淀川の源流は愛媛県にあり，四国最高峰である石鎚山を源流とする面河川と，松山市に接する久万高原町の北西端を源流とする久万川が合流し，やがて仁淀川となる．本流はその他多くの支流と合流しながら，高知県下に入る．高知県に入ってすぐの位置には，洪水調整，灌漑・水道用水，発電などのための多目的ダムである大渡ダムがある．本流はダムより下流でも主に北側の脊梁山脈から多くの支流をあわせながら東流し，土佐和紙で有名な旧伊野町付近で平野部に出て東南流し，高知市と土佐市の境界付近で太平洋に注ぐ．日本では河口部に都市域を持つ河川が多いのに対して，仁淀川の場合に

第2章　森林の管理と沿岸域管理

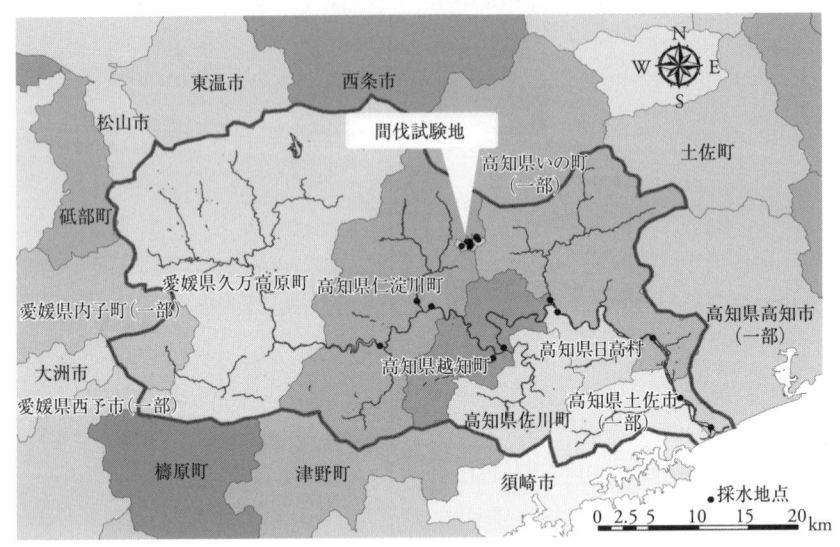

図1　仁淀川流域図

は河口部ではなく，河口から約 20 km 程度さかのぼった内陸部に小規模の都市域（旧伊野町市街部：3 町村が合併後のいの町全体の現在の人口は 2 万 7000 人）しか持たないことが特徴である．流域における総人口も 11 万人程度と多くない．

　北側から本流に合流してくる河川の多くは，中央構造線上に成立した地形に源を発する．急峻な地形からの流出であり，なおかつ，愛媛県下の面河渓に代表されるような石灰岩地形を流域に含んでいる．貧栄養で，時として pH 値が高い河川水を含んでいるのが仁淀川の特徴であるといえる．BOD（生物化学的酸素要求量：Biochemical Oxygen Demand）を基準とする水質は四国で一，二を争い，国土交通省がまとめている一級河川の平均水質ランキングでは 2002 年と 2003 年に全国で七位となった．また，その生産力も高く，アユやウナギなどの高い生産量を誇っている．

　この流域の土地利用をみると，愛媛県下では高い比率で森林が占めてい

る．高知県下に入ってからも森林が占める割合は高く，森林以外の土地利用率が低いことがこの河川の特徴であるといえる．現在では，人工林が大きな面積を占める流域であるが，かつて仁淀川流域は土佐和紙とその原料であるコウゾやミツマタの生産地であった．さらには四国で最後まで焼畑が行われていた地域でもあった．これらのことは，かつての仁淀川流域は現在ほど森林率が高くなかったことを意味している．かつて，棚田，焼畑等の多様な土地利用が拡がっていた本流や各支流の最上流域は，間伐遅れの人工林と放置されたかつての里山が大半を占める地域に変化している．これらの放置状態にある森林植生の再管理は重要かつ喫緊であり，京都大学フィールド科学教育研究センター（以下，「フィールド研」とする）では，その最適な手法を追求する対象水系の一つとして仁淀川を位置づけている．

(2) 仁淀川流域に設定された調査地

上述のように，仁淀川本流には多目的ダムである大渡ダムが存在する．フィールド研が提唱する森里海連環学を実践的に検証するためには，ダムの存在は適当ではないと考えられることから，このダムよりも下流で合流する支流である土居川流域の安居川を調査研究の対象地としている．安居川は仁淀川流域全体の中でも特に清流として知られる支流域である．行政区としては仁淀川町，合併前の池川町に該当する．

周辺はかつて，棚田や焼畑，土佐和紙の原料であるミツマタ畑が拡がる地域であった．新池川町町史（2002）に記されている 1882（明治 15）年当時の土地利用は，森林の 75.6％，耕地の 6.2％に加えて，切畑（焼畑）が 5.6％，秣場(まぐさ)他が 12.2％であった．また同書に収められた，江戸時代末の 1840（天保 11）年に描かれた近隣の用居村流域の絵図（図 2）にも多くの焼畑や雑木林が描かれている．しかし，和紙産業の衰退や燃料革命によって植林が奨励されたほか，過疎の影響で村落そのものが衰退していく中で，棚田にも植林が行

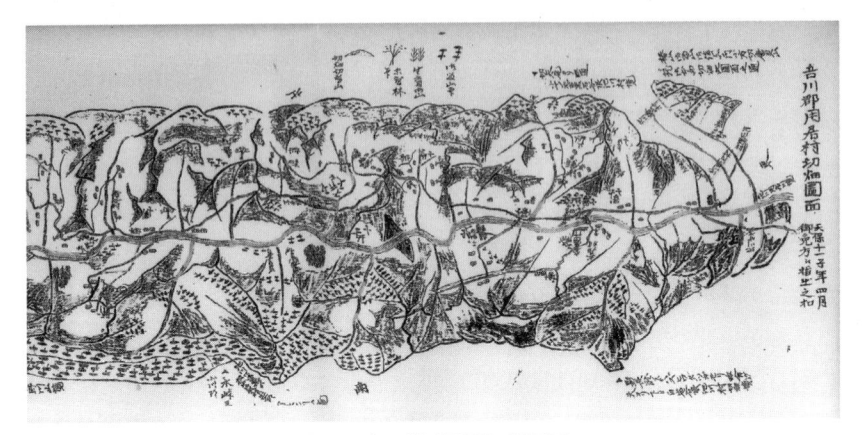

図2　吾川郡用居村切畑図面

われた．かつての土地利用のうち，切畑，棚田，秣場などが植林の対象となったと考えられ，2000（平成12）年には森林が93.6％を占める状況となっている．また，森林の多くは植林地であり，旧池川町地域の人工林率は2008年段階では81.7％である．現在ではこれらの森林の多くが管理の十分に行き届かない森林となっている．

　安居川流域の十分な管理が行われていない森林の再管理は，森林生態系，隣接する河川生態系，その下流域から河口に至る地域の生態系，さらには地域の人々の暮らしにどのような影響を与えるのであろうか．これらを解明することを目的とした調査研究のために，2005年から事前調査と検討が開始され，2008年から流域における水質調査が始められた．本格的な調査研究が開始されたのは2009年であり，現状ではデータの蓄積は十分ではないため，ここではその概況を述べるにとどめる．

　具体的な調査研究対象地は，安居川の支流である吉ヶ成川流域と，そこから仁淀川本流の中下流に至る地域である．吉ヶ成川流域は，高知県吾川郡仁淀川町土居および吉ヶ成の「高知県森の工場活性化対策事業地」（約135 ha）内に含まれる地域である（京都大学フィールド科学教育研究センター2010）．調

査研究の目的を考えるとき，下流への影響も把握するためには，できるだけ広い面積（合計で少なくとも数百 ha 程度）を対象にした操作試験，すなわち間伐を行う必要があるが，実際にこれを比較的短期間に行うためには，適当な面積の流域を見つける必要があった．探索の結果，安居川の支流で，東西に伸びる吉ヶ成川流域には，いくつかの小さな谷が北に向いて開いており，森林植生管理を実験的に行う上で最適であると考えられた．

調査地域の地質は秩父帯上八川層（ジュラ系中部統）に属する（高知県 1991）．土壌は，古い分類方法ではあるが，山腹斜面には B_E 型（弱湿性褐色森林土：斜面下部や谷筋に多いやや湿潤の土壌），B_D 型（適潤性褐色森林土：斜面中腹から下部にかけて見られる通常の森林土壌），$B_{D(d)}$ 型（適潤性褐色森林土（偏乾亜型）：斜面中腹から上部に出現するやや乾性の土壌）の各土壌が，尾根部には $B_{B(W)}$ 型（乾性褐色森林土（粒状・堅果状構造型偏湿亜型）），B_B 型（乾性褐色森林土（粒状・堅果状構造型））〜Bl 型（黒色土），$Bl_{D(d)}$ 型（適潤性黒色土（偏乾亜型））の各土壌が分布している（高知県 1971）．また，対象地域は太平洋側の温暖多雨の気候下にあり，特に年間降水量は国土数値情報によると 2835 mm と多いことが気候的な特徴である．

(3) 調査地および下流に至る地域における仁淀川の状況

調査対象地域では，自然科学的調査として，陸域では間伐前後の森林植生，間伐実験地における土壌環境，周辺の鳥類相の追跡や効率的な間伐作業のための林内路網や施業方法に関する考察を行うほか，水域では水質，河川水および付着藻類のクロロフィル，水生生物相に関する追跡を行っている．また，社会科学的調査としては，効率的で環境への負荷が少ない資源利用の検討と環境経済学的解析，アンケート調査による流域住民の意識の変化の追跡，地域の文化的特徴の把握を行っている．以下に現在までに得られている仁淀川流域に関する知見を紹介し，仁淀川流域での実験から得られつつある森里海

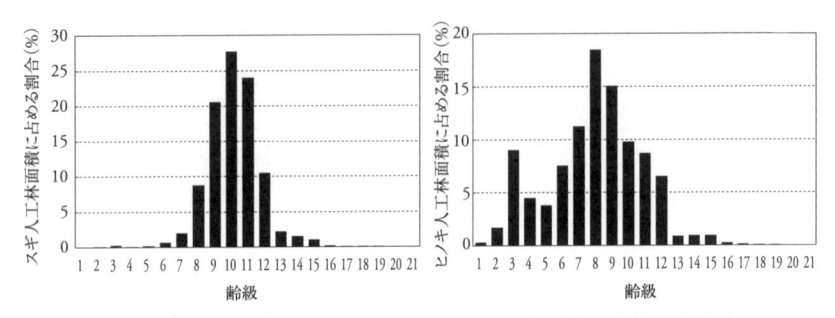

図3 旧池川町民有林のスギおよびヒノキ人工林面積の齢級別頻度分布

の連環について考察する．

(a) 間伐実験地の植生調査

　調査の実施に伴い，吉ヶ成川流域一帯に植生調査地を設定した．対象地は標高500〜900 mに及ぶ成川，ヒウラ谷川，シズメトコ川の三渓流からなる地域であるが，標高の変化に伴い，植生は変化する．そのため，尾根部と中腹部のスギ人工林およびヒノキ人工林に調査区を設定した．調査区の面積は基本的には水平距離にして20×20 mであり，スギ人工林に7カ所，ヒノキ人工林に6カ所を設けた．2009年の間伐前の調査によると林齢，本数密度，平均樹高，林内相対照度は，スギ人工林でそれぞれ40〜55年，950〜1975本/ha，18.5〜36.4 m，0.8〜4.4％，ヒノキ人工林でそれぞれ26〜40年，950〜2325本/ha，13.5〜20.1 m，0.9〜2.4％であった．旧池川町民有林におけるスギおよびヒノキ人工林面積の齢級別頻度分布は図3のとおりである（京都大学フィールド科学教育研究センター2010）．

　調査区では，間伐残存木（伐採されなかった植林木）の成長量および間伐施業後の林床植生の変化に関する調査を行うことにより，間伐施業が森林植生や生産量，CO_2固定量に与える影響を追跡している．

(b) 対象地域における人工林の土壌と葉の窒素特性

森林において間伐を行うと，林分の環境条件が変化し，これに伴って窒素の無機化速度や硝化速度が増加する事例が報告されている (Parsons et al. 1994; Prescott et al. 2003; Inagaki et al. 2008) 一方で，有意な変化が認められないとする事例もある (Prescott 1997; Laponite et al. 2008) が，間伐の実施により単位面積あたりの樹木本数が減少するため，残された樹木単体あたりの利用可能な土壌養分は増加すると考えられる．そのため間伐は，各樹木個体の窒素吸収の増加と，葉の窒素濃度の増大をもたらすことが予想される．

現在までの調査により，調査対象地のヒノキ人工林分では，高知県内の他の林分よりも窒素資源量と窒素吸収が高まっている可能性を示唆する結果が得られている．一方，スギ人工林分については現状では充分な解析が行えていない．

(c) 施業地周辺の鳥類相

間伐施業が周辺の生物相に与える影響を知るために，特に鳥類相を取り上げて継続的な調査を行っている．調査は 2008 年度と 2009 年度の繁殖期と越冬期に，調査域とその周辺域でそれぞれ行った．調査域においては鳥類相はそれほど豊かではなかったが，周辺域では落葉広葉樹林やその下層植生を主な生息地として利用する種（前者に該当する種としてクロツグミが，後者に該当する種としてウグイスやアオジがある）が含まれており，今後の間伐エリアの拡大による植生の変化に伴って，これらの種が間伐林内にも分布を広げてくる可能性が示唆されている．

(d) 効率的な森林管理施業の検討

当該地域は非常に急峻な地形を有している上に，土地所有形態をみるとすべてが民有林で各林分が細分化されており，その所有単位は 1 ha 未満の林分が多い．こうした零細分散型所有は我が国における森林管理体制の再構築

に大きな障害となっており，国内各地で提案型集約化施業による効率的な施業団地化が進められているが，当該地域はその中でも特に所有規模が小さく，様々な困難が想定される地域である．一方，この地域は2006年度から開始された林野庁の新生産システム推進対策事業のモデル地域に二重に指定された（四国地域（徳島，愛媛，高知）および高知中央・東部地域）ことから，地元森林組合だけでは施業を進めきれない状況にあった．そこでフィールド研は，地元民間事業体が設立した林産企業組合とともに間伐計画を検討し，林産企業組合によって間伐施業を進めることを決めた．現在は既述の地域を対象として間伐施業が進行中である．

対象地では，民有林の団地化を図り，所有者の合意を得た林分から順次，作業道の開設及び間伐作業が進められている．2010年3月現在，成川流域からヒウラ谷川上部に向けて約1500 mの作業道が作設されている．作業道の作設には，**大橋式林道**を基本とした作設工法を導入し，開設に伴って発生する間伐材の一部が作業道の資材に有効利用された．作業道開設に伴い，順次作業道両側の20～25 m程度を対象に搬出間伐（間伐材を林外に持ち出し，製材品などに利用する間伐方法．これに対して間伐材を利用せず，林内に放置する間伐方法を伐捨間伐という）が行われている．間伐実験計画当初は，枝谷ごとに間伐強度を変えてその影響を段階的に評価する計画であったが，林業的に見た場合にはコスト面や間伐後の成長などの点で，多くの支障を伴うため，枝谷ごとの全面的な施業は断念せざるを得ない状況である．しかし，最終的には小流域ごとの間伐率を算出し，その植生等への影響を検討することとしている．そのため現状では，間伐の進み具合を考慮した水質および生物相への影響評価を視野に入れた施業計画を検討中である（図4）．

これまでに行われた間伐施業のうち，成川流域で行われた間伐は，本数間伐率は19.2％であったが，下層間伐が中心であったため，材積間伐率は8.3％と推定された．間伐施業に関しては，路網や土場からの距離，間伐木の大きさや質，間伐率や間伐方法，採用する間伐作業システムの違いなどによって

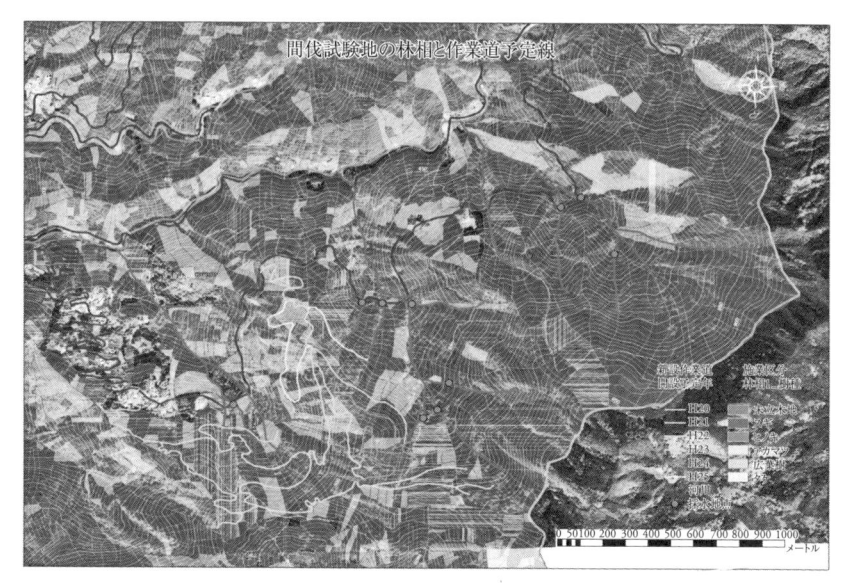

図4　間伐試験地における作業道作設計画図（巻頭口絵5参照）

コストや作業量が変化する．これらは森林所有者に対して施業を提案する際の正確な見積もりに影響し，また，経済的に搬出間伐が可能なエリアも変化することから，間伐を進めるためにはこれらのモデル化が必要となる．現在，間伐作業の作業要素時間の解析が進行中であり，これらの解析結果に基づいた間伐作業に関するシステムダイナミクスモデルの構築が進められている．また，作業道の作設法や開設および維持管理コストに関する研究も計画されている．

(e)　吉ヶ成地域から河口付近に至る水系の水質

　間伐などの人工林での施業は林地に大規模な攪乱を与えるため，森林土壌や渓流水に大きな影響を与える．たとえば，森林の皆伐は土壌有機物の分解速度や窒素の無機化速度を上昇させる．また，皆伐地では，土壌中に放出さ

図5 池川町地質図

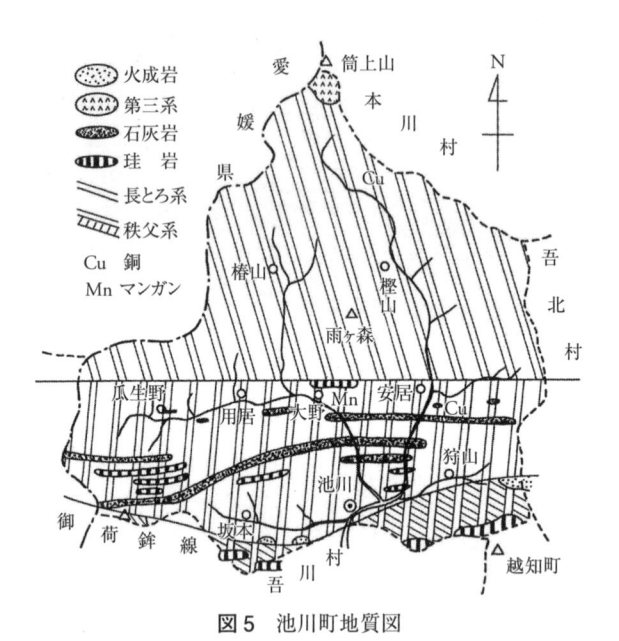

れた硝酸態窒素は，吸収する樹木が存在しないため，渓流に多量に流出する．硝酸態窒素の流出は土壌の酸性化を招くことが知られているほか，土壌中で中和しきれない場合は，渓流水の酸性化をも招くことが報告されている．人工林の適切な管理を考えるとき，このような森林土壌や渓流水への負のインパクトを低減する可能性の模索は重要である．

　吉ヶ成川流域から河口に至る定点における水質調査は，調査が本格的に開始された2009年以前から，施業前の状態を把握するために定期的に行われてきた．一般的に言われていることではあるが，中央構造線の直南に位置する地域には，断層が集中的に分布し，石灰岩が時折出現することもある（図5）ため，各流域河川のpHは非常に高い状況にある．森林域では，時として高いpHを維持している河川水は，下流に流れ下る過程において酸性化していく．これには農地や人間生活の影響が大きい．そのことは，下流に向

かって土地利用が変化していく過程における河川水のpHの変化によって明らかになった．

一方，森林域では，上流から農地に至る前の下流に至る過程でさまざまな水質の変化が，渓流ごとに異なる形で観測されており，その要因に関する詳細な解析が進行中である．

(f) 各水系の生物相

河川の生物相に関する調査は，2009年度後半から開始した．十分な解析ができる段階ではないが，これまでに得られているデータは以下のとおりである．

本流から支流にかけて，水質や流況等の影響を受けてクロロフィル量に変動が認められた．特に本流におけるダム直下や汚濁支流において高いクロロフィル量が確認されている．付着藻類クロロフィル量に関しては，2009年秋季と冬季のデータしか得られていないが，吉ヶ成川では，上流では冬季の藻類の繁茂が確認されたのに対して，下流では認められなかった．水生生物相に関しても吉ヶ成川上流部では，種数，個体数ともに他地点よりも豊かであり，水生生物が生息しやすい環境にあることが示されつつある．

(g) 生産された木材の流通

吉ヶ成川流域が位置する仁淀川町（旧池川町）にある木材会社は，対象地域が国の施策として指定された新生産システム推進対策事業のモデル地域になったことから，加工事業体として積極的にこの施策に参画することを決定し，同時に素材生産事業体として新たに林産企業組合を立ち上げた．この企業組合が中心となって，路網作設および間伐作業を押し進める一方，木材会社が主となって生産された木材の利用を推進している．現在のところ，人件費等の問題から，この会社では集材した木材資源の一部を一次加工したあとで，二次加工の一部は東南アジアにある加工工場で行い，それを輸入する形

で国内市場への木材加工品の供給を行っている．調査計画では，これらの流通状況を解析し，地産地消により近い木質資源利用と雇用創出の方向性を模索することを目指している．また，木質資源の地元での直接的な利用を促進するために何ができるのかを，環境経済学的視点も含めて解析し，中山間地域における過疎化対策や地域伝統文化の保持の面からも，地元地域に対して提案を行うことを計画している．

(h) 仁淀川流域の住民意識

住民意識に関する調査は，施業による森林植生の変化が生じる前と，ある程度森林施業が進行した段階で行うことを予定している．調査結果から期待されることは，森林整備によって豊かになるであろう生物相と河川水質の改善に対して住民の意識がプラスに作用し，森林再整備のためのモチベーションとなることが示されることにある．徐々に森林植生管理の再生が始まった対象地とそこから下流に至る高知県下の仁淀川流域に居住する市民を対象とした意識調査の初回は2010年秋に行われた．今後，2013年度にも同様の調査を行い，住民意識の変化を追跡することにしている．

(i) 吉ヶ成地域を支えてきた文化的背景の解析

調査対象としている吉ヶ成川流域では，かつては焼畑が盛んに行われ，森林率は現在よりも低かった．少なくとも昭和時代前半までは焼畑農業等の生産物を通じた物流や石鎚山信仰に基づく他地域との盛んな交流などによる豊かな文化が存在していた．このような文化に基づいて形成された暮らしの痕跡は，現在の調査対象地域においても豊富に認めることができる．一方，この地域は，これらの文化が失われつつある地域であるともいえる．

このような文化の存在は，すでに述べたようなさまざまな調査を実施していく過程において，改めて認識されることとなった．また，山中に散在するさまざまな史跡は，地元の住民にとっては決して過去の遺物となったわけで

図 6　山中に見られる聖域
地元ではガラクと呼ばれている

はなく，機会があれば訪れ，かつての文化的な営みを再生したいと考えている存在であることも明らかになった．

　今回の調査事業では，作業道の開設によって，これらの史跡（図 6）へのアクセスが容易になることが予想されたことから，作業道開設に対する地元住民からの期待が大きいことも明らかになっている．

　これらの事実は，森林再生に伴って同時に再生が可能となる文化が存在する可能性も考慮する必要性と，文化的背景の新たな視点からの解析の重要性が存在することを示唆している．

(4) おわりに

　仁淀川流域における森里海連環の評価とその再生の試みはまだ開始されたばかりである．

　仁淀川流域における調査研究は，京都大学の地域連携を前提としたプロジェクト研究として概算要求予算によって行われている「森里海連環学による地域循環木文化社会創出事業」という事業である．このような事業は京都大学のような一大学だけで行い得る研究ではなく，仁淀川においては，高知県および吉ヶ成川が流れる仁淀川町（旧池川町）の深い理解をいただきながら，高知県環境研究センター，高知県森林技術センターの研究者や仁淀川町の行政関係者，さらには数々のボランティアグループの積極的な関与によって初めて成立している．流域研究は地元の協力体制なしには成立し得ないことは明らかであり，地域連携の観点からもその重要性は高いと考えられる．

▶▶▶ 柴田昌三／長谷川尚史

② 由良川

　京都府北部を流れる最大の河川，由良川は京都大学芦生研究林に源を発し，同大学舞鶴水産実験所が創立以来，もっとも重要なフィールドとしている丹後海（若狭湾南西部海域）に注ぐ（図7）．2003年の同大学フィールド科学教育研究センター（フィールド研）開設によって同じ組織となった芦生研究林と舞鶴水産実験所が手を携えて研究を進めるには最高のフィールドといえる．このフィールドを舞台に立ち上げられたのが若狭湾海域陸域統合プロジェクト（WakWakプロジェクト）で，芦生の森と丹波の里，丹後の海とを結ぶ由良川を調べることで，新しい学「森里海連環学」を構築することを目的としている．

(1) 由良川の構造と大水害

　由良川は幹川流路（本流）延長146 km（全国19位），標高差700 mを流れ下り日本海の若狭湾丹後海に注ぐ．流路に大きな平野部を持たず源流から河口までのほとんどが山間を流れるが，樹枝状に発達した支流は京都府中央部のほとんどの町を流れ流域面積は1880 km^2（全国33位）に達する．
　しかし，河川勾配図（図8）に見られるように，福知山市から河口までの40 kmは河床勾配が非常に緩く，福知山市中心部でも河床標高は10 mに達しない．さらに，河口から20 kmの福知山市大江町付近までは河床標高がマイナスで川底が海面よりも低い．日本の一般的な河川の河床勾配は，上流域が1/60以上，中流域が1/60から1/400，下流域が1/400から1/5000，河口域が1/5000以下とされる．この基準を当てはめると，由良川はその全長の73%を上・中流域，17%を河口域が占め下流域はわずか10%しかない．このように下流・河口域の河床勾配が非常に緩くかつ河口域が長大なことは

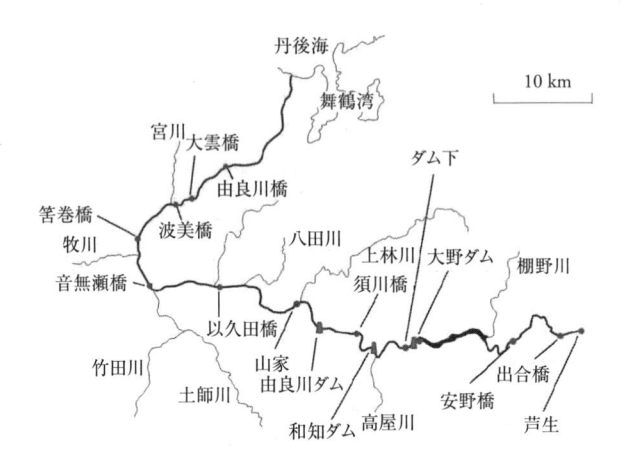

図7　由良川流域と丹後海

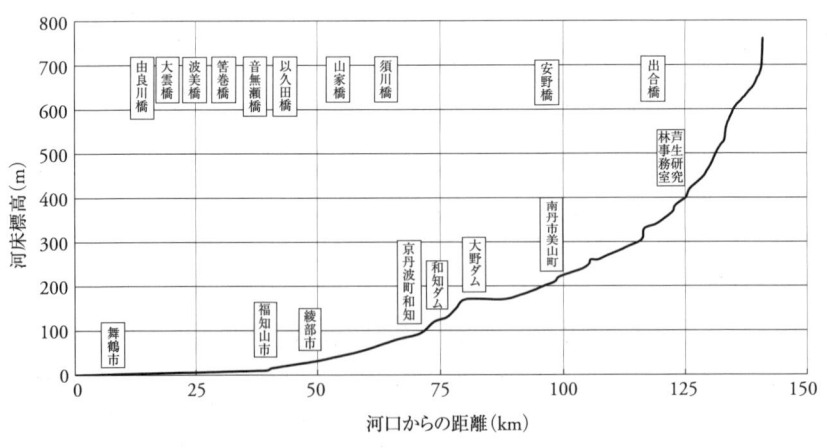

図8　由良川の河床勾配

由良川の大きな特徴である.

　由良川は下流・河口域が緩傾斜なのに対して，上・中流域や支流域が急傾斜でかつ流域面積が広いために，流域に降った雨はごく短時間で下流・河口域に流れ込んでくる．しかも，河口域が長大なために海には流れ出しにくい．このため中流域下端の綾部市より下流ではしばしば大水害に襲われた.

　そこで，古くから治水工事が行われ，16世紀に明智光秀がつくったという堤防が由良川河畔に立つ福知山城の下に残っていて（明智藪），福知山の治

谷中分水界 ……………………………………………………… コラム ①

　由良川とその支流は丹波山地の間を樹枝状に流れる．丹波山地はなだらかで歴史も古いので，あちこちで谷中（こくちゅう）分水界という珍しい分水界ができている．二つの川の境目である分水界は，普通，山の尾根線に沿ってできる（分水嶺）．ところが谷中分水界は同じ谷の中に分水界がある．

　由良川にある谷中分水界の中でも，もっとも有名なのが丹波市石生（いそう）にある「水分れ（みわかれ）」．ここでは道路の両側を流れる川の片方はやがて由良川に合流して日本海に注ぎ，もう一方は加古川に合流して瀬戸内海に注ぐ．

由良川の谷中分水界

谷中分水界では大雨のときなど両方の川がつながってしまうこともあり，長い歴史の間には別の方向に流れていることもある．実は20万年くらい前まで，由良川は石生を通って加古川に合流し瀬戸内海に注いでいたのである（巻頭口絵6参照）．

　本州を縦断する中央分水界の中でもっとも標高が低いのが，この石生谷中分水界．つまり，本州を横断するのに一番楽なところ．かつては高瀬舟と荷車が日本海と瀬戸内海を結んでいた．高いところに登るのが苦手なのは人間だけではないらしく，いろんな植物や昆虫，魚類が楽な石生谷中分水界を越えて太平洋側と日本海側を行き来しているので，遺伝子の回廊と呼ばれている．日本一低い谷中分水界を通って，魚以外の水生動物も行き来しているかもしれないとWakWakでは遺伝子を使った川エビの集団解析にも取り組んでいる．

水に尽力した光秀は市中心の御霊神社に神として祀られている．また，全国で唯一，堤防をご神体とする神社もある．1953年9月の13号台風による水害では福知山市市街地全域がほぼ水没し，本格的な治水計画の実施が必要として南丹市美山町に大野ダムが築造された．

　その後も河川改修工事は継続されたが，人口が多い綾部市と福知山市の堤防造成に力を注いだため，2004年台風23号の洪水はさらに下流の河口域に集中し，河口域上端に位置する旧大江町役場の一階は水没，旧大江町と舞鶴市の境界付近では多数のバスや乗用車が水没した．バスの屋根に取り残された人たちの救出劇は記憶に新しい．また，堤防で守られた綾部市と福知山市でも，増水した本流に流れ込めない支流が氾濫し，広い範囲が床上浸水，道路も寸断されたので台風通過後はたくさんの地区が孤立した．

　河川改修というと生態系にとっては悪の権化のようにいう人もいるが，年中洪水の恐怖にさらされている人にとっては切実な問題である．最近河川改修にも環境修復（ミチゲーション）の考えが取り入れられるようになり，将来的にはかなり改善されると思われる．しかし，そのために必要な河川環境や生態系についての知識は十分に得られていない．森里海の連環を考慮した「河川の健全さ」を科学的に評価する手法を開発し，健全な河川を守るための具体的な方法を提案することは森里海連環学の大きな課題である．

(2)　由良川河口域の物理環境

　由良川河口域は河床勾配が緩いために，降水量が少なく海面高度が高い初夏から秋にかけては海水がかなり上流まで遡上し，河口からの海水遡上距離は河川流量と海面高度の重回帰式でかなり説明できることがわかった（Kasai et al. 2010）．図9（上）はWakWakの調査で得られた塩分分布の一例だが，河口から17 km付近でも川底は塩分28以上のかなり濃い海水に覆われていて，川というよりも内湾に近い環境である．一方，大雨などによる増水時にはこ

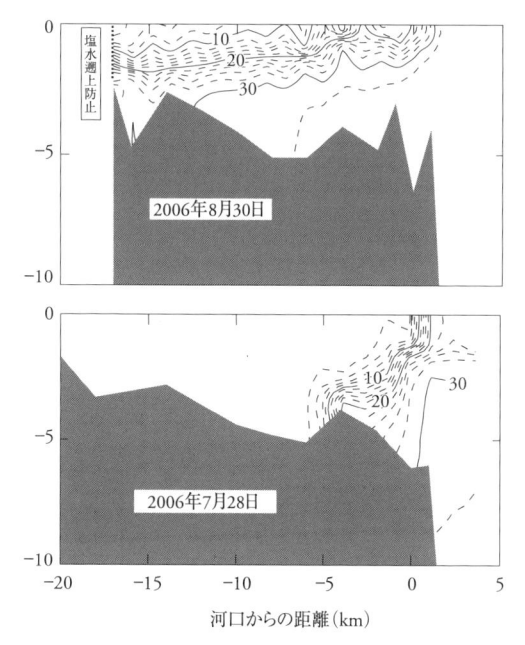

図9　由良川河口域の塩分構造
渇水時（2006年8月30日）と増水時（2006年7月28日）の比較

の海水が押し戻され，ときには河口域全体が淡水で覆われることもある（図9（下））．一方，日本海側の冬春季は雨期であり，降雪・降水と低い海面高度により，基本的には図9（下）とよく似た塩分構造が数ヶ月間続く．ところが，06年4月から08年3月までの2年間の調査では，計24回の観測中，図9（下）のように海水が遡上していなかったのは06年4，7月と08年1から3月の5回で，残りの19ヶ月は河口から10 km以上上流まで海水が遡上していた．これは，2007年冬季の渇水が原因であり，近年極端に雪の少ない冬が増えていることから生態系への影響が懸念される．また，この2年でみると，およそ5分の1の期間は全体が川，残りは少なくとも底層は海であり，由良川の河口域，とくに川底付近はその時々の流量によって数日間な

いし数ヶ月にわたって海になったり川になったりする．

さらに，太平洋側の河口域は潮位差が 2 m 程度あり，広い範囲にわたって規則正しく水が入れ替わる．このため，環境は大きく変動するがおよそ半日周期で規則正しく変化し，しかもこの際に新鮮な海水が供給されて河川底層の溶存酸素は比較的豊富に存在する．これに対し，日本海では太平洋から狭い海峡を通じて潮汐波が入ってくるため，潮位差はせいぜい 40 cm しかない．このため日本海側の河口域では，潮汐による海水の移動距離が短く，海水遡上期には上流部にいくほど新鮮な海水が供給され難くなる．底層水中ではいろいろな生物によって酸素が消費されるために，溶存酸素量は徐々に低下し，新鮮な海水が供給されないとしばしば低酸素状態になる．

WakWaK 調査では採泥器や底曳き網で底生生物の採集を行っているが，水深 2 m よりも深い川底からは 1 cm 以上の大きさの生物が河口近くを除くとほとんど採集されていない．環境が長期的に大きく変化してしばしば低酸素状態になるために，河口域の川底には貝類やゴカイ類など寿命が数ヶ月以上ある比較的大型の生物は住めないようだ．

河口域で大型の底生生物が暮らしているのは，川岸に沿った水深 2 m よりも浅いごく限られたところだけだが，そこでも環境が大きく変動するために暮らしはそう楽ではないらしい．たとえば河口から数 km ごとに川岸に仕掛けた生物採集用のトラップにはヤマトシジミの稚貝がたくさん入るが，数 mm を越えて成長することは滅多にない．ヤマトシジミは魚屋に並ぶいわゆるシジミで，日本の淡水・汽水域ではもっともたくさん漁獲される重要な漁業対象生物である．しかし，由良川ではせいぜい漁師さんの自家消費分くらいしか獲れない．

ヤマトシジミは川底の砂に潜って暮らすので，粒径 63 μm 以下の泥が 50% 以上になると棲息できない（中村ら 1997）．由良川河口域は長くて河床勾配が極端に小さく，しかも潮位差が小さいために平水時でも流れがしばしば停滞し，泥が堆積しやすい．また，夏の渇水期を中心に水深 2 m 以深で

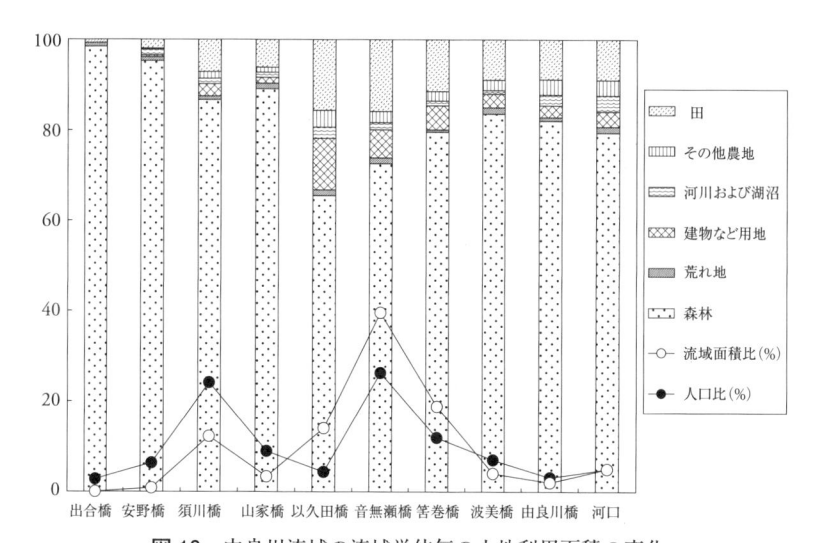

図10 由良川流域の流域単位毎の土地利用面積の変化
横軸は左から右へ本流の上流から下流へ向かう．実線は全流域に対する各流域単位毎の人口比と流域面積比

は高塩分・低酸素状態になりやすく，低塩分と豊富な酸素を好むヤマトシジミの棲息には適さない．すなわち，由良川河口域では地形的な条件で生じる自然環境がヤマトシジミの棲息を制約しているのである．

(3) 由良川の流域利用と水質 —— 遡及的アプローチ

　由良川流域の約8割は森林である．流域面積に森林が占める割合は，源流から安野橋（図7）までは95％以上，三つのダムがある安野橋から山家橋の間で85％以上もある．17万人余りの流域人口の70％以上が暮らす山家橋から筈巻橋の間でも65％以上を森林が占め，筈巻橋から河口まではおよそ80％前後が森林である．日本全体では森林が占める割合は68％なので，由良川流域が緑豊かなことは間違いない（図10）．

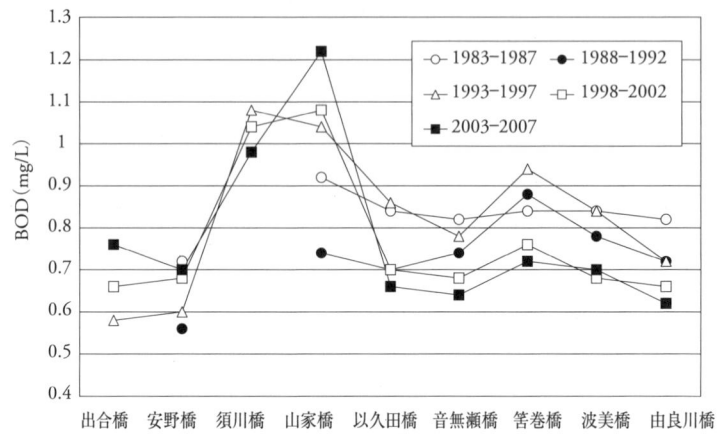

図11　BOD（生物化学的酸素要求量）の長期変動

　土地利用以外にも人口や産業などの人的要因，地質，地形，気象などの自然要因等々，河川の流域を特徴づける要素はたくさんある．これらの要素を整理し，河川環境や生態系に大きく影響する要因を抽出する試みは古くから行われているが，河川ごとに異なる事例の羅列に終わっているのが現状である．そこで，このような現状を打破するために，WakWakではいくつかのアプローチを試みている．日本の河川・海域は70年代から詳細な水質モニタリングが行われているが，その資料は十分に活用されていない．それらを解析して由良川と丹後海（由良川河口周辺海域）の水質環境の変遷を解析する遡及的アプローチである．

　図11は有機物による汚れを表す**BOD**（生物化学的酸素要求量）が，源流近くにある出合橋から海水があがってくることもある下流の由良川橋までどう変化するかを示している．ほとんどのところでイワナやヤマメが暮らす清流なみの環境基準AA（BOD1 mg/L未満）を満たしていて「最後の清流」と呼ばれる四万十川と比べても遜色がない．

　BODは微生物によって容易に分解される有機物（易分解性有機物）の指標

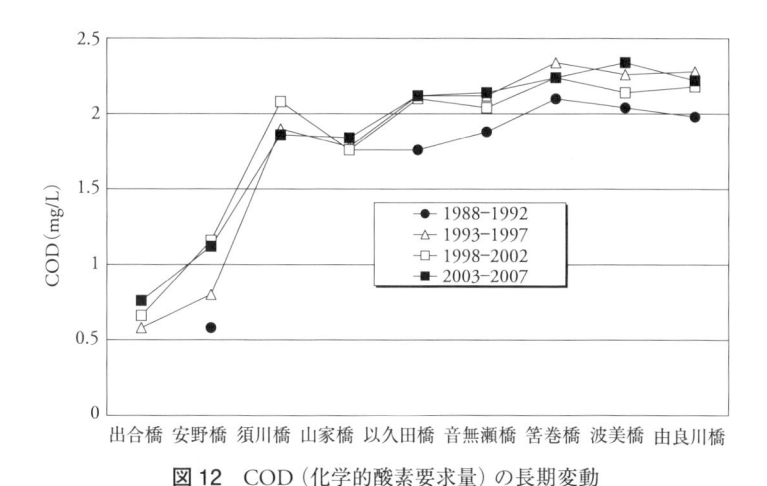

図12 COD（化学的酸素要求量）の長期変動

であり，下流まで低いBODを示す由良川では易分解性有機物の流入負荷を河川の自浄作用でほぼ浄化できていると考えられる．また，易分解性有機物は水質汚濁の直接の原因になるために下水処理場などでその除去が図られている．人口の多い由良川中下流域では近年BODが低下しており，下水道の整備など排水処理が進められたことが功を奏したものと考えられる．しかし，比較的上流にある須川橋と山家橋では1 mg/Lを越えることが多い．須川橋は河川勾配図（図8）に示した大野ダム・和知ダムの下流に位置し，山家橋は須川橋の下流にある由良川ダムのすぐ下流に位置する．すなわち，この2カ所の高いBODはダムによる止水域（ダム湖）でBODが生産されることを示している．

一方，BODと同じく有機物汚染の指標とされる**COD**（化学的酸素要求量）はダム区間の須川橋で急増し，その下流でも暫増していく（図12）．過マンガン酸カリなどの薬剤によって有機物が分解されるときの酸素消費量であるCODは，易分解性有機物に加えて難分解性有機物の一部も分解するために，これらの合計の指標となる．BODの増加がみられない下流域でCODが増

加するのは，難分解性有機物が河川の自浄作用では分解されず下流に行くほど蓄積されるためである．

　さらに，COD は BOD とは逆に近年，流域全域で増加傾向を示す．BOD が流域全体で低下傾向にあるにもかかわらず，COD が増加傾向を示すという現象は，由良川だけではなく日本の多くの河川でみられる．さらに由良川が流れ込む丹後海では 90 年代半ば以降，COD が顕著に増加しているが，各地の沿岸域で同様の COD の増加傾向が報告されている（財団法人琵琶湖・淀川水質保全機構 2008, 2009 など）．

　COD が指標するのは易分解性有機物と一部の難分解性有機物だから易分解性有機物が減少すれば COD も低下するはずである．すなわち，各地の河川でみられる COD の増加は易分解性有機物の減少を上回って難分解性有機物が増加していることを示している．難分解性有機物の環境中での挙動やそれらが生態系内で果たす役割はまだよく分かっていない（今井章雄・松重一夫 2000）．しかし，巨額の費用をかけ下水道を整備したにもかかわらず，琵琶湖や霞ヶ浦，あるいは各地の内湾で COD が増加する現象には難分解性有機物が関わっていると考えられている．

(4)　河川有機物の起源 ── 探検的アプローチ

　川が運ぶ有機物の起源を調べるために，有機物を構成する有機態炭素と窒素を質量分析計で測定した．有機物の量を酸素の消費量で指標する BOD や COD に対し，質量分析計などによる測定は有機物に含まれる炭素の量を直接測定するので，分解性に関係なくすべての有機物を測定することができる．また，安定同位体の組成を調べることで有機物の起源を推定することもできる．

　2006 年 5 月に源流域の芦生から河口域上端の大雲橋まで本流上の 11 ヶ所で調べた有機態の炭素と窒素の濃度は，当然のことながら下流にいくほど高

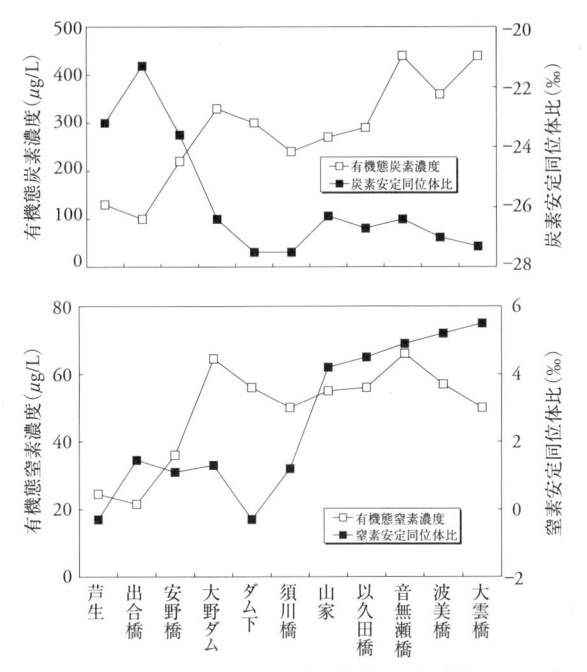

図 13 有機炭素量と炭素安定同位体比（上段）および有機窒素量と窒素安定同位体比（下段）の由良川上流から下流までの変化　　〈2006 年 5 月調査〉

くなる傾向を示す（図 13）．また，どちらも由良川に設置されている最大のダムである大野ダムから下流で高い値を示す．炭素は大野ダムの下流でも明らかな上昇傾向を示すのに対して，窒素は大野ダムで急激に増加し，その下流では漸増する．

一方，炭素安定同位体比は大野ダムから下流で −26 以下の低い値を示し，窒素安定同位体比は綾部市の山家より下流で大きな値を示した．すなわち，大雑把にいえば由良川の有機物分布は，芦生から安野橋にいたる区間，大野ダムから須川橋にいたる区間，そして山家から下流の区間の 3 区間でそれぞれ特徴的な分布をしている．

須川橋上流には和知ダム，下流には由良川ダムと二つの発電用ダムがあって（図7），大野ダム上流のダム湖から由良川ダムの間には断続的に大きな止水域（ダム湖）が形成されている．また，山家の下流で由良川が流れ込む福知山盆地とそこで由良川に流入する支流域を合わせると，流域人口の大半がここで暮らしている（図10）．さらに，流域にある水田などの農業用地面積の大半がこの区域にある．

有機物の起源を川底の石などに生える付着藻類，水中を浮遊する植物プランクトンそして人間活動（生活・産業排水）の三種と仮定し，5月および11月に炭素安定同位体比から由良川を流れる炭素の生産者を推定した．どちらの月も，安野橋よりも上流では生産者の大半が付着藻類だが，ダム区間ではダム湖で発生した植物プランクトンが生産の中心に，人口が多い山家から下

安定同位体比を使った有機物起源・食物網解析 ……………… コラム ②

安定同位体比分析（食物網構造を解明するための有効なツール）

・水界においては一般に，栄養段階が1上がるごとに，生物の体組織の窒素の同位体比 $\delta^{15}N$ は 3～4‰ の割合で増加するので $\delta^{15}N$ はその生物の栄養段階の指標になる．
・一方，炭素の同位体比 $\delta^{13}C$ は 1‰ 以内の増加にとどまる．しかも，海洋の一次生産者の方が陸上の C_3 植物よりも $\delta^{13}C$ の値が高いので，$\delta^{13}C$ は炭素源の指標となる．すなわち，その生物が海／陸上どちらに由来する有機物を利用しているのか推定することが可能である．

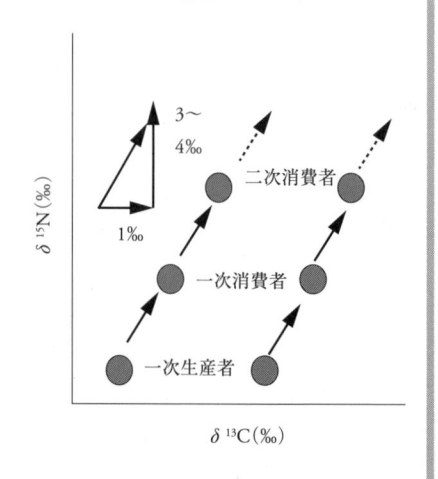

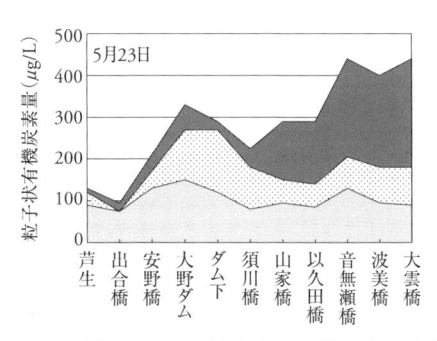

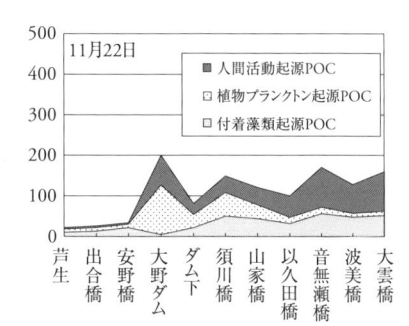

図14 2006年5月および11月の有機炭素量の上流から下流までの変化

流では人間活動起源が中心となった．また，5月には大野ダムから下流の大雲橋までの区域で，植物プランクトン起源の有機物も多く存在した．日本の河川は流程が短く短時間で海に流出するために，生活史を完結することができない植物プランクトンが普通は存在しない．しかし，調査を行った5月は田植え直後なので，水田と支流に数多ある農業用水堰による止水域でプランクトンが増殖したと推定された．それと比較すると，11月にはダム湖のみがプランクトン源となることが示唆された．

ダムや農業用水堰，そして水田で繁殖したプランクトンも元はといえば人間活動が原因である．つまり，由良川の有機物負荷源の中心はやはり人間であり，ともすれば生活・産業排水が有機物負荷の元凶とされるが，ダムや農業を起源とする負荷も決して少なくない．

ところで，この分析では，落ち葉などの陸上植物起源有機物が検出されなかった．本調査で採集された懸濁態有機物の炭素と窒素の比（C/N比）は常に10以下と極めて低く，調査を行った平水時には陸上植物起源の有機物はほとんど流れていないことが示唆された．しかし，実際には河床に木の葉などが普通に観察されることから，これらは細粒化されにくく大雨による増水時に下流に輸送されるものと考えられた．

(5) **森は海の恋人** ── 川から流れ出す有機物は海の生物にどのように利用されているか

　陸から海へ，毎日毎日いろんな物質が川を通じて流れ込む．木の葉や動物の遺骸のような有機物，窒素やリン，ケイ素などの溶存性無機物．砂や泥は無機物が主体だが表面や中に有機物を含むこともある．

　海の生物生産量は沿岸，とくに河口の周辺で非常に大きく，川から流れ出てくる物質が海の豊かな生産を支えているのは確かだ．そこで，「森は海の恋人」といわれる．しかし，川から海に流入する有機物が海の生物にどのように利用されているのかはほとんどわかっていない．地球上の炭素収支をモデリングしている国際気象変動パネル（IPCC）でも，河川から海へ流入する炭素量は不明のままであれこれと予測をしているのが現状である．そこで，WakWak では陸起源の有機物がどのように生物に利用されているのかを明らかにするために，由良川下流域から丹後海の大陸棚までの広い範囲で海洋観測と海底に暮らすヒトデや貝，魚など底生生物を採集し，安定同位体比による食物網解析を行った．

　河口域内（河口から 15 km 上流まで）で，二枚貝のヤマトシジミ，巻貝類のオオタニシ，カワニナ，イシマキガイの 4 種の草食性貝類を調べると，海水が遡上する本流と常に淡水が流れている支流で植性が異なり，支流で採集されたオオタニシ，カワニナ，ヤマトシジミは陸起源食物を利用していた（Antonio et al. 2010a）．ところが，ヤマトシジミは本流で採集された個体も陸起源食物を利用したが，本流で採集されたカワニナは河口上部域でも海起源食物を利用していた（図 15）．二枚貝のヤマトシジミは浮遊物を鰓で濾しとって食べ，巻き貝のカワニナは川底の石に生えた植物を歯舌でけずりとって食べる．すなわち，両者の違いには摂餌の仕方の違いによる餌の違いが関わっている．分析の結果，河口域本流では上流から流れてくる浮遊物は陸起源の炭素安定同位体比を持ち，川底に生える植物は海起源の炭素安定同位体

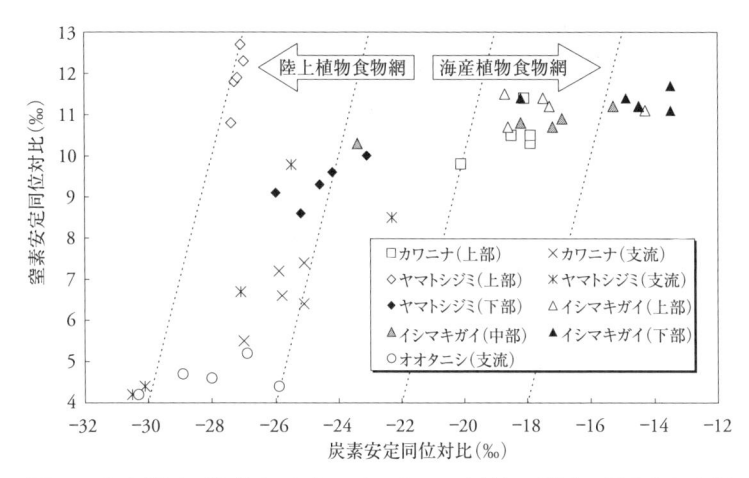

図15 由良川河口域（河口から15 kmまでの水域）で夏季に採集された貝類4種の炭素・窒素安定同位体比マップ

比を持っていた．歯舌で川底の石の表面に生える植物を削り取って食べるイシマキガイは，本流河口域内のすべての場所で海起源の食物を利用していた．

2006年夏季に採集された76種のマクロベントスの炭素・窒素安定同位体比を用いて，底生動物群集ごとに摂餌している有機物起源の割合を推定した（Antonio et al. 2010b；図16）．河口上部域では，陸起源と考えられる有機物が最も多く利用され，次いで底生微細藻，汽水産植物プランクトンの順であった．河口下部域では陸起源有機物の割合が大きく減少し，海側では陸起源有機物の利用はほとんど認められず，水深とともに海産植物プランクトンの割合が増大した．海側の海底の堆積物や海中を漂う粒子には多くの陸起源有機物が含まれているのに，ほとんどの底棲動物は底棲藻類や海藻，植物プランクトンなど海産植物起源の有機物を利用していることが分かった．どうやら，海の生物は陸起源の有機物を直接，食物として利用していないらしい．陸上植物などからなる陸起源有機物は，セルロースなどの難分解性物質を含んでおり，セルロースを分解するセルラーゼをもった動物がおもに利用して

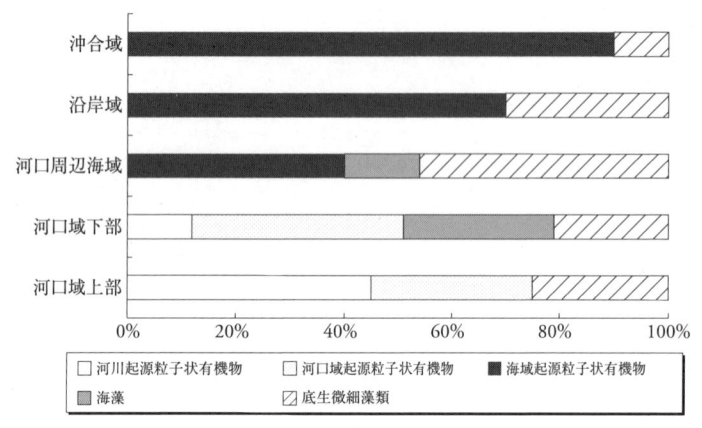

図16 ミキシングモデルにより推定した，底生動物群集による有機物の起源ごとの利用割合　〈2006年夏季調査〉

凡例：□河川起源粒子状有機物　□河口域起源粒子状有機物　■海域起源粒子状有機物　▨海藻　▨底生微細藻類

いることが示されている（Sakamoto et al. 2007）．先に述べた4種の植食性貝類ではセルラーゼ活性が確認された（Sakamoto et al. 2007; Antonio et al. 2010a）．

　北海道の河口域に多く分布するトンガリキタヨコエビは，堆積落ち葉を摂餌し消化吸収することが報告されており（桜井・柳井 2008），内湾に棲む堆積物食多毛類などでも陸上起源有機物の利用が示されている（富永・牧田 2008）．しかし，河川内と比較すると，海で陸起源有機物を利用できる動物は限られており，海まで輸送され海底に堆積した陸起源有機物は，主に微生物により分解されると考えられる．この知見は河川の管理に関しても重要な示唆を与えるものである．すなわち，蛇行を繰り返し淵と瀬により構成されていた自然河川では，淵にたまった陸起源有機物は底棲動物に利用され，系から除去されると考えられる．ところが，直線化され三面張りなどの護岸により瀬ばかりの構造に改変された河川では，陸起源有機物は短時間に海に運ばれ河口・内湾の海底に堆積し，微生物分解を通して貧酸素水塊形成要因のひとつとなっていることが示唆される．

　遡及的アプローチの節で紹介した河川水中の難分解性有機物の大半を占め

る**腐植物質**は，植物が微生物に分解されるときにできるので森林が最大の供給源である．すなわち，森林は確かに川を通じて大量の有機物を海に供給してくれているが，それは直接的にはほとんど役に立っていないのかも知れない．「森は海の恋人」を実証するのは容易ではないようだ．

それにもかかわらず河口周辺海域で豊かな生物生産が行われているのは，窒素やリン，珪素，鉄などの栄養塩類や微量成分が川から豊富に供給されるためと考えられる．とくに，溶存鉄は植物プランクトンの生産において重要な役割をはたしており（武田 2007），溶存鉄の酸化を防ぎ植物プランクトンが利用できる形態の鉄を海洋まで輸送する物質として，流域で生産される腐植物質が注目されている（白岩 2009）．腐植物質のかなりの部分を森林が供給している可能性があり，2009 年から始まった京大フィールド研の木文化プロジェクト（森里海連環学による地域循環木文化社会創出事業）では，WakWak と連携して由良川流域における溶存鉄と腐植物質の生産に焦点を当てた研究が進められており，今後の進展が期待される．

▶▶▶ 上野正博／山下 洋

③ 琵琶湖集水域

(1) 琵琶湖

　琵琶湖は，日本最大の湖沼であり，その面積は約 674 km^2，水量約 275 億トン，平均水深 41 m，最大水深 104 m である．また，四百数十万年前の「大山田湖」（現在の三重県伊賀市付近にあったとされる）を起源とし，現在の位置に移動したのが約 40 万年前といわれており，バイカル湖，タンガニーカ湖に次ぐ古代湖として知られている．集水域の面積は，約 3174 km^2 であり，その約 6 割を森林が占めている．琵琶湖集水域の大半は滋賀県に含まれ，琵琶湖を除く県域の 9 割弱が集水域となっている．集水域内の人口は滋賀県人口に等しいとして約 140 万人，下流の淀川流域内を含めると約 1680 万人の人びとが琵琶湖を主な水源とする淀川の水を利用して生活しており，世界有数の巨大な人口を抱える流域圏を構成している．

　琵琶湖には，119 本の一級河川ほか，農業排水路などを含む多数の小河川が流入しており，これらの河川から年間 32～39 億 t の水が供給されている．湖面への降水と湖底からの地下水の寄与をあわせると年間約 50 億 t の流入がある．琵琶湖の水量から単純に水の滞留時間を求めると約 5.5 年となるが，夏の成層期には深層部の湖水は循環に預からないため，琵琶湖の湖水が入れ替わるのに要する時間はこれよりも長い．琵琶湖に流入する水にはさまざまな物質が含まれており，とくに農業・家庭・工場排水からの栄養塩類の供給により，1970 年代後半以降，琵琶湖の富栄養化が問題となってきた．1977 年には黄色べん毛藻類のウログレナ・アメリカーナによる淡水赤潮が発生し，水道水の異臭味や養魚場でのアユやコイなどにも被害が生じた．住民レベルでの粉石けんの使用推進運動や 1979 年に制定された富栄養化防止条例による規制，下水道および下水処理場の整備などによって赤潮の発生は年々

低下してきている．しかしながら，藍藻類（シアノバクテリア）によるアオコ現象は1983年以降毎年発生し，最近は減少傾向にあるが終息には至っていない．また，湖水の**COD**（化学的酸素要求量）値は，環境基準である1 ppmを達成できず，2〜3 ppmの水準にとどまっているが，その原因についてはまだよく分かっていない．

(2) 森林からの硝酸イオン（NO_3^-）の流出

琵琶湖集水域における森と水系（河川，湖沼）のつながりに関しては，多くの研究がなされてきている．琵琶湖の富栄養化を考えるとき，農耕地や市街地からの排水の影響が大きいと考えられ，また，森林は本来窒素やリンといった栄養塩類は森林系内にとどまり，渓流水中には出てこないとされてきた．しかしながら，近年，とくに欧米では，大気経由の窒素負荷の増加と酸性雨による森林植生の劣化によって，森林生態系が窒素栄養塩を保持できなくなり，渓流水中のNO_3^-濃度が高くなるという現象（窒素飽和）が生じている．日本の森林を流れる渓流水においても，NO_3^-濃度の上昇が知られるようになってきている．木平ら（2006）は，日本全国の1270箇所以上の渓流において水を採取し，その水質を分析した．試料を採取した地点は，それより上流側に農地や住宅などの人間活動がほとんど見られないところまで上り詰めたところである．埼玉，東京，神奈川，大阪，香川，福岡といった，大都市圏近郊，いわゆる太平洋ベルト地帯で濃度が高いことが明らかとなっている．

小林は，1950年代（42〜45年の39河川を含む）の日本全国の223河川を対象に，中・下流域の水質を調査している（小林1961）．木平らのデータは渓流のものであり分析方法も異なるため，厳密に比較することには注意が必要であるが，約50年間での水質変化の概要が把握できる．両者で共通している水質項目の都道府県別平均濃度を比較すると，Na^+，Mg^{2+}，SO_4^{2-}，Cl^-

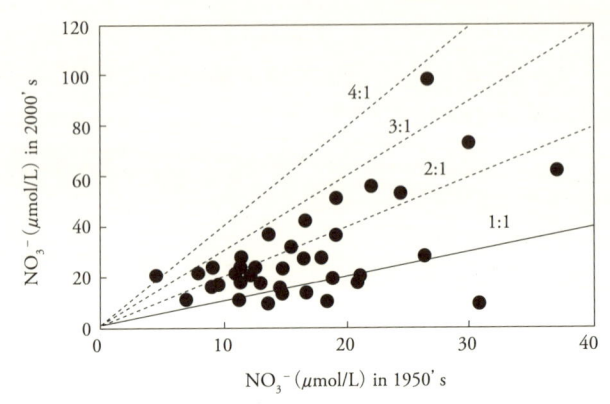

図17 日本全国の河川水中 NO_3^- 濃度の 1950 年代（小林 1961）と 2000 年代（木平ら 2006）の比較
実線と点線は，傾きの小さい方から，1，2，3，4 倍の増加を示す．

の濃度はほぼ 1：1 の直線上に並ぶのに対して，NO_3^- 濃度は，この 50 年間に顕著に増加していることが示された（図17）．NH_4^+ もわずかであるが増加した都道府県が多い．K^+ と Ca^{2+} では低下の傾向が見られるがその原因は分からない．

新藤ら（2005）は大気からの窒素負荷量の分布と渓流水中の NO_3^- 濃度との関係を明確に示しており，大気経由の窒素負荷が近年増加したことが渓流水中の NO_3^- 濃度増加につながったものと考えられる．また，森林伐採によって植生がなくなると，土壌分解によって無機化された窒素栄養塩が吸収されずに流出することが知られており，琵琶湖集水域でも森林を実験的に伐採することによって，渓流水の NO_3^- 濃度が伐採半年後から数年間にわたって高まることが確かめられている（浜端 2005）．

残念ながら，琵琶湖集水域が位置する滋賀県の 1950 年代の測定値がなく，約 50 年間の変化は推定できないが，東北・北海道を除く東日本から西の都府県において NO_3^- 濃度が顕著に増加していることから，琵琶湖集水域でも増加していると思われる．（図18）．

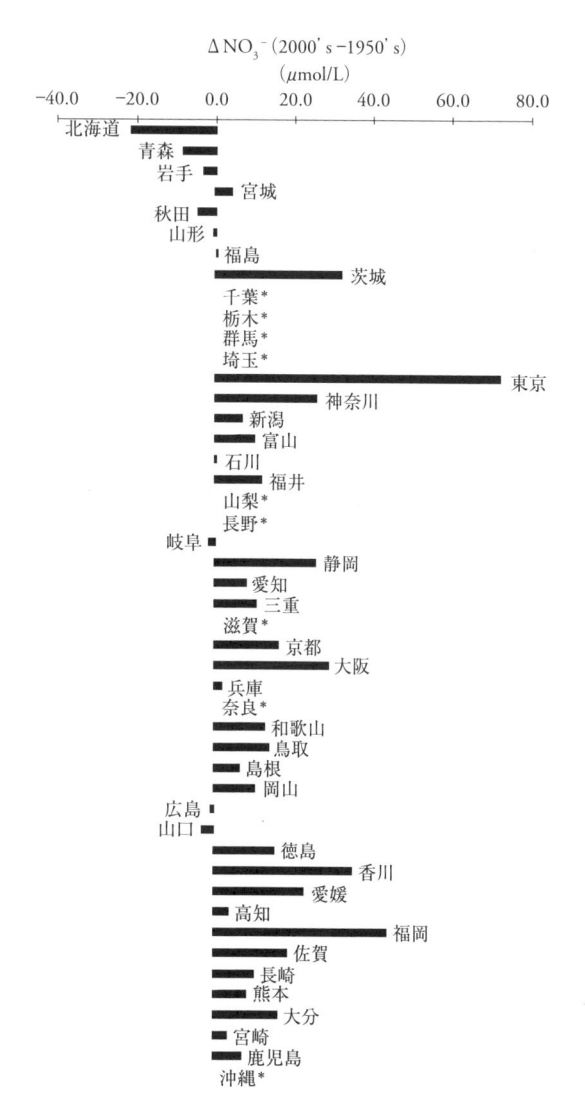

図18 都道府県別の河川水 NO_3^- 濃度の約50年間での増減
*は，小林（1961）と木平ら（2006）のどちらか一方あるいは両方のデータがない県を示す．

したがって，東北・北海道を除く日本の河川において，この約50年間にNO$_3^-$濃度が上昇してきたことは，人間活動による窒素酸化物の大気への負荷の増大と伐採等による森林生態系での窒素循環過程の変化を反映したものと考えられる．日本列島においても欧米と同様に窒素飽和の現象が進行しつつある．

(3) 渓流水質から見た森林生態系（土壌）における窒素と炭素の循環

琵琶湖集水域の渓流におけるNO$_3^-$濃度の分布を見ると（図19左），湖東地域で濃度が高く，湖南地域で低い傾向があった（Konohira and Yoshioka 2005）．その原因については定かではないが，渓流水中の溶存有機態炭素濃度（DOC, dissolved organic carbon）との間に興味深い関係が見いだされている．図19右に示すように，DOC濃度はNO$_3^-$とは逆に，湖東で低く湖南で高い傾向が見られた．両者の関係を図にすると，逆相関の関係となる（図20左）．両者の濃度には季節的な変動が見られるが，逆相関関係は保持されていた．また，この関係は琵琶湖集水域に限ったことではなく，関東の奥多摩地域にある渓流や北海道の朱鞠内湖集水域の渓流のデータを加えても見いだされるものであった（図20右）．つまり，渓流には，NO$_3^-$濃度の高い渓流，DOC濃度の高い渓流，どちらの濃度も低い渓流，三つのタイプのあることが分かる．

渓流の水質は，その集水域である陸域（日本の場合多くが森林）での物質循環を反映すると考えられる．したがって，渓流水中でNO$_3^-$とDOCの濃度に見られた関係は，森林土壌中における窒素と炭素（有機物）の循環過程に密接な関係があることを示唆している．琵琶湖集水域において，NO$_3^-$濃度が高い二つの渓流の集水域（N-タイプ）とDOC濃度が高い二つの渓流の集水域（C-タイプ）で森林土壌を採取して分析をしたところ，炭素/窒素比には有意な差は見られなかったが，純水で抽出されるNO$_3^-$とDOCの濃度に，

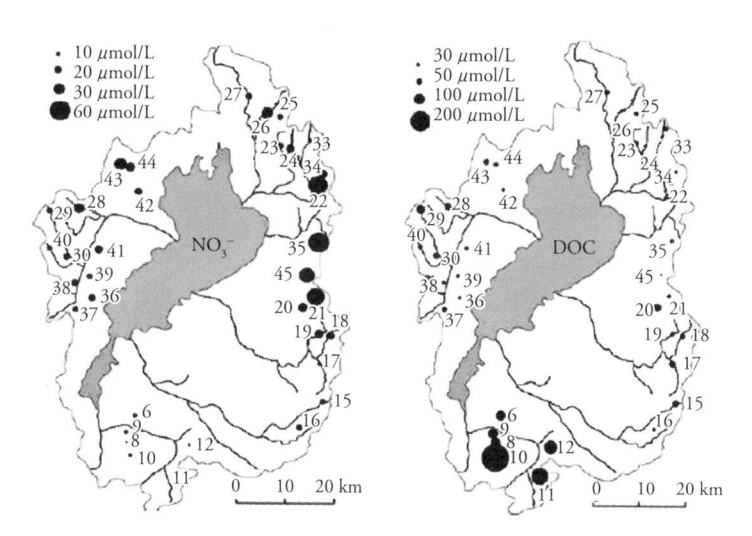

図19 琵琶湖集水域の渓流における NO_3^- 濃度（左）と DOC 濃度（右）の分布
〈Konohira and Yoshioka 2005〉

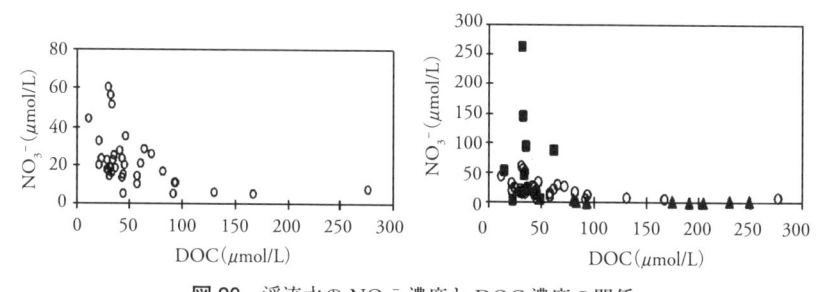

図20 渓流水の NO_3^- 濃度と DOC 濃度の関係
○：琵琶湖集水域，■：奥多摩地域（関東），▲：朱鞠内湖集水域（北海道）
〈Konohira and Yoshioka 2005〉

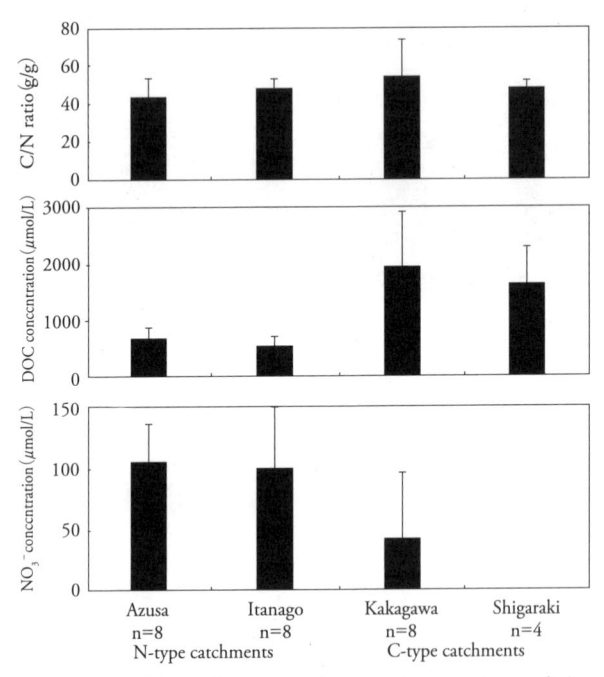

図21 NO_3^- 濃度の高い渓流の集水域（N-type catchments）と DOC 濃度の高い渓流の集水域（C-type catchments）の土壌分析結果（Konohira and Yoshioka 2005）
上段：土壌中に含まれる有機態炭素と全窒素の比，中段：純水で抽出された DOC の濃度，下段：純水で抽出された NO_3^- 濃度

渓流水と同じ傾向が見いだされた（図21）.

　土壌中の微生物による有機物と窒素栄養塩の利用のバランスが渓流水質に反映しているものと思われる．すなわち，エネルギー源である有機物が豊富な土壌において窒素栄養塩の供給（有機態窒素の無機化）が少ない場合は，余った有機物が DOC の形で渓流に流出し，一方，有機物が不足する場合には NO_3^- が流出すると考えることができる．土壌中で有機態窒素の無機化が進んでも，アンモニア（NH_4^+）のままである場合，NH_4^+ が土壌粒子に吸

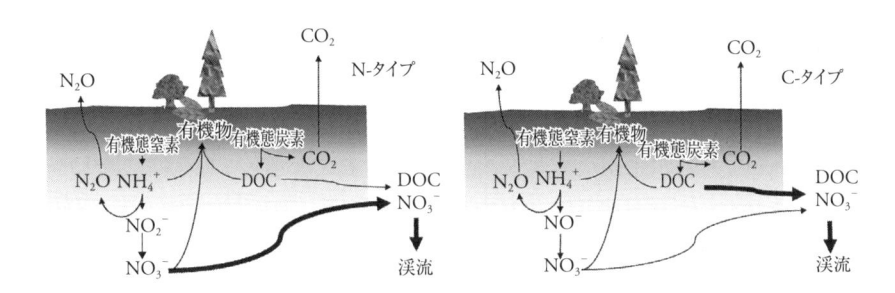

図 22　渓流水質から見た集水域土壌中での炭素・窒素循環
左：NO_3^- 濃度の高い渓流の集水域（N-タイプ），右：DOC 濃度の高い渓流の集水域（C-タイプ）

着され易いため渓流には流出してこないが，硝化反応が進行して NO_3^- に酸化されると土壌粒子に吸着されずに流出するようになる．したがって，N-タイプの集水域では，**硝化反応**が進行しているはずである．そこで，土壌中での硝化作用の活性を N_2O（NH_4^+ が NO_2^- に酸化される反応の副産物）の放出量で測定したところ，C-タイプの集水域の土壌からはほとんど N_2O が放出されなかったのに対して，N-タイプの集水域の土壌からは明らかな N_2O の放出が見られた（木平，未発表）．C-タイプの集水域の土壌では，有機物の分解が進んでも硝化が起こる前に NH_4^+ が生物に取り込まれている（**窒素の不動化**）ものと考えることができる．そして，有機物と窒素の供給のバランスがとれている土壌からは，NO_3^- も DOC も流出しないと考えることができる．

　以上のように，渓流水中の NO_3^- 濃度と DOC 濃度の関係から，渓流の集水域における物質循環の概略を把握することができる（図22）．渓流水質は森林生態系物質循環のバロメータである．

(4)　野洲川の水質と土地利用・土地被覆の関係

　河川への物質供給は，森林などの自然環境だけではなく，人間が暮らす地

域からも供給される．日本の河川流域の多くでは，むしろ人間活動からの供給の方が圧倒的に大きい．野洲川は，琵琶湖集水域の中で，河川延長が最長（約64 km）であり，集水域面積も最大（約366 km^2）の流入河川である．ただし，野洲川では河川水が伏流することが多く，表流水として琵琶湖に流入する河川水量としては安曇川や姉川などの方が多く，全流入水量の15％程度である．

　この野洲川の上流から下流の地点での河川水質と流域人口密度や水田面積などの土地利用・土地被覆との関係を解析した結果，野洲川河川水中のDOC濃度は，集水域の人口密度と水田面積率によって左右されていることが示唆された（大塚2003；大手ら2006）．また，野洲川の流域全体が自然環境（森林）であった場合のDOC濃度は0.64 mg/Lと推定され，集水域の10％が水田になった場合のDOC濃度は2倍に上昇することが示された．水田が河川水中のDOC濃度に大きく影響していることが分かる．

　また，大塚（2003）は，このほかの水質項目についても同様の解析を行い，K^+，Mg^{2+}，全リン，リン酸態リンの濃度はDOCと同様に水田が，NO_3^-とSO_4^{2-}濃度は茶畑が，Na^+，Cl^-，Ca^{2+}濃度は人口密度（生活排水）が規定要因となっていることを示している．

(5) 琵琶湖に流入する炭素と窒素の量

　琵琶湖は，その面積の約5倍の集水域から水と物質の供給を受けている．河川による物質の輸送量の推定は困難であり，特に出水時の水質の評価は大きな誤差の原因となる．また，琵琶湖には100を越える流入河川があり，全てを調査することは困難である．誤差の多い推定値ではあるが，主要な流入河川の水質を1年間毎月分析した結果から炭素と窒素の流入量が推定されている．

　有機態炭素としては，溶存態（DOC）として年間約3700 t，粒子態（POC）

としては2200 t以上の炭素が琵琶湖に流入していると推定された（大手ほか 2006）．また，集水域面積あたりでの流出量を計算するとDOCで約12 kg C/ha/年，POCで約6.9 kg C/ha/年である．DOCの流出量に関しては，北米やヨーロッパなどでの値（Hopeら 1994，10〜100 kg C/ha/年）の下限に近い値である．なお，この調査は，降雨の影響がない期間に行っているため，出水に伴う粒子状有機物の流出は評価されておらず，POCの流入量の推定値は過小評価であると考えられる．

集水域から年間に流入するDOCの量は，琵琶湖の湖水に存在するDOC（濃度として約1.2 mg C/L）の約11％に相当する．DOCの起源に関しては，炭素安定同位体組成（$\delta^{13}C$値）や蛍光特性などで推定することができるが，琵琶湖のDOCについては，表層で50〜60％，深水層で60〜75％が陸起源（陸上植物由来）のDOCであることが示唆されている（占部・吉岡 2006；吉岡・Mostofa 2010）．したがって，単純計算で陸起源DOCの滞留時間を求めると4.5〜6.8となり，琵琶湖湖水の平均滞留時間（約5.5年）とほぼ等しくなる．このことは，集水域由来の陸起源DOCの多くは湖内ではほとんど分解されずに下流の瀬田川から流出している可能性を示唆している．

溶存無機態炭素（DIC＝CO_2＋H_2CO_3＋HCO_3^-＋CO_3^{2-}）としては，年間約4万トンが琵琶湖に流入し，その約40％は集水域の岩石が風化によって溶け出した陽イオン（K^+やCa^{2+}など）と対になったHCO_3^-の形で取り込まれた大気CO_2に由来するものであると推定されている．集水域面積あたりでは，約126 kg C/ha/年である．Hopeら（1994）は，北米やヨーロッパの河川での無機態炭素の流出量は有機態炭素と同じ程度と報告しているが，琵琶湖集水域の値は上限のレベルである．したがって，琵琶湖集水域は，欧米の河川集水域と比較して，有機態炭素に比べて無機態炭素の流出が大きいという特徴があると言える．

窒素に関しては，1970年代後半から80年代前半の値として，1年間に全窒素で$1.6-3.0\times10^9$ g Nが琵琶湖に流入すると報告されている（吉岡 1985）．

大手ら (2006) は 1990 年代後半の調査結果から，NO_3^- の年間流入量を 2.6 × 10^9 gN/年と推定している．

(6) 琵琶湖の環境問題

　はじめに述べたように，琵琶湖は 1970 年代後半に富栄養化が進行したが，滋賀県内の下水道普及率は，この 30 年ほどの間に数％から 2005 年度末の 80.3％にまで上昇しており，琵琶湖の富栄養化の進行は抑えられている（琵琶湖ハンドブック編集委員会 2007）．しかしながら，南湖ではアオコが依然として発生し，水質の良い琵琶湖の北湖においてさえ未だに全窒素濃度と COD が環境基準を達成できていないなど問題が残されている．農地あるいは森林等の面源からの栄養塩負荷が影響している可能性があり，流域管理を考える上で重要な視点となっている．以下では，湖水の水質に関わる 2 つの問題について簡単に見ることにする．

(a) 琵琶湖の有機汚濁と難分解性溶存有機物

　有機汚濁に関する環境基準は，河川では生物化学的酸素要求量（BOD）で評価し，湖や海では化学的酸素要求量（COD）で評価することになっているが，琵琶湖では BOD，COD ともに継続的に分析されてきている．琵琶湖ハンドブック（2007）によれば，BOD は北湖南湖ともに 1979 年以降減り続け，2005 年には河川の AA 基準値である 1 mg/L を達成している．一方，COD は 1984 年以降増加し，環境基準の約 3 倍の値（北湖：2.7 mg/L，南湖：3.2 mg/L）となっている．琵琶湖で見られている COD の増加現象は，霞ヶ浦や富山湾などでも報告がある．この現象に関して，琵琶湖およびその集水域において，有機物の動態そのものに変化があったのではないか，難分解性の溶存有機物が増加しているのが原因ではないかなどと議論されているが，詳しいことはまだよく分かっていない．琵琶湖の場合，COD の大半は溶存

態の有機物とされているが,先に述べたようにDOCの約6割が森林集水域から流入する**腐植物質**を主体とする陸起源の有機物である.有機物の質によって有機態炭素あたりに必要となるCOD量は異なると思われるが,この割合にほぼ相当するCODが陸起源のCODと考えてよいかもしれない.しかし,この陸起源CODが1984年以降増加したのだろうか.森林伐採や管理不足の森林から溶存有機物が渓流に流出してくるかどうかについては,不確かであるが,琵琶湖集水域で実施された対照流域法による森林伐採実験の結果からは,伐採された小集水域(伐採区)からは一時的に有機物(粒子態と溶存態の合計)の流出が起こるがその大半は表土の撹乱に伴う粒子態の有機物であること,その後は伐採されていない小集水域(対照区)よりも低濃度で推移すること,伐採後1〜4年の間NO_3^-濃度が伐採区で顕著に増加することが示されている(國松ら 2002).したがって,琵琶湖集水域においてこの50年間に森林伐採が行われていたとしても,琵琶湖に流入する有機物量が増えるとは言い切れない.むしろ,CODの増加と歩調を合わせるように全窒素濃度やNO_3^-濃度などが増加しており,湖内での植物プランクトンによる一次生産に関連した有機物の動態が関連している可能性も指摘されている(早川・高橋 2002).化石燃料使用による大気窒素負荷の増加や森林伐採によるNO_3^-の流出など,人間活動が間接的に琵琶湖のCOD増加に関与しているのかもしれない.

(b) 農業濁水問題

工場や家庭からの排水に加えて水田などの**面源負荷**も琵琶湖の水質を左右する要因である.滋賀県の農家の兼業率は全国第3位の89.6%(2005年農林業センサス)と極めて高い.そのため,琵琶湖周辺の水田では,5月のゴールデンウィーク時に一斉に代掻きと田植えが行われることになる.また,灌漑用水として,琵琶湖の水をポンプでくみ上げる逆水灌漑システムが整備されている.代掻き時に水田からあふれた濁水は,排水路を通じて直接琵琶湖

に戻されるため，この時期に琵琶湖の湖水が濁るという「農業濁水」が常態化している．農業濁水は，土壌粒子に吸着したリン酸態リンの琵琶湖への負荷を増大させることから，水田が面源（ノンポイントソース）として重要であり（山田ら 2006），粗放的な水田の水管理が琵琶湖の水質に影響を及ぼしていると考えられている（脇田 2009）．2001 年に文部科学省の大学共同利用機関として設立された総合地球環境学研究所（地球研）で実施された研究プロジェクト「琵琶湖―淀川水系における流域管理モデルの構築」では，この琵琶湖集水域における農業濁水問題が取り上げられた．

谷内（2009）は，この琵琶湖の農業濁水問題について，**ステークホルダー**間のコミュニケーションツールとして，環境シナリオを用いたアプローチを採用し，自然科学的なモデルでは予測不可能な社会構造の変化などを明示的にストーリーとして提示する方法を開発している．住民参加型のワークショップを開催し，濁水削減という環境配慮行動の意思決定プロセスについて検討した結果，環境リスクの認知が水環境全般の保全目標に対する個人の意図に影響をおよぼしていること，地域環境への愛着という情動的要因が集落，琵琶湖，水環境全般というように空間スケールを越えた保全目標への意図に影響をおよぼしていることなどが明らかとされている．

(7) 流域管理への住民参加

1997 年に改正された河川法（97 年改正河川法）では，河川管理の目的として，治水・利水のほかに，河川環境の整備と保全が加えられ，河川整備計画に地方自治体の首長や流域住民の意見を反映するよう「流域委員会」等の諮問委員会を設けることになった．琵琶湖集水域が関わるものとしては，淀川水系流域委員会が 2001 年に設置され，膨大な労力と時間をかけて議論がなされてきた．その議論の中で，流域環境の利用と環境保全に住民が参加することの意義は高いという共通認識はあるものの，参加の方法や効果の評価に

ついては，まだ定まっていないのが現状である．河川法が改正された1997年には，環境影響事前評価，いわゆる環境アセスメントも法整備がなされている．この環境アセスメントの手続においても，国民参加が求められているが，手法も含めて不十分であると指摘されることも多い．谷内らが取り組んだ環境シナリオを用いた住民ワークショップやアンケート調査は住民参加の方法として有効なものと考えられる．手法の特徴や詳細については，先に挙げた地球研の研究プロジェクト「琵琶湖―淀川水系における流域管理モデルの構築」から『流域環境学　流域ガバナンスの理論と実践』(京都大学学術出版会)が成果本として発行されているほか，琵琶湖集水域を対象としたものではないが，同じく地球研の研究プロジェクト「流域環境の質と環境意識の関係解明」から環境シナリオを用いたアンケート調査と住民会議を紹介した『環境意識調査法-環境シナリオと人びとの選好』(勁草書房)が発行されている．

　滋賀県は，琵琶湖を県のシンボル「マザーレイク Mother Lake」として位置づけるとともに，水源を涵養している森林にも注目し，2004年には琵琶湖森林づくり条例を制定して，森林の多面的機能の持続的保全に県民の主体的な参加を呼びかけている．琵琶湖森づくり県民税が設けられ，間伐施業などが実施されている．森林や水源林に関する同様の取り組みは，2003年に全国に先駆けて森林環境税を設けた高知県に始まり，滋賀県のほか，神奈川県，兵庫県など多くの自治体に広がっている．流域管理への住民参加は今後もその重要性を増して行くであろう．

▶▶▶吉岡崇仁

第 2 章　森林の管理と沿岸域管理

④ 人工林化と河川水質

(1) 我が国における人工林の拡大

　我が国の国土の 65% に相当する約 2500 万 ha を森林が占めている．この森林の構成について考えると，約 1000 万 ha を人工林と呼ばれる人為的に植栽された森林が占め，約 1300 万 ha を天然林と呼ばれる手のつけられていないあるいは伐採後植栽されていないいわゆる二次林と呼ばれる森林からなり，残りが無立木地あるいは竹林となっている（森林・林業白書 2009）．人工林の面積は森林総面積の約 4 割にあたり，森林に対する人為的な改変は明らかである．

　これらの人工林の造成は，戦後の復興に伴う木材需要を受けて 1950 年代から 1970 年ごろ急速に行われた．政策的にも，木材需要と木材価格の高騰に対処するため，おもに広葉樹からなる天然林を伐採して，成長のはやいアカマツやカラマツ，スギ・ヒノキなどの針葉樹を植栽する政策がすすめられた．この時代は拡大造林期と呼ばれる．この間，1960 年代には木炭や薪として用いられてきた木材が石炭や石油に置き換わる燃料革命，さらに 1964 年の木材輸入自由化による外材との競争などを経て，徐々に木材価格が低迷し，1970 年代からは天然林の伐採・造林面積は急激に減少した．

　このような背景を受けて，我が国の人工林面積は 1945～1970 年の間に急速に増大した．その面積は 1950～1964 年の木材輸入自由化までの約 15 年で，伐採面積 1033 万 ha，造林面積 566 万 ha にのぼる．これは現在の人工林面積に相当する伐採面積であり，現在の人工林の 6 割弱がこの短い期間に植林されたことになる．さらにここで注目すべき点として，伐採された森林がすべて植林の対象となったわけではないことが挙げられる．すなわち，天然林と呼ばれる広葉樹の森が伐採され，そのまま放置された部分が相当な割合で

生じていることがわかる．その結果，拡大造林は広葉樹主体の天然林の伐採，その後の針葉樹への人工林化といった樹種の転換の問題だけではなく，天然林においてもその質的変化を生じさせた．

　我が国は山地のほとんどを森林が覆っており，森林は水源を覆っていると言い換えてもよいだろう．そのため，森林は我々が利用する水の基礎的な性質を形成し，森林の河川水質への影響を把握することは今後の森林のあり方を考える上で急務である．ここでは，森林の伐採や人工林化が河川水質に与える影響について既存の研究を紹介する．

(2)　森林の伐採が渓流水質に及ぼす影響

　森林には様々な生態系機能が期待されている．その中でも，木材生産や水源涵養，水質保全などへの期待は大きい．しかし，これらの機能はたがいに相反するものであることがある．例えば，大量生産を目指す工業化には，安定した高品質の多量の水源の確保は大きな問題である．多量の水を確保するためには，蒸発散を少なくすることが考えられるが，その場合森林の存在は蒸散を生じてしまうので，森林はないほうがよい．一方で，森林がない場合，河川の水量が安定しないことも指摘されている．さらに，木材生産のために森林を伐採すると，河川の水質に悪影響が生じる．森林の伐採が河川の水量に与える影響については北米のノースカロライナ州 Coweeta 森林試験地 (Swank et al. 2001)，水質への影響についてはニューハンプシャー州にある Hubbard Brook 森林試験地の先駆的研究がある (Likens et al. 1977)．

　ニューハンプシャー州は人口問題や工業化に伴い，河川の水量や水質が不安定であることが問題となっていた．そのため，ニューハンプシャー州の80％を占める森林の管理によってこれらの問題を緩和することができないかを検討するため，1955年からアメリカ農水省により Hubbard Brook 森林試験地が設けられ，集水域を単位として，水文観測などをはじめ，森林，土

第2章　森林の管理と沿岸域管理

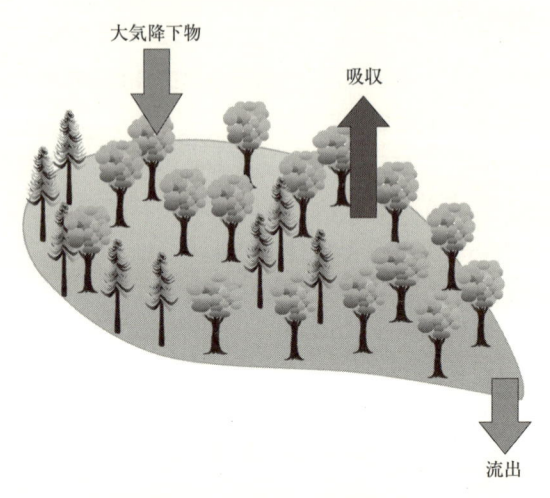

図23　集水域での物質収支
水に伴う物質循環を考える場合，集水域にとっての収入は大気降下物，支出は河川からの流出水に伴うものが相当する．吸収は生態系内部での配置が変わるだけで支出には当たらないが，流出パターンに影響する．

壌などに関する総合的な研究がはじめられた（http://www.hubbardbrook.org/overview/historical_perspective.htm）．

　Hubbard Brook 森林試験地の特徴のひとつは，集水域をひとつの系とみなしたことにある（図23）．集水域とは，稜線で囲まれる谷地形の領域として定義される．これは，表面地形上，水収支を抑えることができることを意味しており，水に伴う物質収支が把握できることになる．Hubbard Brook 森林試験地では集水域を単位として施業を行い，施業に伴う物質収支を測定した．さらに，隣接する複数のよく似た集水域を選び，処理区（W2）と対照区（W6）を設けその影響を比較した．その結果，森林の伐採により渓流水質は大きな影響を受けることが明らかになった（図24）．すなわち，森林の伐採とその後の除草剤の添加による植生回復の阻止は，森林流出水中の硝酸態窒素（NO_3^-）濃度を著しく上昇させた．これは，植生によって吸収されていた

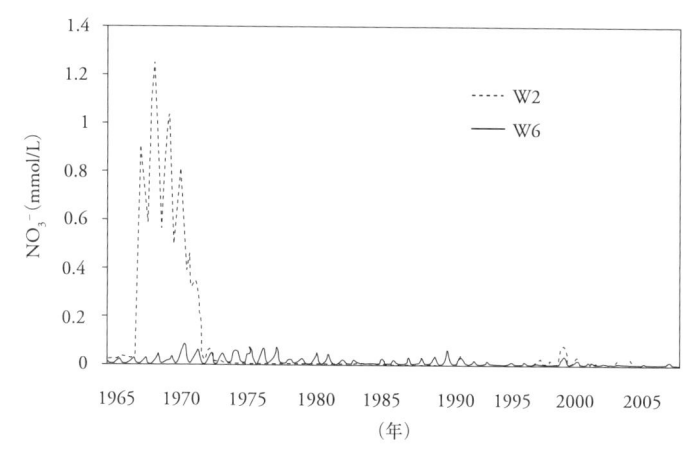

図24 北米 Hubbard Brook 試験林における皆伐による渓流水質の変化
1966年に皆伐された W2 では、渓流水中の硝酸態窒素濃度の急激な上昇がみられた。(データは Gene E. Likens らにより NSF により支援されている LTER および LTREB プログラムならびに The Andrew W. Mellon 基金によって得られたものである)

　窒素が伐採により吸収されなくなり、土壌中で余剰の窒素が生じ、それらが硝化されたものと考えられた。同時に土壌中での硝酸の生成は、土壌中の主要な陽イオンであるカルシウムイオン (Ca^{2+}) やマグネシウムイオン (Mg^{2+}) の溶脱をまねいた。この地域は氷河の影響を受けもともと土壌中の Ca^{2+} や Mg^{2+} が乏しい地質であったため、硝酸の生成に伴って生成されるプロトンを消費しきれず、渓流水の pH も低下した。その後、除草剤の施用を中止し、植生の回復を促したところ、渓流水中の NO_3^- 濃度も徐々に低下し、5〜6年でほぼ伐採前のレベルに戻った。

　森林伐採に伴う渓流からの窒素流出は、我が国でも同様に見られる現象である（例えば、柴田ら 2009）。ただし、渓流水の水質形成には植生や地質だけでなく、気象や降雨パターンなど、多くの要因が関与しており（Goodale et al. 2000; Lovett et al. 2000; Christopher et al. 2006）、森林伐採と人工林化が渓流水質

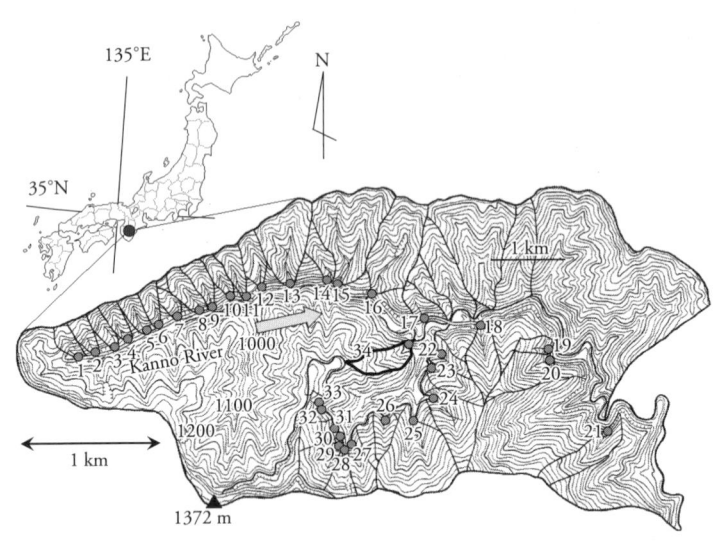

図25 集水域単位で伐採と植栽を繰り返している護摩壇山試験地
異なる林齢の人工林からなる集水域が狭い谷に隣接している．

に与える影響を一般化するのは大変困難である．そこでここでは，伐採と人工林化に伴う渓流水質の変化を，鳥瞰的にとらえた研究事例を紹介する（Fukushima and Tokuchi 2008; Tokuchi and Fukushima 2009）．ここでいう鳥瞰的とは，植生の回復という本来ならば数十年から数百年を要する事象をスナップショットでみることを指す．そのような研究が可能になるのは，本試験地の特徴による．

　すなわち，対象とした試験地は，1914〜1916年の短い期間に約1000 haを一斉に伐採し，植林した場所（護摩壇山試験地）である（図25）．1000 haの谷地形内には40を超える集水域が存在する．これらの集水域は，Hubbard Brook森林試験地のように施業の単位とされている．施業は基本的に，皆伐，架線による集材，2年生の苗の植栽を繰り返す．植栽される樹種は極端に土壌のうすい場所や尾根の一部を除いてほぼすべてスギである．収穫までの手

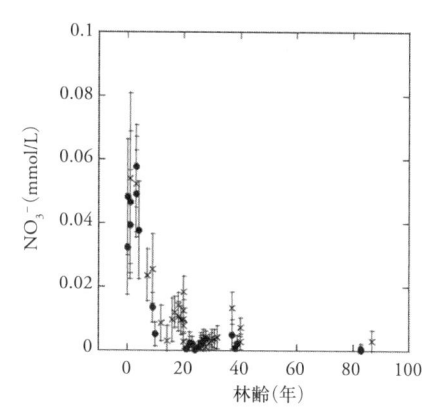

図26 林齢と集水域からの流出水中の硝酸態窒素濃度の関係
〈Tokuchi and Fukushima 2009 を改変〉

入れは，植栽後約 10 年間の下刈と，30 年目での間伐のみであり，その後はそのまま育成され，90 年で皆伐される．これらの伐採と収穫の施業が，毎年異なる集水域で繰り返されているため，1000 ha という狭い区域の中に，伐採直後から 90 年生にいたる林齢の異なる試験地が複数存在している．また，ひとつの谷内にあるため，気象条件や降水パターンおよびその質はほぼ同じであると仮定することができ，林齢の異なる多数の集水域を一度に調査することによって，森林の伐採と人工林化とそれに伴う植生の回復が渓流水に与える影響を抽出することができる．

これら多数の集水域の渓流水の NO_3^- 濃度は林齢と非常に明瞭な関係を示した（図26）．すなわち，伐採直後に渓流水の NO_3^- 濃度は急速に上昇し，5〜6 年後に 0.05〜0.06 mmol/L をピークに低下した．濃度は伐採後 20 年ごろ 0.05 mmol/L 前後に達し，90 年生まで大きな違いはみられなかった．この傾向は，4 年後に行った調査でも再現され，同じ林齢の異なる集水域での NO_3^- 濃度間には 1：1 の有意な関係がみられた（図27）．一方，Ca^{2+} などの

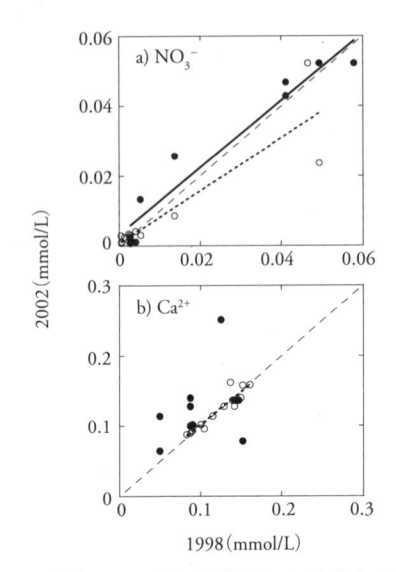

図27 1998年と2002年に採水された渓流水の硝酸態窒素とカルシウム濃度の関係

硝酸態窒素濃度は異なる集水域であっても同じ林齢の人工林からなる集水域の場合，同じ集水域から流出する渓流水の4年間の違いより小さい．つまり，渓流水の硝酸態窒素濃度は集水域を構成する人工林の林齢により強く規定されている．それに対してカルシウム濃度は，各集水域で林齢とは関係のない固有の値を示す．○同じ集水域，●異なる集水域で同じ林齢． 〈Tokuchi and Fukushima 2009を改変〉

ミネラル類は林齢との関係は明瞭でなく，4年間を隔てても同じ集水域間での関係が強く，異なる集水域間の有意な相関はみられなかった．すなわち，Ca^{2+}などのミネラル類では各集水域固有の地質的な影響を生物的な影響より強く受けているということができる．

(3) 渓流水質を規定する森林の成長

前述のHubbard Brook森林試験地での研究例と同様，NO_3^-濃度は植生，

ここでは植生の有無や林齢，言い換えれば生態系の発達という生物的な要因によって濃度が規定されていることが示された．このことは，皆伐後の植生の回復が渓流水のNO$_3^-$濃度を規定しているとする既往の研究とも一致する (Vitousek and Reiners 1975; Boring et al. 2001)．

さらに，護摩壇山試験地における研究例は異なる集水域でも同じ林齢の集水域では，生物学的には同様の発達度をもつことを示唆している．このことは，森林の伐採やそれに伴う人工林化という施業が渓流水質に及ぼす影響が，ある程度予測可能であることを示唆している．森林伐採の影響が地域によって異なることは明らかであるが (柴田ら 2009)，ある地域の人工林化をとりあげた場合，その応答を予測することができるかもしれない．そしてこのことは，今後の森林施業の在り方を考える上で大きな示唆を含んでいる．

ひとつの試みとして，森林伐採に伴う渓流水の水質変化は森林生態系の発達を数値化することによって表わすことができるかもしれない．例えば，人工林の植生の成育状況，すなわち樹体バイオマスがひとつの指標となるであろう．人工林のバイオマスは植栽後指数的に増加し，20年前後で成長速度は最大となる．その後40年を過ぎるとほぼ頭打ちとなり，90年生までゆるやかにしか増加しない (Tateno et al. 2010)．これらのバイオマスに大きな変化の見られる林齢は渓流水の水質が大きく変化する林齢とよく一致し，森林伐採後には人工林の成長段階が渓流水のNO$_3^-$濃度の変化の指標となる可能性が示唆される．

(4) 水質に配慮した森林施業

森林の伐採は渓流水の水質，特にNO$_3^-$濃度に大きな変化を生じさせ，渓流水質を悪化させることが明らかになった．伐採による渓流水質の悪化の程度は森林が成立している場合の10倍以上の濃度変化を生じ，河川生態系へ影響を与えることが懸念される．生態系機能と木材生産の両立のためには，

伐採の程度や方法などを工夫することが必要であろう．すでに生態系機能や環境に配慮した森林施業が進められている北米やカナダでは，伐採に際して渓畔部分の森林（Riparian Management Zone）を残存させる方法が推奨されている（Altier et al. 1997）．これは，流出する NO_3^- を渓畔に残した植生に吸収させる効果や，渓畔の嫌気条件の発達した部位で脱窒を生じさせること，さらに近年では生物の生息場の確保などを目的としており，我が国でもデータに基づいた適切な導入が検討されるべきであろう（坂本・芝 2010）．

　皆伐直後から回復する植生の成長を除草剤で抑制した Hubbard Brook 森林試験地の場合，渓流水質の悪化は除草剤の施用をやめるまで続き，水質の初期の回復に植生の回復が重要であることがわかる．この意味から，人工林化にせよ植生をすみやかに回復させることが望ましい．木材価格の低迷から，近年，伐採後林地を植栽せずに放置する場合がみられるが，大きな問題であることが指摘される．我が国は気温・降水量ともに植生の回復に適しているとはいえ，長期間人工林であった場合など埋土種子の多くが失活している可能性も考えられ，すみやかに植生が回復しない場合もあるだろう．

　また，近年ではシカなどの野生生物により下層植生や植栽木が被害を受けるケースも多い．図 28 に護摩壇山試験地において異なる時期に伐採および植栽された流域の水質を示す（福島ら 未発表）．この流域でも 2000 年後半からシカによる食害が著しく見られるようになった．2003 年にすでに伐採されていた集水域では水質の低下は 5〜6 年でピークを迎えた後回復を示したが，2003 年以降に伐採された集水域では NO_3^- 濃度が高い状態が継続している．植栽されたものの食害により植生回復が遅れたことが影響していると考えられ，伐採後の林地の処理にも注意が必要である．

　林業と生態系機能の両立を考えた場合に，ここで用いた試験地は伐採直後から収穫可能な複数の林齢からなる森林を含んでおり，持続可能な経営という点からも，また，伐採により悪化した水質を下流に供給するまでに高齢の森林からの流出水で希釈することで影響が緩和され，生態系機能の発揮とい

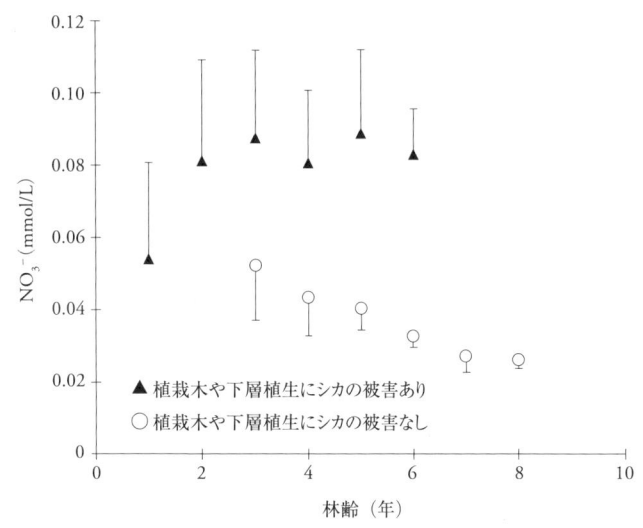

図28 2002年から観測を開始した伐採直後と3年生の集水域における渓流水硝酸態窒素濃度の林齢に伴う変化の違い
○植栽木や下層植生にシカの被害が明瞭でない場合,▲シカの被害がある場合.(福島ら未発表)

う点からも,ひとつのモデルと考えることができるかもしれない.もちろん,森林経営は木材価格など経済面を無視しては議論できない.一方で,木材自給率が2割を切る,国産材に依存していないという現状は,森林のもつ生態系機能と木材生産の両立を考えた森林管理へ転換できる機会ととらえることもできるように考える.

また,30年を超える人工林からの NO_3^- 濃度($< 10\,\mu mol/L$)は90年生のものと大きく違わず,天然生林の値とも近かった(後述).このことから,人工林であっても高齢であれば安定した水質を供給することができることがわかった.現在木材価格の低迷から検討されている長伐期化は,水質確保の点からも検討に値する.

(5) 人工林化が渓流水の水質に及ぼす影響

　伐採直後やそれに伴う急速な森林の回復が渓流水質に及ぼす影響に比べて，人工林が成立した後の影響については不明な点が多い．一方で，わが国は，1950-60年代の拡大造林期に植栽された35～50年生の人工林面積が，森林面積全体の実に67%を占めている（森林・林業白書 2009）．35年生といえば河川水質が伐採の影響から回復した時期と考えられるが，この壮齢から高齢に至る人工林の動態が渓流水の水質形成に及ぼす影響については，長期のモニタリングが必要なこともありまったく明らかにされていないといってよい．しかし，今後の流域管理の立場からも，どのような林齢・状態の森林がどのような水質形成を行うかについての情報は欠かすことができない．

　そこで，次に，和歌山研究林にある天然林集水域および35～50年生のスギ・ヒノキを中心とした林齢および人工林の割合の異なる人工林集水域の計10集水域を選び，渓流水の水質を比較し，人工林の割合を含む流域特性が水質形成に及ぼす影響について検討した．特にここでは，森林を同一の針葉樹にするという"人工林化"が渓流水にどのような影響を及ぼすかを考察する．人工林化，つまり樹種の転換という生物的な影響は前述のように渓流水のNO_3^-濃度に現れると考えられる．NO_3^-は富栄養化物質でもあり，森林生態系から流出して湖や下流，海洋に至り，これらの生態系を富栄養化する．その点からも，森林生態系からの流出水中のNO_3^-濃度の決定機構を解明することは重要である．

　近接した10集水域の渓流水のNO_3^-濃度は0.10～0.40 mmol/Lの範囲で，近接した集水域で数倍におよぶ違いが生じた（図29）．蒸発散量が異なる場合，渓流水の希釈率が水質に違いをもたらすと考えられている（Vitousek et al. 1977）．しかし，希釈率の指標となる生物化学的に不活性なCl^-濃度でNO_3^-濃度を除してもその違いは残っており，蒸発散が原因とは考えられない．一方，地質由来であるCa^{2+}濃度は，Cl^-濃度で除したのちも，集水域番

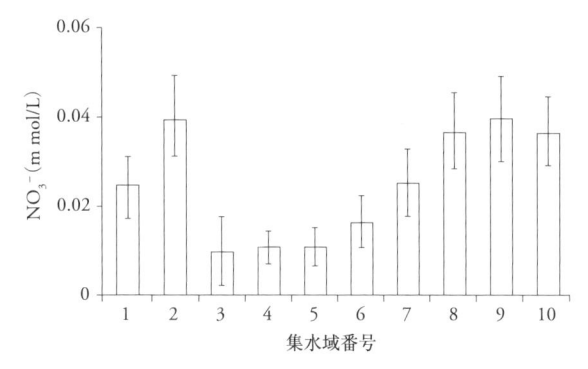

図 29　各集水域からの流出水中の硝酸態窒素濃度
縦線は毎月測定された濃度の年間の標準誤差を示す．

号 3-5 で有意に高く，これらの集水域では他の流域と地質が異なっている可能性が示唆された．

　そこで，地質的に違いのあるこれらの流域を除いて，NO_3^-濃度に違いを生じさせた要因について検討した．前節より，NO_3^-濃度の形成には，植物の成長が大きく関与していることが示された．ここでは，渓流水の NO_3^- 濃度形成メカニズムについて，植物の吸収の影響について考察した．吸収量は直接計測が困難であるので純一次生産量 (Net Primary Production；以下 NPP) を代わりに用いた．NPP と渓流水中の NO_3^- 濃度の間には有意な関係はみられず ($r = -0.557$, $p > 0.1$)，NO_3^- 濃度は人工林率 (集水域面積のうち人工林の占める割合) と有意な相関関係がみられた ($r = -0.721$, $p = 0.007$)．

(6)　渓流水質の指標としての人工林率

　人工林率と渓流水質の関係において注目されるのは，人工林率が高いほど渓流の NO_3^- 濃度が低いということである．これを踏まえ，人工林化について考える．人工林化とは，尾根などの一部を除いて集水域内の造成地ほとん

第 2 章　森林の管理と沿岸域管理

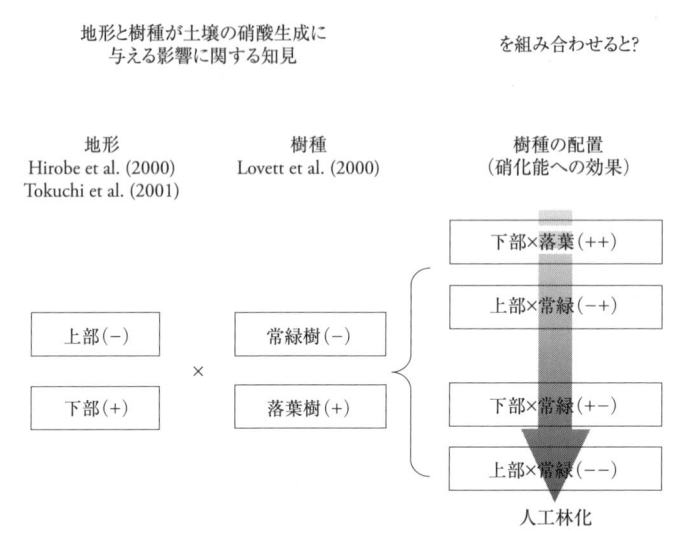

```
       地形と樹種が土壌の硝酸生成に           を組み合わせると？
         与える影響に関する知見

      地形              樹種              樹種の配置
  Hirobe et al. (2000)  Lovett et al. (2000)  （硝化能への効果）
  Tokuchi et al. (2001)

                                        下部×落葉（++）

                                        上部×常緑（−+）
    上部（−）         常緑樹（−）
              ×
    下部（+）         落葉樹（+）         下部×常緑（+−）

                                        上部×常緑（−−）
                                            人工林化
```

図 30　植生と地形が森林生態系の窒素動態に及ぼす影響の概念図

どに植栽対象樹種（同一樹種，この場合スギあるいはヒノキ）を植栽することである．一方，天然生林や二次林では通常同じ樹種が集水域内全域に分布することはなく，樹種は集水域内の地形に応じて分布する．例えば，本研究林の場合，斜面の上部にはマツなどの常緑性の針葉樹が，斜面の下部には落葉性の広葉樹が分布している．

　土壌もまた，集水域内の地形に応じて，その窒素形態変化などの特性を変化させることが知られている (Hirobe et al. 2000; Tokuchi et al. 2001)．この場合，斜面の上部では硝化活性が小さく，斜面の下部では硝化活性が高いことが多い．これは，斜面上下の水分条件や土壌に供給されるリターの質つまり，樹種の分布と密接に関係しているといわれている．天然生林では多くの場合，斜面上部は乾燥しており常緑針葉樹が分布し硝化活性が低く，斜面下部は比較的湿潤で広葉樹が分布し硝化活性が高い (Hirobe et al. 2000, 図 30)．このことは，北米における樹種と硝化活性に関する研究例とも一致しており，

Lovett et al. (2002) は，落葉性広葉樹は硝化活性の高い土壌を形成しやすく，常緑針葉樹は硝化活性の低い土壌を形成しやすいことを示している．これらのことを考慮すると，人工林化とは単に集水域内が同一樹種に変わることではなく，その下の土壌の性質も変えていると考えることができる．多くの場合人工林化は，地形特性やもともとの植生の分布に関わらず斜面上部の尾根も下部の谷も常緑針葉樹を植栽するため，人工林率が高いほど，集水域全体の硝酸生成活性が低下するものと推察される (図 30)．この結果，人工林化により NPP から推察される以上に渓流水の NO_3^- は濃度が低下し，人工林率と NO_3^- 濃度の間に有意な関係がみられたのであろう．すなわち，人工林率という指標は土壌と植生の違いおよびその相互作用を含むことになり，人工林化は植生およびそれに伴う生産性の変化から予測される以上に渓流水の水質に影響する可能性が示唆された．

(7) これからの人工林化

　自然な状態では異なる植生に覆われている斜面，山を同一樹種で植栽するということは，その植物の成長に適さない場所への植栽が行われているということでもある．画一的な人工林は，単に成長が芳しくないだけでなく，水質にも影響を及ぼすことが示された．現有する人工林の多くは，拡大造林期に適地を無視して植栽されたものも多く含まれている．今後の林業は，生態系機能との両立を目指すべきであり，適地適木の考え方をさらにすすめ，今後はスギあるいはヒノキなどの造林樹種が自然に分布している場所を基本に造林地の選定をしなおす必要があるのではないだろうか．

　ここでは，スギによる人工林化について検討を加えたが，ヒノキを植栽した場合，斜面の下部においても硝化活性が低いことが報告されている (平井ら 2006)．つまり，人工林化，針葉樹の植栽といっても造林樹種により土壌への影響は異なる．加えて，生物多様性などの点から注目されている広葉樹

の造林や針広混交林化においても，植生と土壌の関係を人為的に改変することには変わりがないことに注意が必要である．特に，広葉樹の植栽の場合，硝化活性を高める方向に土壌を変化させる可能性があるので (Lovett et al. 2002)，渓流からの NO_3^- 流出が促進される懸念もある．

　また，30年生以降の人工林を対象とした場合，人工林率が高いほど渓流水の NO_3^- 濃度が低かったが，ここで考察した無機成分のみの組成から，"水質がよい"という判断はできない．その他の成分，特に，海洋へ鉄を運ぶといわれている腐植性の成分などについては研究が不足している．今後は，これら有機成分が人工林化でどのような影響を受けるかなどの研究も必要であろう．人工林化について水質との関係のみで考察したが，人工林化にともなう生物多様性の問題など検討すべき課題は多く，より総合的な視点から人工林化を考えることが必要であろう．

▶▶▶ 徳地直子／福島慶太郎

第 3 章

沿岸管理の現実と理想
—— 水産業と沿岸 ——

① 太田川
—— 広島湾流域圏 ——

(1) 太田川の環境 —— 現状と修復事業

標高 1339 m の冠山（広島県廿日市市）に水源をもつ一級河川の太田川は本川延長 103 km，70 余りある支流も含めると延長約 600 km ある（図 1）．その流域面積は 1710 km^2，年間流量約 2.7×10^9 m^3 である．その流域面積の 89％は山地等（実際の森林は約 80％）であり，上流部はブナ原生林やミズナラからなる二次林である．7％が宅地等市街地，4％が農地であり，流域人口は約 100 万人である．中流域の行森川合流点から祇園水門までは，1985 年に環境庁（現在の環境省）の全国名水百選に選ばれたことからも，かなりの清流である．しかしながら，広島湾に注ぐ手前で政令指定都市である広島市（人口約 117 万人：広島市ホームページ http//www.city.hiroshima.jp）を流れるため，ここでの汚濁負荷が大きい．

太田川には，本流・支流合わせて大小 10 以上のダムがある．比較的規模

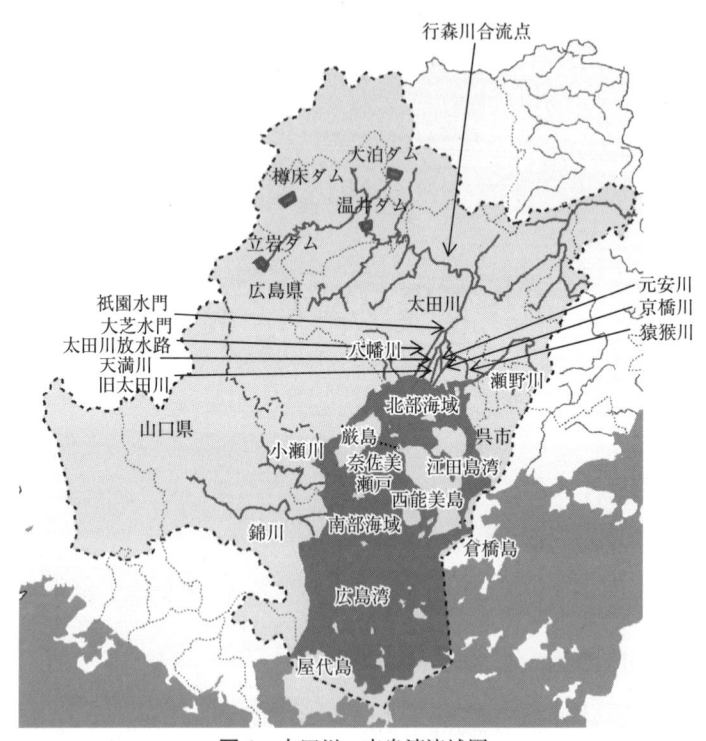

図1 太田川—広島湾流域圏

の大きなものを図1に挙げてある．王泊ダム（1935年完成，1957年再開発完了），立岩ダム（1939年完成），樽床ダム（1957年完成）は，主に発電目的で作られたダムであり，総貯水量はそれぞれ $3.1 \times 10^7 \mathrm{m}^3$，$1.7 \times 10^7 \mathrm{m}^3$，$2.1 \times 10^7 \mathrm{m}^3$ である．一方，温井ダムは太田川支流の滝山川に1999年に完成し，同年10月から湛水を始め，2001年から運用を開始した比較的新しいもので，堰堤の高さ156 mで，アーチ式ダムとしては黒部第四ダムに次いで全国第2位の壮大なものである．その貯水量は $8.2 \times 10^7 \mathrm{m}^3$ で，先の三つのダムをすべて足し合わせた以上の規模である．温井ダムは最近のダムに共通して，治水，利水，発電など多目的であり，**選択取水方式**を採用することで，

放流水の下流環境への影響を最小限にとどめようという環境配慮型のものである．

太田川は広島市内では，猿猴川，京橋川，元安川，天満川，旧太田川および太田川放水路の6本の派川に分かれて広島湾にそそぐ．つまり，広島市は太田川デルタである．これらのうち，太田川放水路は1967年に可動堰である祇園水門とともに作られたものである．大芝水門（分水堰）により，平水時には水量の約90％が5派川を流れているが，増水時には放水路に逃がすように運用されている．さらに，少し上流には，都市用水確保を目的として1975年に高瀬堰が作られた．その利水補給量（上水道用水と工業用水）は約4.6×10^5 m^3/日である（国土交通省中国地方整備局太田川河川事務所ホームページ http://www.cgr.mlit.go.jp/ootagawa/）．以上，太田川の流量は複数のダムや堰，水門によってコントロールされ，平準化されている．

上述したように，太田川の水質は広島市都市域に入るまでは非常に良く，上流部ではアマゴやカジカが生息し，中流部ではアユ，サツキマスなどが見られる．したがって，上・中流域において水質浄化を目的とした環境修復事業はとくに行われていない．

これに対し，環境面で問題を抱えているのは，河口域から海域にかけてである．ここでは，陸域からの有機物負荷に加え，内部生産による有機物負荷がある．内部生産とは，溶存無機物である栄養塩類が植物プランクトンに取り込まれ，植物プランクトン体という粒状態有機物になることである．これらが沈降して海底に蓄積してヘドロ状となっている場所が少なくない．河川下流部ではシジミが，河口域ではアサリが採れるが，嫌気的で硫化水素が発生するような場所では，アサリだけでなく他の底生生物も棲めない．したがって，太田川の環境修復のターゲットは上・中流域ではなく，下流の河口域から海域にかけてであり，水質ではなく底質の改善が緊急の課題であると言える．

いわゆる太田川デルタに広島市域が広がるが，経済の高度成長とともに進

第3章　沿岸管理の現実と理想

図2　京橋川，オイスターバー（巻頭口絵7参照）

行した水質悪化によりいつしか人は川に近づこうとしなくなっていたが，1980年以降は水質浄化が進み，透明度が増してきたことにより，広島市は「太田川再生」のかけ声とともに，この市内の川岸に賑わいを取り戻そうという活動に力を入れている．例えば，京橋川右岸には数軒のオープンカフェやオイスター・バーなどの店が並び（図2），明るい雰囲気を醸し出している．また，最近は昔ながらの雁木から乗り降りする雁木タクシー（図3）が走るようになり，観光を目的とした人々の利用が増えている．太田川河口デルタ域は，このように人の目に触れる機会が増えたことで，河口部の底泥がヘドロ状で悪臭を発していることが余計に目につくようになってきた．

河口部から海域に広がる有機物含量の高い底泥（いわゆるヘドロ）は，先に

図3 雁木タクシー(巻頭口絵8参照)

述べたように,河川水による直接的な有機物負荷だけでなく,内部生産による有機物負荷もあるので,増えることはあってもなかなか減ることはない.したがって,港湾や入り江の最奥部などでは浚渫して取り除くという作業が繰り返されてきた.浚渫した泥の処分にはコストがかかるうえ,処分場の容量にも限りがある.砂を被せる覆砂も行われているが,山を切り崩しても環境破壊と言われ,川砂もほぼ採り尽くし,瀬戸内海全域で海砂の採取が禁止された現在では,砂の供給は期待できない.このようなことから,環境破壊につながらない方法・技術が以前から熱望されていた.

一方,火力発電所から出る石炭灰やカキ養殖によるカキ殻などの産業副産物の有効利用がさまざま検討される中で,これらを加工したリサイクル材が

硫化水素やリンを吸着する機能に優れていることが明らかとなってきた（浅岡・山本 2009；浅岡ら 2009；Asaoka et al. 2009a, b）．これらは単に砂の代替としての有用資源ということだけでなく，機能性の高い材料として底質改善に有効利用できる道が開けてきた．現在，それらの実験的事実に基づき，河口域や海域での実証試験が進められている（本章 1 節 (2)，(4) 参照）．

(2) 広島湾の環境の現状と再生計画

　広島湾は倉橋島と屋代島に囲まれた，面積が 1043 km^2 の閉鎖性内湾であり，その流域は広島県の 7 市 6 町，山口県の 4 市 2 町にまたがっている（図 1）．広島湾に流入する主な河川は一級河川の太田川であり（本章 1 節 (1) 参照），そのほかに小瀬川，二級河川の瀬野川，八幡川，錦川などがある．広島湾は，厳島と西能美島にはさまれた奈佐美（ナサビ）瀬戸によって北部海域と南部海域に分けられる．観測により，塩分の空間的傾斜は北部海域で非常に大きいが，南部海域で等塩分線が南北に走っていることから（図 4；橋本ら 1994），太田川の影響は北部海域には直接及ぶが，南部海域に対しては明瞭ではなく，南部海域ではそれよりも西側から流入する小瀬川や錦川の影響が大きいことが分かっている．

　北部海域の**閉鎖度指標**及び海域容積当りの発生負荷量を，我が国の代表的な閉鎖性海域である東京湾，伊勢湾，大阪湾（これらを三大閉鎖性内湾と称する）と比べると（図 5, 6），広島湾北部海域はこれらよりも閉鎖性が強く，海域容積当りの発生負荷量も大きいことがわかる（広島湾再生推進会議 2007）．このことから，広島湾北部海域は三大閉鎖性内湾で見られるように，富栄養化の進行とそれに伴う赤潮の多発などが問題になるはずであるが，水質，特に環境基準項目である化学的酸素要求量（**COD**），全窒素（T-N），全リン（T-P）濃度は他の三大閉鎖性内湾に比べ良好である．

　この最大の理由は，カキ養殖にあると推察される．つまり，陸域から流入

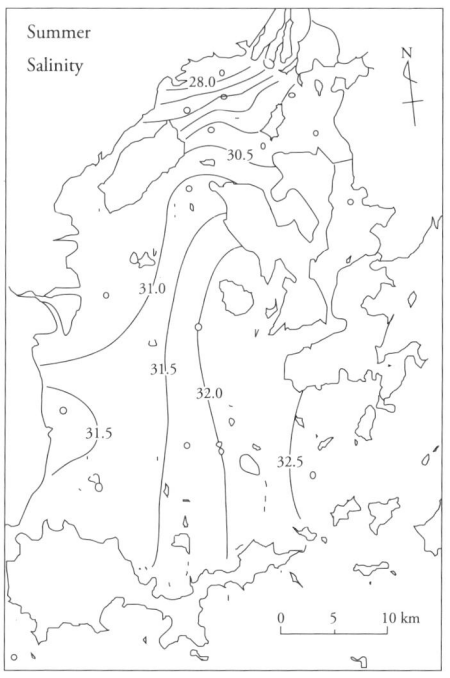

図4 広島湾における夏季表層塩分の水平分布
〈1989〜1993年6〜8月の平均値〉

または海底や湾外下層から輸送される栄養塩が内部生産により植物プランクトンに回る．カキはこれらを摂食・同化するフィルターの役割を果たしている．それらが成長して水揚げされれば，それだけ海域から物質が回収されたことになる．窒素について計算したところ，海域全体でカキがろ過摂食して取り込む窒素の量は 6.8 ton N/日であり，これは太田川からの平均窒素負荷量 14.4 ton N/日の約半分である（Songsangjinda et al. 2000）．さらに成長して取り上げられる身肉は 1.3 ton N/日と見積もられるので，太田川からの窒素負荷量の約 10％がカキとして回収されていることになる（山本 2008）．このことはすなわち，北部海域に供給される豊富な栄養塩が海域の一次生産，ひい

第3章　沿岸管理の現実と理想

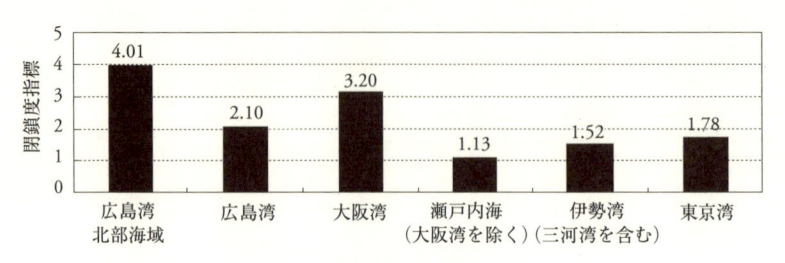

図5　各湾の閉鎖度指標の比較

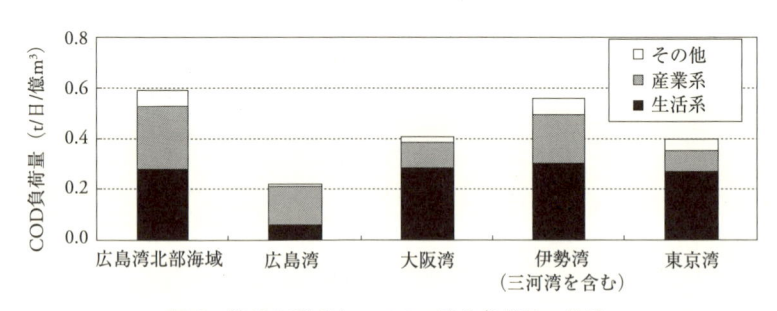

図6　海域容積当りのCOD発生負荷量の比較

〈1999年度〉

ては広島湾の一大産業でもあるカキ養殖を支えており，同時に海域環境の悪化を抑制しているとの見方ができるのである．

　しかしながら，このように水質が良好な広島湾も，先にも触れたように，目立たない部分，つまり底質に問題を抱えている．北部海域では，夏季，水温が上昇して成層し，鉛直方向の海水交換率が低下すると，海底付近の溶存酸素（DO）濃度が低下する，いわゆる「貧酸素水塊」が毎年慢性的に発生している．貧酸素水塊とは，一般に溶存酸素濃度が海水中の底生生物が生息可能な下限値である 3 mL/L（4.3 mg/L）を下回る水塊の占める水域と定義されることが多い（日本水産資源保護協会 2006）．広島湾北部海域における貧酸素水塊と生物との関係についての調査はほとんど行われていないが，例えば江田島湾では貧酸素水塊の発生とともに底生生物群集がほぼ全滅することが観

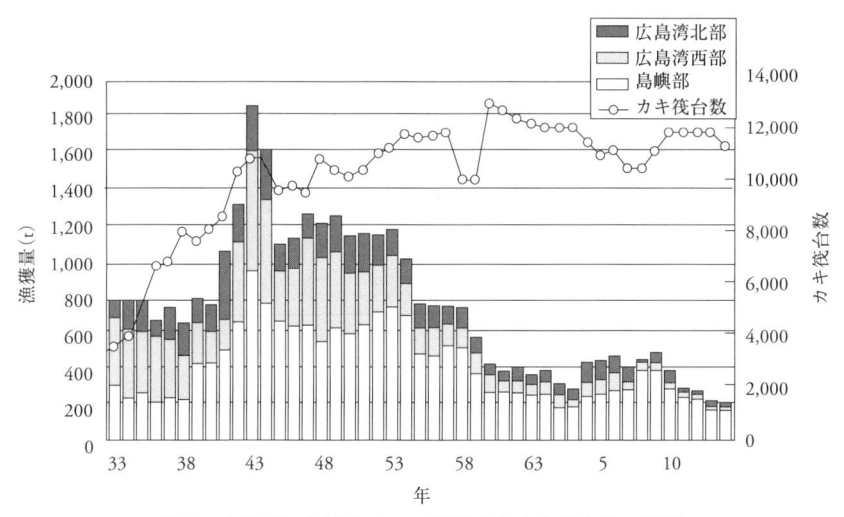

図7 広島湾におけるナマコ漁獲量とカキ筏台数の推移

測から明らかとなっている（本章1節（3）参照）．近年，広島湾奥部や江田島湾でナマコの漁獲量が減少していることは，底泥の有機汚濁とそれにともなう底層での貧酸素水塊の形成によるものであることを示唆している（図7；広島県 2004）．

貧酸素水塊は，成層することによる上層からの酸素供給の低下と，水柱下層での有機物分解による酸素消費の増加が大きな要因である．広島湾北部海域で広く行われているカキ養殖による糞やカキ個体自体の落下による有機物負荷はかなりの量になる．カキの生理特性を組み込んだ低次生態系モデルを用いて北部海域のリンおよび窒素の循環を計算した結果によると（Kittiwanich et al. 2006, 2007），カキの糞・擬糞による底泥へのリン負荷量は，太田川から北部海域に負荷されるリンの約15％，窒素で約20％に相当することが分かっている．また，現状より養殖量を増加させた場合，カキの排泄物から負荷される有機物が増大することで海底付近の溶存酸素濃度は現状より更に低下することが数値計算で示されている（橋本ら 2007）．

ただし，単純にカキ養殖密度を減らせば貧酸素水塊の発生が無くなるかといえば，そうではない．すでに底泥に蓄積した還元物質がかなりの量の酸素を消費する状況は続くであろうし，カキ養殖が無くなれば，植物プランクトンはカキによる摂食圧から解放されて増殖し，自然枯死による沈降が大きくなり，これらの分解によりやはりかなりの量の酸素消費が起こるはずである．ただし，植物プランクトンは浮遊して海水交換とともに湾外に流失する部分も多く，カキの糞粒に比べれば海底に対する有機物負荷は小さいので，湾内での物質の滞留時間は短くなる．以上，(1) カキ養殖無しの場合の植物プランクトンの湾外への流失分と，カキ養殖有りの場合のカキの取り上げによる有機物の陸揚げ分のどちらが大きいか，(2) 底泥への有機物負荷として，カキの糞粒として沈む場合と，植物プランクトンとして沈む場合のどちらが酸素消費という面で大きいのかあるいは堆積量として大きいかという，これらの連立方程式を解くことで初めて環境を保全しながら漁業生産を持続的に営むための環境容量が理解できるわけである．浮遊・底生生態系を構成する生物間の捕食・被食関係は非線形性であり，これらは動的に変化するものであるので，数値モデルで定量的に解析する以外に方法は無い．

我が国最大の閉鎖性海域である瀬戸内海は，白砂青松で風光明媚な場所として保全して後世に残すべきものであるとして，瀬戸内海環境保全臨時措置法およびその後恒久化された瀬戸内海環境保全特別措置法により，1973年以降，COD，T-N，T-Pなどの負荷削減が行われてきた．瀬戸内海の西部に位置する広島湾では，例えばT-Pの流入負荷量はピーク時の1/3程度にまで減少しており，それにともない赤潮の発生頻度は大きく低下したが，例えばヘテロカプサ・サーキュラリスカーマのような有害・有毒プランクトンによる赤潮が発生し，カキ養殖に被害をもたらしている (山本ら 2002)．ヘテロカプサ・サーキュラリスカーマは低リン環境に対する適応性が高いという報告もあり (Yamaguchi et al. 2001)，実際，河川からの汚濁負荷の流入がほとんどない江田島湾などで爆発的に増加した．リンの負荷削減では溶存無機リン

の削減割合が大きく，本種が溶存有機態リンを取り込むことができることや（松山 2003），海水中の窒素とリンの比率（N/P 比）のバランスが崩れたことが，これら新奇有害プランクトンの増殖の一因であるとの指摘もある（山本ら 2002；呉ら 2005）．カキの餌としては，有害・有毒な鞭毛藻ではなく，「海の牧草」とも言われる珪藻のほうが好ましい．したがって，従来通りの流入負荷削減だけでなく，貧酸素水塊の発生抑制や植物プランクトン構成種までも視野に入れた海域内での物質循環の制御対策が望まれている．

さて，2006 年 3 月に国土交通省中国地方整備局や海上保安庁第六管区海上保安本部をはじめとする国の機関と，広島県，山口県，広島市などの地方自治体からなる「広島湾再生推進会議」が組織され，2007 年 3 月には，2016 年度を最終目標年度とする「広島湾再生行動計画」が策定された．現在，この行動計画に基づき，行政機関が相互に連携し，広島湾の環境の保全・再生のための取り組みが推進されている（広島湾再生推進会議 2007）．

広島湾再生行動計画は，『森・川・海の健やかな繋がりを活かし，恵み豊かで美しく親しみやすい「広島湾」を保全・再生する』ことを目標に掲げており，従来のように陸域からの汚濁負荷の削減のみに重きを置くのではなく，海域での対策の必要性などがあげられている．森―川―海を包括的にとらえて，カキ養殖や親水利用など，多様な利用目的に合った水環境の再生を推進していくことが大きな特徴となっている．

行動計画では，本章 1 節 (1) で触れたように，水質よりも底質の改善が緊急の課題であるとの認識から，例えば**石炭灰造粒物**を活用した海域での新たな底質改善技術の開発や，約 90 ha の干潟・藻場の保全・再生が実施される計画であるほか，植物プランクトン相を有害・有毒な鞭毛藻類からカキの餌として重要な珪藻類へ変化させるための基礎データとしての太田川におけるケイ酸塩のモニタリング，人工衛星画像を活用した赤潮のモニタリング，関係行政機関が同時期に海域の底層 DO や透明度のモニタリングを行う水質一斉調査などが実施されている．また，これらのモニタリングデータを活

用し，カキの生理特性や浮遊生態系と底生生態系をカップリングさせた高度な水質シミュレーションモデルの構築による，より効果的かつ総合的な水環境管理が行われることになる．

(3) 江田島湾の環境再生

　江田島湾は，広島湾内にある，表面積約 12 km^2 の小湾である（図1）．湾口幅は約 450 m しかなく，大きな河川も無いため淡水流入は少なく，このため海水交換の非常に悪い閉鎖性の強い湾となっている．湾口部の水深 34 m，湾内最深部の水深 19 m として，閉鎖度指数を計算すると 4.53 となる．江田島湾は閉鎖性海域である瀬戸内海（閉鎖度指数 1.13）の中にあり，さらにその中の閉鎖性内湾である広島湾（閉鎖度指数 2.10）の中にある．仮に，これら三重の閉鎖度指数をかけ合わせると 10.7 となる．単純にかけ合わせることの是非はともかくとして，江田島湾はたぶん国内最高位の閉鎖性内湾であると想像される．

　周りを小高い山に囲まれているため，風がさえぎられ，海面は年中非常に穏やかである．いわば天然の良港であり，海軍兵学校（現在，海上自衛隊第一術科学校）がここに建てられたのもこのためである．この平穏さのため，5～10月頃には約 1700 台ものカキ筏が江田島湾外（広島湾内）から持ち込まれ（広島県私信），所狭しと並ぶ（図8）．カキ筏は竹を組んで針金で固定し，それを発砲スチロールのフロートで浮かしたものであり，強風には弱く，台風などが来ると木端微塵になることもある．したがって，カキ養殖を行う上で，江田島湾は台風の被害を避ける恰好の場となっている．

　今は少なくなったものの，赤潮の発生は夏に多く，とくに広島湾北部海域で多いので，江田島湾へのカキ筏の避難は，赤潮を避ける意味もある．江田島湾に流入する大きな河川は無いので，負荷が少なく，赤潮が出ない代わりにカキの餌となる植物プランクトンの量も少ない．したがって，カキにとっ

図8 江田島湾に並ぶカキ筏

ては餌不足となり，餌を十分に摂れない個体は成長できないばかりか死亡する．というか，漁業者は江田島湾を元気な個体を選別する場として使っているのである．餌不足で淘汰された個体はそのまま水中で腐って殻だけになるものもあるが，一部は脱落して海底に落ちる．したがって，江田島湾の海底には落下したカキ殻が無数に散らばっている．江田島市と広島県は，これらの「落ちガキ」を回収するため，底引きによる海底清掃事業を毎年順繰りに区域をかえて行っている．底引きによる底泥の耕うん効果により，底泥中の化学的酸素要求量（COD）や酸揮発性硫化物量（AVS）の減少が見られた．これは効果があるが地道な作業であり際限がない．継続的に漁業者にやってもらうためには，なんらかのインセンティブが必要である．

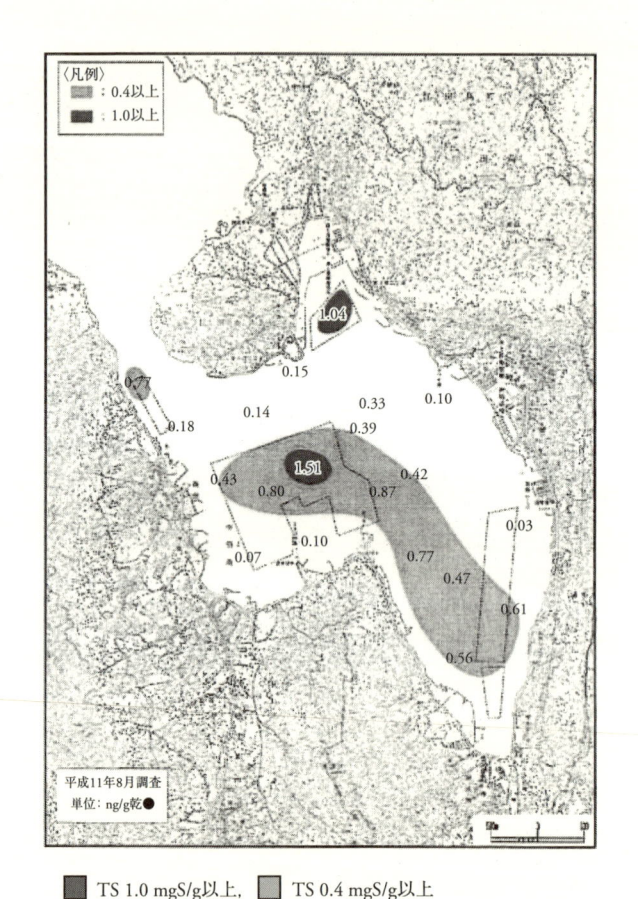

■ TS 1.0 mgS/g以上, ■ TS 0.4 mgS/g以上
図9 江田島湾底泥中の酸揮発性硫化物濃度
〈1999年8月〉

　カキは糞・擬糞を落とすため，これらが江田島湾の海底に対する有機物負荷の最大の原因となっており，AVS濃度は高い（図9）．海水交換が非常に悪い江田島湾では，夏季の成層期には底層は毎年必ず貧酸素化する（図10）．江田島湾は海底が平担で，海岸線はほぼすべてコンクリートの直立護岸に

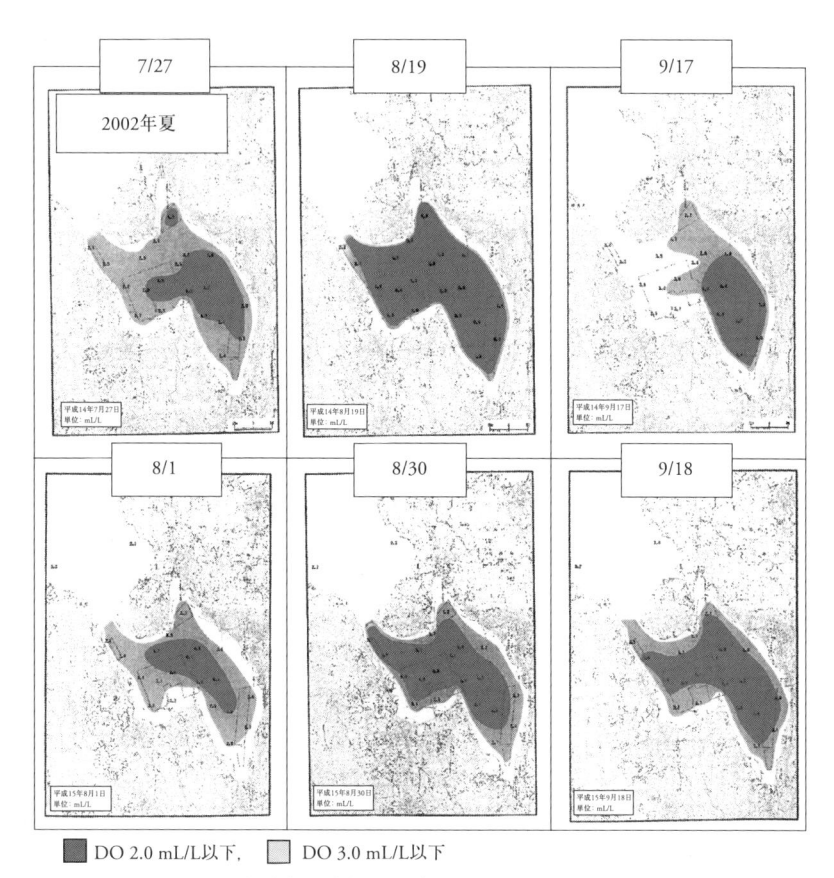

■ DO 2.0 mL/L以下,　□ DO 3.0 mL/L以下
図10 江田島湾底層（底上1 m）における溶存酸素濃度の分布
〈2002年および2003年の夏〉

なっており，浅場が少なく，断面形状はまるで洗面器のようである．また，表面積が小さいわりに水深が大きいので，温暖期に風が吹いても混合が海底まで達することはほとんどなく，湧昇が起こることはない．したがって，他のいくつかの閉鎖性内湾と異なり，視認現象としての青潮が起こらない．このことが，江田島湾の環境悪化の実態認識とその深刻さを見過ごす原因と

第3章　沿岸管理の現実と理想

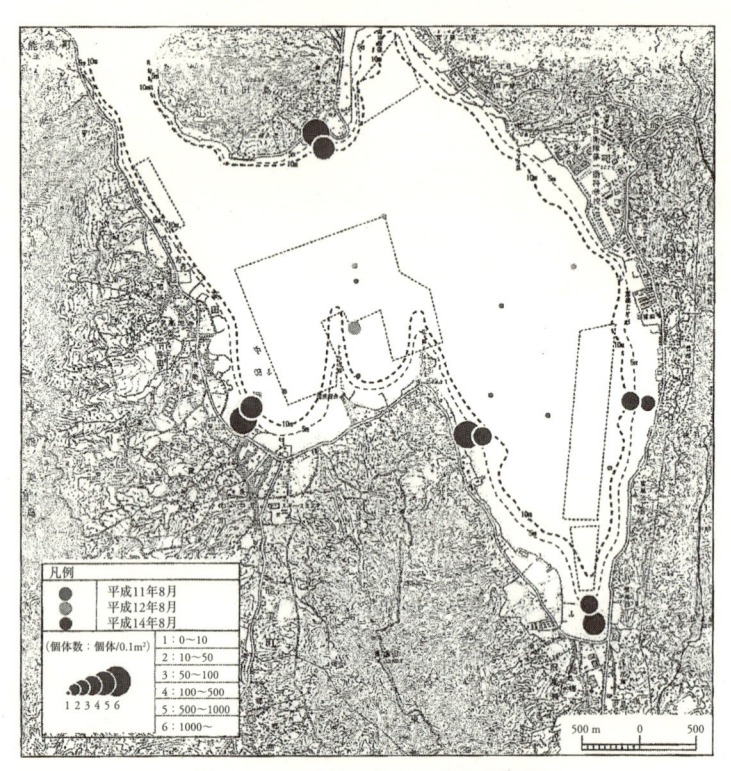

図11　江田島湾における底生生物量
1999年8月，2000年8月および2002年8月．丸の大きさが生物量の多少を表している．

なっている．
　貧酸素水塊の発生により底生生物は夏季にほぼ全滅する（図11）．江田島湾は，以前はナマコ漁が盛んであったが，カキ養殖量の増加とともに消えてしまった（図7）．底質が極度に有機的で，貧酸素水塊が毎年形成され，硫化水素が発生することが最大の原因である．ナマコが取れるあいだはケタ網（底引き網）漁が行われていたし，「落ちガキ漕ぎ」といって，落ちたカキを底引きで取って収穫していた漁師もいた．これらの行為はいわば海底耕うん

であり，ナマコや落ちガキという収穫物がある間は，海底耕耘が行われていた．このような環境保全機能は漁業の持つ多面的機能の一つである．現在，底生性の魚介類がほとんど獲れない江田島湾の海底は死の世界「デッド・ゾーン」となっているのである．

今では，ナマコ採取業者や落ちガキ漕ぎ業者もいなくなり，カキ養殖業者ばかりになってしまった．カキ養殖はワイヤー10 m ほどに吊るして行う．つまり，湾の水深19 m の上半分しか利用していない．さきにも述べたように，カキ筏下に拡がる貧酸素水塊が，カキが吊り下がっている10 m 以浅まで湧昇してくることがないため，カキ養殖業者にその危機感はない．このため，江田島湾の生態系保全を望む声もあまりない．このことが，江田島湾の環境再生を遅らせることにもなっている．

このような環境劣化の状況を鑑み，広島県は「水産基盤整備事業報告書（江田島湾をモデルとした漁場整備方策について）」（広島県 2004）をまとめた（委員長，松田　治広島大学名誉教授）．この中ではまず，アマモ藻場造成区域，干潟造成区域，ガラモ場造成区域，海底清掃対象区域，カキ養殖量削減区域などのゾーニングが行われた．また，漁場環境修復は一朝一夕に成るものではないことを踏まえ，15年間という長期的視点の中で，5カ年ごとの3段階のステップで取り組むことを計画した．第1段階は2004〜2008年で，「緊急を要するカキ漁場の底質改善，および早期対応が可能な生物生育環境の整備」，第2段階は2009〜2013年で，「ナマコの生息環境回復期」，第3段階は2014〜2018年で，「環境保全型漁業成立期」である．

江田島市は上記計画の始まった年（2004年）の11月に，4町（江田島町，能美町，沖美町，大柿町）が合併して市制へ移行した．このことにより，江田島湾の環境修復事業に包括的に取り組むうえでは，それまでの4町体制とは異なり，1市の問題としてやりやすい体制となった．そこで，市は2005年に「さとうみ江田島湾」再生協議会（2008年度の第二期より「江田島湾再生協議会」と改称）を設置して，これに取り組むこととなった．筆者の1人（山本民

次) は，この計画を具体的に進めるため，協議会の会長に指名され，今日に至っている．協議会は第Ⅰ期（2005～2007年度）を経て，本書執筆現在，第Ⅱ期（2008～2010年度）にある．

第Ⅰ期は，アマモ場や干潟の造成，ガラモ場造成のための漁礁の設置などが行われ，ほぼ計画通りに進められた．2006年度は広島大学による地域貢献研究「江田島湾の環境再生及び漁業生産の回復に関する研究」が行われ，3次元流動モデルおよび生態系モデルを用いて，江田島湾の海水交換および物質循環に関して定量的な研究が進められた．また，江田島市による大学への資金援助も，江田島湾の物質循環研究を学術的に進めるうえで大きな力となった．さらに，市は企業等による個別の環境再生技術について，技術の検証のために江田島湾内で実証試験を行うことを許可・奨励し，これによりいくつかの技術開発が行われた．例を挙げると，カキ殻をメッシュ状のパイプに充填して，これを金属フレームに装着した装置—もともと漁礁として開発されたもの—をカキ養殖筏下に設置することで，カキが排泄する糞・擬糞を海底に沈降する前に捕捉して，水柱内で酸化分解することで海底への有機物負荷量を削減し，貧酸素化を軽減する効果があることが実証された（山本ら2009）．また，カキ筏から吊り下げる方式の繊維シートからできたプレートも同様に糞・擬糞を捕捉する機能に優れ，カキ個体からの排糞量の実測に使われている．

第Ⅱ期は，2007～2008年度にかけて行われた広島大学の地域貢献発展研究「江田島湾の持続的漁業生産のための環境再生に関する学際的研究」および広島県と広島大学との共同研究により，流動モデルと生態系モデルの結合，地下水によるリン・窒素負荷量などについて，さらに定量的研究が進められるとともに，船舶を用いたモニタリングが行われ，数値モデル検証データも充実された．これらにより，より学術的に高いレベルの統合的研究成果が生み出された．とくに，数値モデルとしては，さまざま行われているカキの養殖形態（イキス，ノコシ，ヨクセイなどといった，養殖時期・期間などが異

なるさまざまな養殖形態が行われている）について，筏ごとの違いをモデルに組み込んで，計算の精度を大きく向上させた．このことは，直接現場の環境を改善するものではないが，改善のためのポイントを明らかにする上で大きな前進となった．

(4) 太田川―広島湾をトータル・システムとして捉える

これまでの各節では，太田川，広島湾，江田島湾など，個々の場の環境の現状と修復・再生について述べてきた．しかしながら，水・土砂・栄養塩など，多くの場合，物質は上流から下流に向けて流れる．したがって，森・里・海という連関の中で，上流の森の環境整備は，川を通して海に流れる物質の量や質に影響するので，流域圏全体をトータル・システムとして捉えるアプローチが不可欠である．しかしながら，一人ひとりの住民の意識の中に当初からそのような考えが自然に芽生えるということは簡単ではないので，流域圏の環境再生に向けては，そのための仕掛けづくりが必要であり，一般住民の参加を促すような啓発・啓もうが不可欠である．

太田川―広島湾流域圏をトータルに捉えようという最初の動きは，広島県が2004～2006年の3年をかけ行った横断研究プロジェクト「広島県水圏環境再生研究」である．ここでは，水産試験場（現，水産海洋技術センター）による実生苗によるアマモ場造成技術の開発，農業技術センターによる組織培養技術の実生苗大量生産への応用，工業技術センターによる無人ヘリコプター・衛星画像利用によるアマモ分布調査技術の開発と実生苗流失防止のためのブロックの効率的配置設計など，さまざまな角度からアマモ場の造成技術の確立に関する研究が行われた．これらの技術は，広島港周辺の藻場造成あるいは江田島湾内での藻場再生に実際に使われ，藻場面積の増加に寄与した．藻場が魚類の産卵および仔稚魚の成育の場であるということは言うまでもなく，漁業者は藻場の再生を強く望んでいる．

第3章 沿岸管理の現実と理想

　上記の横断研究プロジェクトの成果の普及および技術移転，またその先にある環境再生事業の具現化の検討のために，広島県の支援により「広島県水域環境再生研究会」が組織された（会長：松田　治広島大学名誉教授）．この研究会には企業会員45社，個人会員20名程度が加わり，会費制で運営され，3年間という時間設定の中で着実にあげられた横断プロジェクトの成果は，7回のフォーラムで報告された．フォーラムへの出席者は毎回140名ほどあり，関心の高さが伺えた．フォーラムで取り上げられた課題は必ずしも自然科学の分野だけでなく，ゴミの問題や文化や歴史に関することもあり，参加者にとって大いに勉強の場になった．とくに沿岸のゴミは，都市部から流出するものもあるが，漁業者自らが出すものもあり，海を利用する者の責任の大きさが認識された．東京や大阪のように大都市で環境関係のフォーラムやシンポジウムを開催すると非常に多くの参加者を得るが，広島市のような中規模の都市としては，100名を超えれば大成功である．参加者数の多寡も重要であるが，繰り返し行い継続させることが住民に対する啓発・啓もうとして非常に重要であると考える．

　広島県による横断プロジェクトと水域環境再生研究会に続くかたちで立ち上がったのが，本章1節(2)で紹介した広島湾再生推進会議である．流域圏の環境再生において，その進展を遅らせている原因の一つは，流域圏が自然地理的には一つのシステムであるにも関わらず，多数の自治体が関与しているうえ，国交省・農水省・環境省など異なる省庁の管理管轄下にあり，行政的に分断されていることにある．この推進会議は，太田川―広島湾流域圏の環境再生を進めるために，すべての関連自治体が集まったものであり，流域圏を俯瞰した総合的管理に向けた協議が進められつつある．しかしながら，流域圏の再生あるいは総合的管理は，従来のもっぱらハード的な公共事業とは異なり，自然環境という複雑系が相手であるため，その取り組み方においては，行政自身にとっても180度発想の転換を迫るものであると言ってよい．また，昨今の経済不況のため，県も市も環境面の事業を新たに立ち

上げることは困難である．現状，行政にできることは，お金がかからないフォーラム開催などであり，これによって住民参加を促し，住民自身が身の回りの環境について自分たちのこととして取り組むようになってくれれば，効果があったと言えよう．

　住民参加促進のために重要な要素の一つとして，科学的知見に基づく環境再生技術の開発と実用化である．大学の環境研究に対する自治体や住民の期待は大きい．例えば，広島大学には環境にかかわる研究者（教員・ポスドク・院生など）が複数の学部と大学院にまたがり多数いる．残念ながら，これらの多くの研究者が有機的につながりをもって研究を行ってこなかったことが，複合領域の学問である「流域圏環境学」が前進しなかった原因である．そこで，流域圏の環境再生に対して，アイデアや考え方など，学術面からサポートあるいはリードしてゆくことを目指して結成されたのが，「広島大学流域圏環境再生プロジェクト研究センター」(http://home.hiroshima-u.ac.jp/cerbee09/index.html) である．本研究センターは，著者の一人（山本民次，水圏環境学）をセンター長として，森林生態学，大気環境学，砂防学，河川工学，河川生態学，農地利用学，都市工学，衛生工学，港湾工学，環境流体工学，海域生態学，海域環境学，沿岸海洋学，沿岸海洋生態学，環境経済学などを専門とするスタッフを集め，分野横断的な体制により流域圏環境という複雑系の科学に取り組んでいる．2009年7月のキックオフセミナーを皮切りに，内部での勉強会だけでなく，関連学会や協議会などと共同でシンポジウムを開催したり，現地見学会を催したりしてきた．本稿を書いている段階での具体的な成果は以下の点である．

　すでに述べたように，太田川―広島湾流域圏の環境問題の中心は河口域から海域に広がる有機質底泥の改善である．このことに関連した研究として，火力発電にともなう副産物である石炭灰を造粒した石炭灰造粒物および熱風乾燥カキ殻片などをヘドロ状の有機泥の改善材として有効利用する技術開発に取り組んでいる（図12）．すでに，これらの素材のキャラクタリゼーショ

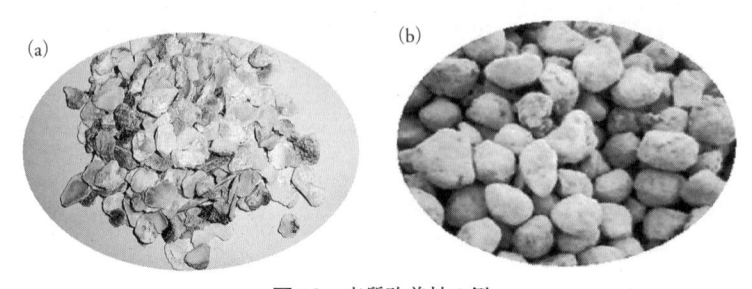

図12 底質改善材の例
(a) 熱風乾燥カキ殻粉砕物，(b) 石炭灰造粒物．

ンおよび環境規制元素の溶出試験等を行い，安全性について問題ないことを確認するとともに，硫化物イオンやリン酸イオンの吸着など，底質改善にとって有効な機能があることを科学的に明らかにしている（浅岡・山本 2009；浅岡ら 2009; Asaoka et al. 2009a, b）．

　さらに次のステップとして，現場での実証試験を複数の場所で進めている．先の学術研究成果をもとに，「地域貢献発展研究」として広島大学の全面的な支援のもと，瀬野川河口干潟（広島湾最奥部）に堆積した有機泥の改善のため，熱風乾燥カキ殻を用いた現場実証試験に挑戦している（図13）．この実証試験では，カキ殻処理業者による無償での熱風乾燥カキ殻12 tの提供を得，多数の市民ボランティアの参加による泥干潟への散布・鋤き込み作業を行った．この活動は多数のメディアに取り上げられ，一般市民の環境についての啓蒙にもつながった．その後のモニタリングでは，約1年間，底泥間隙水中の硫化水素濃度が当初約16 mg/Lだったものがほぼゼロに抑えられ，底生生物が約5倍程度にまで増加した．この成果は，モニタリング作業が途中であるため，ここでは全体像が紹介できないので，実験終了後には論文等で紹介する予定である．

　これまで生物が棲めなかった劣悪な環境に生物生息を回復したという事実は，それらの底質改善材の適用により，生物生息のためのクリティカル・ポ

図13 瀬野川河口における熱風乾燥カキ殻粉砕物の鋤き込み作業風景

イントを超えたことを意味している．生物が戻ってくれば，それらの食う・食われるの関係により，これまで停滞していた物質の循環が促進される．ここまで来れば，あとは自然生態系が本来持つ自浄作用に任せればよい．我々が目指すのは，新たに形成されたビオトープ内の物質循環がどのように変化して正常な生態系に移行してゆくのかを科学的に評価することである．そのため，底質の物理・化学的性状の変化をモニタリングによって把握するだけでなく，生息生物の安定同位体分析による食物連鎖構造の把握や物質のフローの変化を定量的に把握するための底生生態系モデルの高度化を進めているところである．

　太田川—広島湾流域圏の環境再生については，住民意識の向上という点で

は，まだ緒に就いたばかりである．他の地域で行われているいくつかの研究や事業が成功したか失敗だったかという評価軸さえ確立されているわけではない．例えば，生態系サービスという観点で，どれだけサービスが増加したかをお金に換算して評価することも試みられてきてはいるが，まだそれらの原単位は精査が必要であり，今後の課題である．

　ここで紹介した底質改善技術は，特に地元のメディアで何度も取り上げられ，多くの住民が知るに至っている．すでに述べたように，広島市内の太田川派川沿いに設けられたオイスター・バーなどから見える河口域の底泥が悪臭を放っていては雰囲気が台無しである．都市に住む者が河川上流まで含めた流域圏全体の環境を考える機会は多くはないが，身近なところでの「気づき」が必要であり，行政はそのきっかけづくりをし，研究者は科学的な情報をもとに流域圏管理の方向性について行政に対して提言を行うことが役割であろう．

▶▶▶ 山本民次／山本裕規／浅岡　聡

② 森里海連環学の原点
── 有明海特産稚魚の生態に学ぶ ──

(1) はじめに

　2010年10月には第10回生物多様性条約締約国会議（COP10）が名古屋で開催された．生物多様性と言えば熱帯雨林がすぐに思い浮かぶが，海の中にも生物多様性にあふれた場所が存在する．私達に最もよく知られたそのような世界はサンゴ礁の海であろう．透き通るように清澄な水中に色とりどりの魚たちが乱舞する様子は，生物多様性の世界を最も判り易い形で表している．一方，このような華やかな世界とは大きく異なり，むしろ白黒の世界のイメージを受けるが，陸域と海域の境界域に現れる干潟域，とりわけ泥干潟域もまた知られざる生物多様性の宝庫なのである．

　このような干潟域は，東京湾，大阪湾，伊勢湾などわが国の大都市圏に隣接する湾奥部にもほんの百年ほど前までかなりの面積が残っていた．当時，すでに人口百万人を超えていた世界的な大都市江戸の前浜には広大な干潟が存在し，親子が潮干狩りを楽しむその足元にはヒラメ稚魚が共存する様子が俳句にうたわれている．現在のそれら大都市の埋め立て地とコンクリートの岸壁で固められた湾奥からは想像できないような豊かな自然が存在していたのである．20世紀終盤になって，なぜ人々は「生物多様性」などと難しそうなことを言い出したのであろうか．それは地球上の無数とも言える生物種の中でただ一種のヒト，ホモ・サピエンスが"傍若無人"に振る舞い，多くの生物種が急速に地球上から姿を消し，そのツケは人類にも回ってくるに違いないと危機感を感じたからに他ならない．

　わが国は1993年に生物多様性条約を批准し，1995年には生物多様性国家戦略を策定した．しかし，現実はそれに逆行することも恒常的に進行してい

ると言わざるを得ない．その典型的事例を有明海に見ることができる．最も象徴的な出来事は，1997年4月14日に圧倒的多数の有明海漁民と国民の反対を逆なでするかのごとく断行された二百数十枚の巨大な鉄板による諫早湾奥部の締め切りの断行である．そして，人口30万人規模の都市が排出する生活と産業活動の終末産物を十分に浄化する能力を持つと評価される我が国を代表する広大な泥干潟を埋め立て，農地に変えてしまったのである．干潟の浄化機能の主役は無数の未記載種を含む多種多様な底生無脊椎動物である．これがわが国の国家としての生物多様性"重視"の一面でもある．

筆者が有明海にこだわる理由は，極めてユニークな生物多様性に富む掛け替えのない海域だからである．ここにはわが国では有明海にのみ生息する"特産種"や分布がほとんど有明海に限られている"準特産種"が，現在知られているだけでも80種近くにも及ぶのである（佐藤（編）2000）．この海は多くの固有種を抱える琵琶湖のような閉鎖系ではなく，東シナ海に通じる開放系なのである．開放系である有明海に，なぜこの海にしか生息しない生きものが多数存続しているのであろうか．それは，特産種や準特産種の分布域が湾奥部の汽水域（あるいは河口域）に限定されているからだと考えられる．

汽水域は淡水と海水が混じり合う陸域と海域の境界に存在する．それは川や地下水を通じてその中・上流域，さらには源流域につながっていると想定される．その源流域は，多くの場合深い森林域である．森と海がつながる必然性はここにある．一方，川の中流や下流域周辺には人々が集中し，これまで経済合理性のもとに生活の利便性の追求や物質的豊かさを満たすための様々な産業活動によって，河口域は埋め立てや人工護岸化などにより大きく改変され，水辺環境は著しく悪化してしまっている．

筆者が，大学院生時代に多くの魚類の人工受精を試み，仔稚魚の飼育を通じて，個体発生（生まれてから死ぬまでの一生の過程）初期における消化系の発達を調べた中で，最も印象深い魚種はスズキであった．正月明けの真冬の日本海の荒海の中，大敷網（大型定置網）にかかった成熟親魚を用いて必死の

思いで人工受精を試みた経験がある．その後，長崎市にある元水産庁（現（独）水産総合研究センター）西海区水産研究所の研究員を務めていた時に，このスズキに再び巡り会えたのである．そして，有明海のスズキは体長 15 mm 前後の仔魚期の後半から川を遡上し始め，ほとんど淡水に近い環境にまで進出することを知った．以来有明海通いも今春で 33 年目を迎えた．九州最大の河川である筑後川河口域においてスズキに焦点を当てながら他の多くの特産魚の仔稚魚とその餌生物の生態研究を続けてきた．その中で，河口域あるいは汽水域のかけがえのない重要性を知り，有明海特産稚魚の存続は筑後川とその後背地を形成する九重・阿蘇火山台地と深くつながっているとの結論に辿り着いたのである．"阿蘇山が有明海特産魚を育んでいる"のである．これが，筆者が 40 年の稚魚研究の上に辿り着いた新たな統合学問「森里海連環学」(田中 2008) の原点である．

本節では，有明海特産魚が成立した歴史やその後特産魚がどのようにして有明海湾奥部においてのみ存続し続けているかに関する研究を通じて，"森と海のつながり"について考えて見たい．今，有明海の異変とそれをめぐる人々の価値観や行動の混迷は著しい．その有明海の再生を願って．

(2) 稚魚学の教え

筆者が現役時代に所属していた京都大学農学部水産学科水産生物学講座やその講座を継承した農学研究科海洋生物増殖学分野ではわが国における稚魚研究の拠点の一つとして，30 年に近くにわたって仔稚魚の生理・生態学的研究が取り組まれてきた．それらの研究の大半は 2 冊の本にまとめられている（田中ら（編）2008；田中ら 2009）．まだまだ解明すべき多くの課題が残されているが，「稚魚学」の確立として後進への問題提起が行われている．

(a) 稚魚も回遊する：接岸回遊

　海産魚類の多くは，淡水環境に比べて，より安定的で比重が高いという海の環境特性を生かして，小さな比重（水分の多い）の小さな卵を大量に産む．この小卵多産の繁殖様式は，必然的に体が小さく体構造が未発達な仔魚期を経過することになり，個体発生初期に大量に死亡する背景となっている．このような現象は初期減耗と呼ばれ，古来そのメカニズムの解明に多大な努力が払われてきた．魚類の初期生活史研究の初期には，主要な死亡原因は，適当な餌に遭遇できずに飢餓によると考えられていた．しかし，近年では仔稚魚の生残にとって最も主要な要因は被食によるとの考えが定着している（Houde 2009）．

　筆者らが研究対象としてきたマダイ・クロダイ・スズキ・ヒラメ・ホシガレイなどの沿岸性魚類の多くは，個体発生初期の卵や仔魚期の大半を沿岸域に広く分散して生活しているが，体に鰭が分化し，脊椎が形成され始める稚魚への移行期に差しかかる頃，体長はわずかに 10〜15 mm 前後と微小で遊泳力は未発達であるにもかかわらず，大変不思議なことに徐々に岸辺の浅海域に来遊する（図14）．筆者は，この過程を「接岸回遊」と呼んでいる（田中 1991）．すなわち，"稚魚も回遊する"のである．そして，魚類の個体発生初期に最初に発現するこの回遊は仔魚から稚魚への移行過程，すなわち"変態"と連動して生じるという特徴を持つ．

(b) 稚魚成育場

　稚魚成育場 Nursery ground は，人間で言えば就学前の幼稚園あるいは保育園の年長クラスに相当する時期を過ごす場である．もちろん，稚魚達には園長先生はじめ園児の世話をしてくれる先生や保育士さんがいる訳ではないが，いずれも水辺（岸との境界ぎりぎりの水域）の外敵が少なく，餌生物が豊富な"安住の地"に保護されていると言える．代表的な沿岸性魚類の稚魚成育場は，砂浜・干潟域・河口域・ガラ藻場・アマモ場・マングローブ域・サ

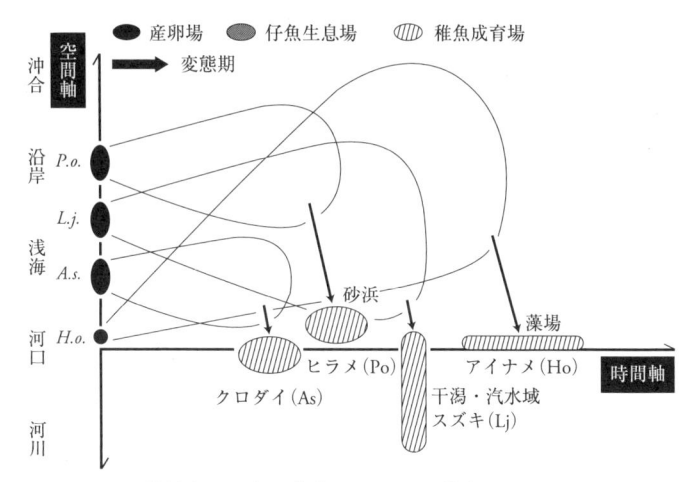

図14 沿岸性魚類の仔稚魚期に発現する接岸回遊を示す模式図
縦軸は空間軸を，横軸は時間軸を示す．たとえば，藻場で産卵するアイナメ仔魚は数カ月間沖合まで広く分散し，その後変態期に岸辺の藻場に回帰することを示す．

ンゴ礁域など多様である．例えば，ヒラメが浮遊生活を終えて着底するのは，夏には海水浴場としてにぎわう砂浜である．ヒラメ稚魚は海水浴場の先住民ということになる．一方，マダイもクロダイも成育場は砂浜域であるが，前者は水深5～10 m辺りに着底するのに対し，後者はさらに接岸し，波打ち際の水深30 cm程度の場所に現れる．彼らはほんの10 mm前後の体長であるにもかかわらず，自らの成育場をわきまえ，マダイ稚魚が波打ち際に現れることはなく，一方，クロダイ稚魚が水深5～10 mの砂底域に現れることはない．見事な棲み分けである．

　これらの成育場が備える基本条件は何であろうか．上述のように，そこには稚魚達の餌生物になる微小な動物プランクトンや底生無脊椎動物が豊富に存在する．その背景には，通常は川から，降雨時には直接陸域から，さらに地下水を通じて栄養塩や微量元素に富んだ水が不断に供給され，基礎生産が

最も盛んに行われることがある．一方，浅海域には陸水の影響などのために大型捕食者が来遊することは少なく，相対的に安全な場所である．この点で河口・汽水域は代表的な稚魚成育場と言える．

(c) 有明海の漁師のひとこと

　上記のような稚魚成育場のひとつとして有明海筑後川河口域に注目し，調査を本格的に開始したのは1980年3月である．この3月は，12月から1月にかけて島原半島沖で産卵され孵化したスズキ仔魚が筑後川河口域に集まる時期に当たる．1980年代の中頃より軌道に乗り出した河口域7定点（図15）調査を長く支えていただいたのは，大川市の漁師酒見孝彦さん（故人）であった．冬場にはノリ養殖に従事されるが，それは暮しを支えるための手段であり，根っからの漁師である酒見さんにとってノリ養殖は"農作業"そのものであり，仕事としては全くおもしろくないとよく話されていた．有明海やそこに暮す生きものについて多くのことを教わったが，最大の教訓は「海のことも魚のことも30年は続けて調べないと判らない」（田北　徹長崎大学名誉教授により，大川弁では「海のこっでん魚のこっでん30年ばやらんば分からんとよ」となると教えていただいた）のひと言であった．筑後川調査を開始した2年後に長崎から京都に移ることになり，しばらく経年調査を続けたが，10年目の調査を終え，「今年で調査を打ち切り……」と言わんとした矢先に発せられた極めて重いひと言であった．一生忘れることのないひと言である．酒見さんはその後体調を崩され，後を継いだ息子さんが漁を続け，その後も長く筆者らの調査を支えていただいた．しかし，悪化するばかりの有明海の環境に直面して，漁業を放棄せざるを得なくなったのは，大変寂しく，残念なことである．有明海調査を30年間続け，問題の本質が見え始めた今，微力ながら本腰を入れて有明海の再生に尽くしたいと願っている．

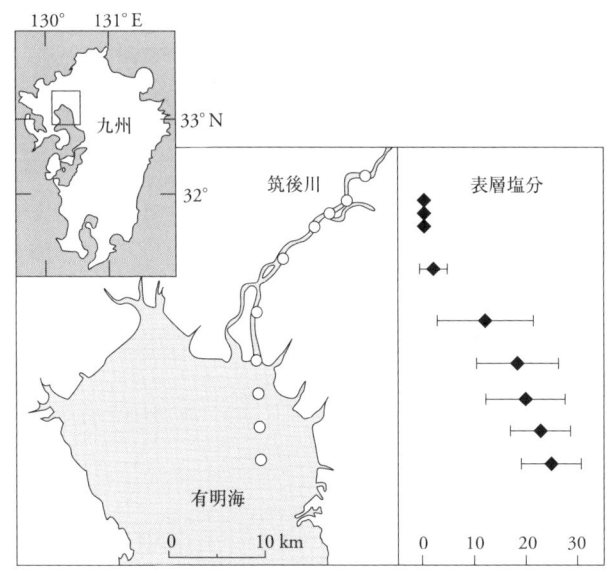

図 15　有明海筑後川河口域に設置した 10 定点
沖側から 7 定点は 1980 年に設置，その上流 3 定点は 1997 年に追加設置された．右の図は 10 定点における大潮満潮時の表層塩分を示す．

(3)　有明海　この不思議の海の魅力と悲劇

　有明海は長崎県，佐賀県，福岡県，熊本県の 4 県に囲まれた奥深い内湾であり，湾軸 96 km，湾の幅約 20 km，面積 1700 km^2 の東京湾，伊勢湾，鹿児島湾などとほぼ同規模のわが国を代表する内湾のひとつである．しかし，当湾はわが国の他の内湾とは大きく異なり，最大 6 m にも達する干満差，著しく速い潮流，広大な干潟の発達そして湾奥部は著しく濁った水で占められることなどが，その特異性を最もよく物語っている．

(a)　干潟と泥の海　有明海

　有明海湾奥部は外側の橘湾や東シナ海とつながり，透明度も高いが，湾奥

第3章　沿岸管理の現実と理想

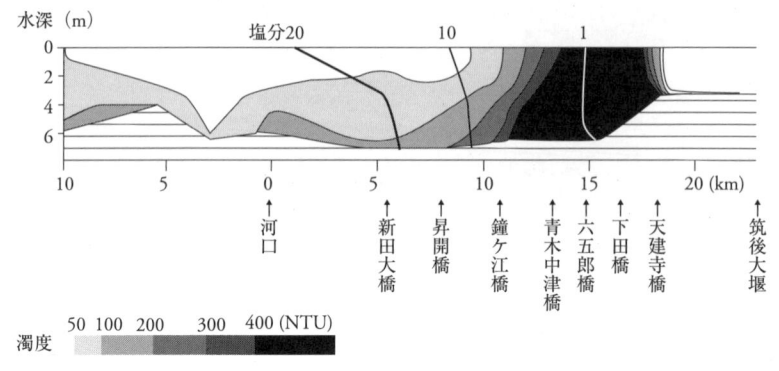

図16 筑後川河口域縦断面における濁度と塩分の鉛直分布の一例（大潮満潮時）
河口から15 km前後上流域に濁度極大が存在する．河口から23 km上流には筑後大堰が設置されている．

部の水深10 m以浅域の水は濁り，とりわけ筑後川河口域や六角川河口域の濁度は高く，大潮時にはその値は1000 NSUを超えるほどの高濁度水が観察される．有明海湾奥部の物理環境はよく韓国西岸域ならびに中国沿岸域に比較されるが，筑後川の濁りは1 L当たりおよそ3 gの微細な泥分が含まれているのに対し，かつては不断なく水が流れていた黄河の水1 L中には約30 gの泥分が含まれていたと言われている．もうひとつの大河揚子江の泥分は有明海とはほぼ同程度である．

　問題はこの高い濁度の起源である．有明海に注ぐ最大河川である筑後川の河口点から23 km上流に1985年に設置された筑後大堰の上流側の水は，大雨の時以外は濁っていることはない．筑後大堰から下流に向かうとともに濁度は増し，大潮満潮時前後では，河口点から15 km上流前後の水域に濁度極大域（ETM：Estuarine Turbidity Maximum）がみられる（図16）．その場所は塩分1前後の低塩分汽水域であり，淡水と海水が最初に出合う場所で高濁度水が形成されることが分かる．代田（1998）によれば，それは筑後川流域の九重・阿蘇火山台地から運ばれてきたシルトや粘土などの微細粒子が海水と

触れることにより表面の電荷に変化が生じ，粒子が凝集して大きなフロックに成長する．このようなフロッキュレーションが高濁度水形成の機構であり，それによって形成されたフロックが有明海を特徴づける"浮泥"として極めて重要な役割を果たす．

有明海のもうひとつの特徴は，大きな干満差によって生じる広大な干潟の存在である．筑後川から流出した砂泥分のうち比重の大きい砂はその河口域周辺に沈降するが，比重の軽い泥分は湾奥部の反時計回りの恒流によって徐々に西方に輸送され，順次堆積して泥干潟を形成する．諫早湾締め切り堤防が設置される前までは最も細かい粒子はその湾奥まで到達して，有明海を代表する泥干潟を形成していた．このように干潟は陸域から不断に供給される砂泥物質によって常に更新して"生きた状態"を維持してきた．しかし，高度経済成長期に端を発する日本列島のコンクリート化は大量の砂を必要とし，筑後川からも20世紀後半の50年間に実に3800万m^3の砂が持ち出されているのである（横山 2003）．さらに，有明海に注ぐ主要な川という川にはダムが設置され，干潟を更新する土砂が十分にもたらされない状態が続いている．

(b)　特産種と準特産種

有明海では2000年から2001にかけて冬季に養殖海苔が大不作に陥り，それは諫早湾締め切りに原因があるとする漁民の一大海上デモンストレーションが大々的に報じられ，その存在は国民に広く知られるところとなった．そして，その問題の原因究明や対策のために投下された多額の研究資金も，有明海のもうひとつの顔である"類稀な生物多様性の宝庫"（佐藤（編）2000；田北・山口（編）2009）であることに使われることはなかった．ここには日本では有明海にしか生息しない多くの貴重な種が存在することの価値（簡単にはお金に替えられない）は，有明海異変と呼ばれるほど悪化した漁場環境や漁民の困窮に比べれば"取るに足らない"問題と軽視されてきたよう

にさえ思われる．筆者にはここに大きな"落とし穴"があると感じている．この点は，有明海再生の根幹に関わる部分であり，後に詳しく言及したい．

　世界中でそこにしか生息しない種は固有種と呼ばれるのに対し，有明海の珍しい生物の多くは日本では有明海にしか生息しない種であり，厳密には固有種と異なるために特産種と呼ばれ，その共通種や極めて近縁な種はおしなべて中国大陸沿岸に分布するため，"大陸沿岸遺存種"とされている（佐藤（編）2000）．魚類では有明海の干潟を代表するムツゴロウをはじめ，ワラスボ・ハゼクチ・アリアケシラウオ・ヤマノカミが特産種とされ，エツとアリアケヒメシラウオは固有種とされることもある．しかし，これらの種の故郷である大陸沿岸域に生息する同種と分離して一万年以上の時間が経過しているため，それらに異質性が生じていないかを明らかにするため，分子遺伝学的な精査が進められている．一方，準特産種は日本の他海域からも分布が報告されているが，主群は有明海に存在する種をさす．

(c)　第8番目の特産魚はスズキ

　佐藤編（2000）では，スズキは準特産種に挙げられている．有明海のスズキが外海のスズキと顔付きや形が異なることを古くより漁師は認識していた．この"風変わりなスズキ"の素性について注目されることになったひとつのきっかけは，1980年代後半より中国大陸沿岸の河口域で再捕されたスズキ稚魚が養殖種苗として愛媛県宇和島などに大量に持ち込まれたことによる．それらの一部が生簀から逃げ出し，河口域で釣れ出したのである．これらの"逃亡スズキ"には成魚になっても体側に黒点があるため，ホシスズキやシナスズキと名付けられて釣り雑誌をにぎわした．実は，有明海のスズキにも体側に黒点が存在するのである．その時点では日本周辺に分布するスズキと中国大陸沿岸に分布するスズキは同じ種とされていたが，形態学的精査の結果，両種は別種であることが確定している（中坊（編）2000）．

　次に有明海産スズキについての形態学的ならびに生化学的分析（アロザイ

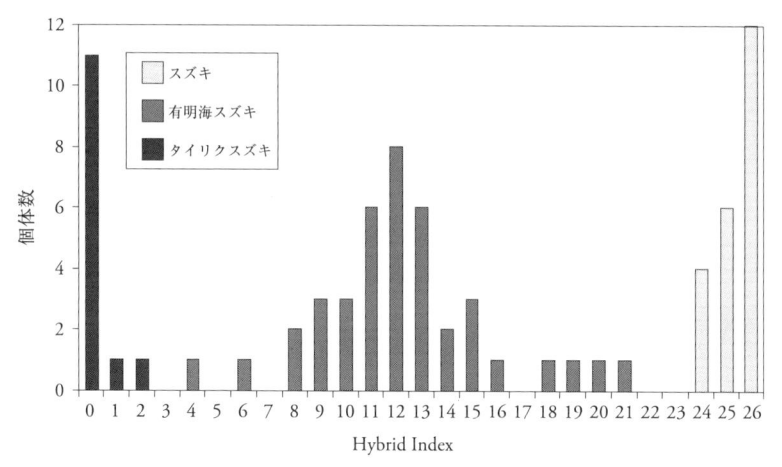

図17 スズキ特異的遺伝子14とタイリクスズキ特異的遺伝子12を組み合わせて作成した交雑指標

有明海スズキの交雑指標はスズキとタイリクスズキの中間に位置し，両者の交雑種であることを示す（中山 2002）．

ム分析）が行われ，中国産スズキ（中坊（編）(2000)ではタイリクスズキとの和名が与えられている）と日本産スズキの交雑個体群であることが示唆された（横川 2002）．さらに，中山（2002）によってミトコンドリアDNA分析とともにAFLPフィンガープリント法により，有明海産スズキはスズキとタイリクスズキの間に過去に生じた交雑集団であることが確証された（図17）．現在の両者の分布は日本周辺（スズキ）と中国大陸沿岸（タイリクスズキ）に分かれており，交雑が生じることはない．おそらく最終氷期に海水面が現在よりも百数十m前後低下して，大陸と日本列島が陸続きとなった時期に両種の分布域が重なり，交雑が生じたものと推定されている（中山 2002）．

現時点では，このような特異な遺伝的背景を持った集団が亜種のレベルかすでに種のレベルにまで分化しているのかは未確定であるが，大陸種の遺伝子を受け継いだ集団であることは確かであり，筆者らは第8番目の特産種とみなしている．

(4) 特産種スズキの初期生活史

　スズキはわが国を代表する広塩性海産魚であり，未成魚や成魚が河川を溯上する事例が各地から報告されている．日本の川は総じて急流であり，またほとんどの河川には堰やダムが設置されているため，溯上は途中で中断されてしまうが，関東平野をゆったりと流れるわが国第二の大河，利根川では河口から 154 km 上流の所沢市で捕獲された例が知られている（庄司ら 2002）．有明海のスズキと淡水域のかかわりはどうであろうか．

(a) 稚魚期に川を溯る有明海のスズキ

　有明海のスズキの主産卵場は島原半島沖である．12月中旬〜1月中旬に産まれた卵や孵化仔魚は流れによって次第に湾奥方向に輸送され（Hibino et al. 2007），筑後川河口域には体長 10 数 mm の仔魚として 3 月上旬に現れる．河口点から沖合 10 km の定点 E3 から上流 15 km の R4 において採集をある間隔をおいて継続的に行うと，スズキ仔魚が成長とともに分布の中心を上流に移すことがわかる（図 18）．スズキは大潮の満潮時においてもほぼ塩分が 0 から 1 の定点 R4 には体長 17〜18 mm の段階で現れる．この体長は形態発育から判断して仔魚から稚魚への移行を終えた，すなわち変態完了直後の稚魚に当たる．本節 (1) でも述べたように，沿岸性魚類は変態期に接岸回遊を行い，それぞれの種に固有の成育場に到達する．したがって，有明海産スズキは仔魚期の後半に河川を溯上し，変態とともにほぼ淡水に近い環境に稚魚期の成育場を形成すると言える．この場所は前述のように ETM に当たる．

　このように有明海のスズキが筑後川を個体発生の初期に溯上して淡水環境に移入することは，耳石に蓄積される微量元素分析（Sr/Ca 比）によっても確証されている．しかし，淡水に移入しない個体も多く見られ，淡水移入履歴を持った個体の割合は年によって 20 ％や 50 ％と大きく変動した（太田 2007）．実際に筑後川河口から南に 25 km も離れた大牟田市の波打ち際では

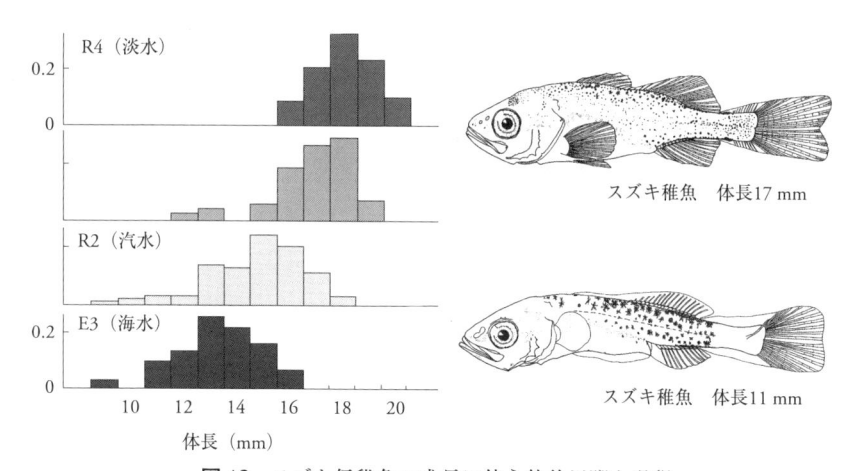

図18 スズキ仔稚魚の成長に伴う筑後川遡上過程
体長13 mm前後で河口沖に分布した仔魚は，成長に伴い川を遡上し，体長18 mm前後の稚魚になる頃にはほぼ淡水域に現れる．

毎年多くのスズキ稚魚が採集されている．また，スズキではSr/Ca比を用いた耳石微量元素分析手法によって淡水へ移入した個体は特定できるが，塩分2以上の汽水域での回遊履歴を明らかにすることはできない．そこで，鈴木（2007）は炭素安定同位体比を用い，成長に伴う餌生物の変化を手がかりに筑後川河口域のスズキ稚魚や当歳魚期における回遊の詳細を明らかにしている．

(b) 川を溯るスズキ稚魚の生理

スズキは海産魚であるにもかかわらず，何故に仔魚期の後半から川を溯り，稚魚期の初期には淡水に適応できるのであろうか．この点を確認するためにスズキ仔魚を孵化直後から海水で飼育し，成長あるいは発育ステージごとに各種の希釈海水区に移行する実験が行われた．48時間後の生残率を指標に分析すると，低塩分適応能力は仔魚期の後半になると急速に高まり，稚魚への移行後は淡水でも生き残れる能力を身につけていることが明らかにさ

れた (平井 2002). 実際の自然環境下では海水から淡水へ一気に移動することはあり得ないので, 仔魚を段階的に低塩分環境に移行して行くと, 稚魚に変態するよりかなり前から淡水適応能力が発現することも確認されている. このような稚魚期に発現する低塩分環境への適応に深く関わると考えられる鰓の塩類細胞が免疫組織化学的に調べられた結果, 淡水環境中では二次鰓弁上に塩類細胞が出現し, 浸透圧調節に関わっていることが推定されている.

　このような飼育実験的研究とともに, 筑後川の7定点 (いろいろな塩分環境) において採集されたスズキ仔稚魚の脳下垂体中に占めるプロラクチン (魚類の低塩分環境下での浸透圧調節に不可欠のホルモン) 産生細胞群の体積比％ PRL を指標に産生状態が調べられた. その結果, プロラクチン産生の指標となる％ PRL と環境塩分には顕著な逆相関が見られ, 低塩分環境中でプロラクチンの産生が活性化されていることが確証されている (図19：横内, 未発表). また, スズキ仔稚魚においても仔魚から稚魚への移行期に変態を制御する甲状腺ホルモンの体組織濃度には顕著な上昇がみられるとともに, 浸透圧調節に関わりの深いコルチゾルにも連動した変化が認められている (Domiguez et al. 1998).

(c)　スズキ稚魚の餌は特異なカイアシ類

　前節で述べたスズキ仔稚魚の発育や成長に伴う生理的能力の発達は, スズキが個体発生初期から低塩分環境で生存できる根拠ではあるが, そのような環境へ集まる理由を説明するものではない. そこには, そのような移動を起こさせる生き残りに関わる生態的背景が存在すると考えられる. 仔稚魚の生残にとって最も重要な要素は, 一般的には好適な餌 (量と質) の存在と捕食者の多寡である. 仔魚期の後半から稚魚期の初期にかけての主要な餌生物はカイアシ類である. 筑後川河口域で採集されるスズキ仔稚魚の消化管内容物の大半もカイアシ類で占められ, しかも低塩分汽水域ではそれは単一の種で占められることが判明した. その種はシノカラヌス・シネンシス (*Sinocalanus*

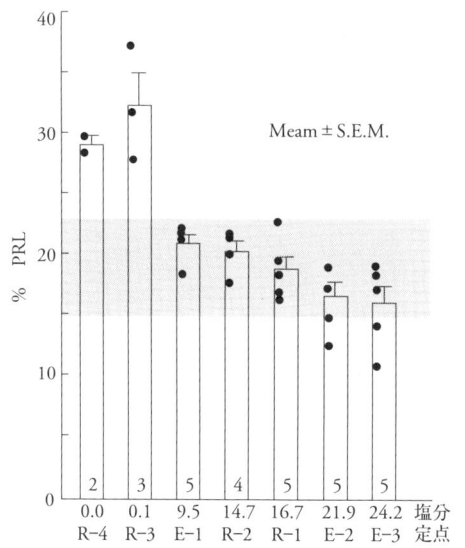

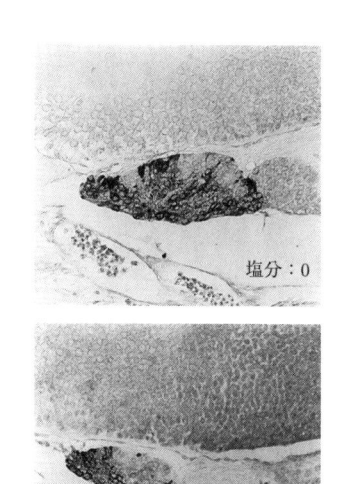

図19 筑後川を遡上中のスズキ仔稚魚の脳下垂体% PRL（脳下垂体に占めるプロラクチン（PRL）産生細胞群の割合）とプロラクチンの免疫染色像（右）

上流（低塩分）に遡上するとともに% PRL値が上がり，低塩分環境下でプロラクチンの産生が促進されていることを示す．右の写真の黒色部はプロラクチン産生細胞群を示す．低塩分環境下で活性化されていることがわかる．

sinensis）であり，有明海特産種であることが報告されている（Hiromi and Ueda, 1988）．

本種は図20に示すような形態をし，低塩分汽水域に適応しており，これまでに中国大陸の揚子江河口域から報告されている．すなわち，本種も大陸沿岸遺存種なのである．有明海湾奥部に注ぐ川の低塩分汽水域に分布しているが，濁度の高い川にのみ生息し，清澄な河川の低塩分域には生息しない．体長も1.1から2.1 mmと多くの沿岸性種に比べてかなりの大型種である．また，夏季には個体群サイズはやや小さくなるが，周年を通じて低塩分汽水域の優占種である．スズキ仔稚魚が低塩分汽水域に集まる主要な要因，すなわち，故郷を同じくするシノカラヌス・シネンシスを求めて筑後川を遡上

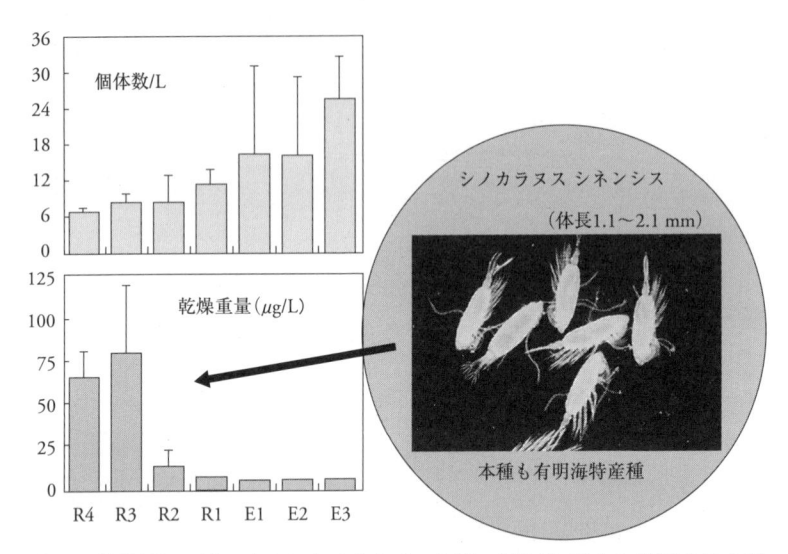

図20 筑後川河口域7定点におけるカイアシ類の個体数（上）と乾燥重量（下）を示す．

個体数は下流点ほど多く，重量では逆に上流で高い値を示す．低塩分の上流定点には大型の汽水性カイアシ類シノカラヌス・シネンシスが密集することによる．

し，低塩分汽水域に辿り着くと言える．そして，体長 40 mm まで本種を主食とし，その後は同じく低塩分汽水性の有明海特産種アミ類ツノナガハマアミへと食性を転換させる．

(5) 特産カイアシ類を育む高濁度水塊

低塩分汽水域に著しく濁度の高い水塊が形成されるのは，筑後川のみに見られる特異な現象ではなく，世界の閉鎖系水域を代表する米国東海岸に位置するチェサピーク湾（湾口から湾奥部まで 300 km に達する）奥部のサスケハナ川河口域にも見られる．ここでも ETM 域は塩分1前後の場所に存在し，優占カイアシ類はユーリテモラ・アフィニス *Eurytemora affinis* である．ここで

はシノカラヌスと高濁度水塊の間にどのようなつながりがあるのであろうか．

(a) 筑後川河口域を特徴づける二つのカイアシ類群集

筑後川7定点におけるプランクトンネットの鉛直曳採集による春季の分布調査（1997～2003年）では，河口域の下流側定点においては沿岸域に普通に分布する *Paracalanus parvus*, *Oithona devisae*, *Acartia omorii* など多くの種が出現した．一方，塩分15より低塩分の河口域上流側に出現するカイアシ類の種数は著しく少なく，その90％以上はシノカラヌス・シネンシスで占められた．ところが，カイアシ類のバイオマスで見ると個体数や種数の多い下流域よりも上流域の方が顕著に大きいという際立った特徴が認められた（図20）．このことは，下流域にみられる沿岸性種は体長1mm未満と小型であるのに対し，上流域の種は最大2mmを超える大型種であり，体重ベースでは上流側が顕著に高い値であることを示している．

この二つのカイアシ類群集は，それぞれに有明海特産種の仔稚魚を育む上で極めて重要な役割を果たしている．スズキ・ムツゴロウ・ハゼクチ・ワラスボ・ヤマノカミなど多くの特産種が仔魚期を過ごす場所は河口下流域であり，カイアシ類の小型種が数多く生息する場所である．成育途上の体や口がまだ大きくない仔魚にとって小型種が高密度に分布することは好都合な環境と言える．一方，仔魚は成長とともに捕食に必要なエネルギー（コスト）に見合う利益（ベネフィット）を有した大型の餌を必要とする．このベネフィットとコストの差し引きが大きい餌を求めて生息場所を移動させることになる．筑後川ではそのような場所が低塩分汽水域であり，そのような餌がシノカラヌス・シネンシスなのである．本種は表1に示すようにスズキ稚魚のみならず，アリアケヒメシラウオ成魚・エツ当歳魚なども含め，多くの仔魚の主食となっている．今後検討の予定であるが，淡水感潮域から極低塩分汽水域で一生を送る年魚アリアケヒメシラウオは本種を生涯の餌にしている可能

表1 筑後川河口域で採集された7種の稚魚の胃内容物組成の一例

稚魚＼カイアシ類	シノカラヌス	A. omorii	O. davisae	T. derjugini	P. parvus	C. cinicus	P. marinus
特産種							
スズキ	37.3	31.9	—	6.7	10.0	1.7	4.2
ヤマノカミ	65.9	20.0	10.0	—	0.8	—	—
ハゼクチ	100.0	—	—	—	—	—	—
アリアケヒメシラウオ	87.7	—	—	—	—	—	—
エツ	99.3	—	—	—	—	—	—
非特産種							
カタクチイワシ	—	57.1	—	—	10.3	5.2	14.7
マハゼ	35.1	4.0	56.9	—	—	—	4.0

胃内からは7種のカイアシ類が検出されたが，特産5種の胃内容物はほとんどシノカラヌス1種で占められた．(主要7種の稚魚の消化管内容物組成：春季の筑後川河口域)

性が高いと推定される．

(b) シノカラヌス・シネンシスの不思議な食性

　多くのカイアシ類の餌は植物プランクトンであり，植物プランクトン―カイアシ類―仔稚魚が食物連鎖のメインルートである．シノカラヌス・シネンシスも他の沿岸性カイアシ類と同様にこの食物連鎖上に位置しているのであろうか．この点を確認するために，主要なカイアシ類の体内に含まれる光合成色素クロロフィルaとその分解産物であるフェオフィチンが調べられた．前者は生きた植物プランクトンの，後者は死んだ植物プランクトンの指標となる．まず環境中の春季（3～5月）のクロロフィルaは最下流のE3から最上流のR4まで大きな差はなく，20 μg/L前後であった．一方，カイアシ類体内のそれらの値には顕著な差異がみられ，下流域に生息する沿岸性カイアシ類では圧倒的にクロロフィルa値が高く，生きた植物プランクトンを主食としていることが確認された．これに対して上流域のシノカラヌスでは，これとは対照的にフェオフィチンの値がクロロフィルaよりはるかに高い値を示

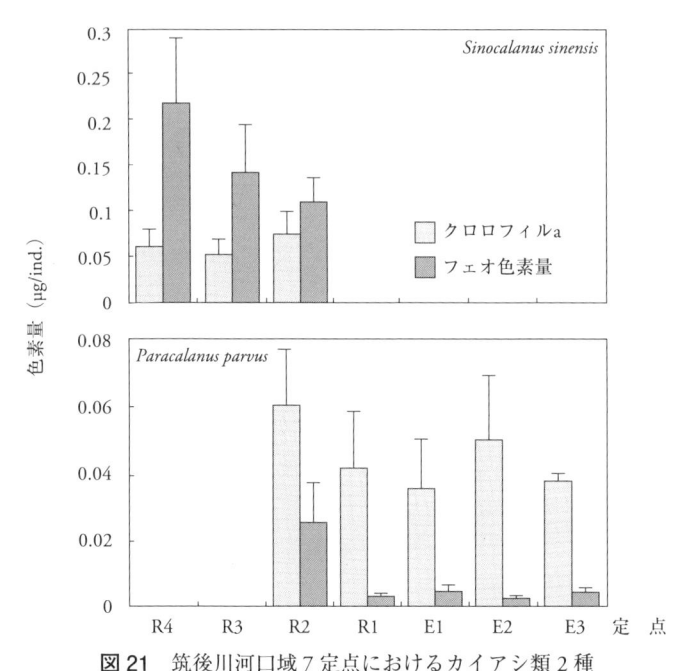

図21 筑後川河口域7定点におけるカイアシ類2種

シノカラヌス・シネンシス（上），パラカラヌス・パーバス（下）の体内から検出されたクロロフィルaならびにフェオ色素量を示す．シノカラヌスはフェオ色素（デトリタス食性），パラカラヌスはクロロフィルa（植物プランクトン食性）が卓越する．

した（図21）．この図は7定点で採集されたシノカラヌス・シネンシスと代表的な沿岸性カイアシ類パラカラヌス・パーバスの体内から検出されたクロロフィルa量とフェオフィチン量を示したものである．両者が同時に採集される唯一の定点R2において比較すると，同一環境にもかかわらず，前者ではフェオフィチン，後者ではクロロフィルaの値が高いことがわかる．すなわち，シノカラヌスは生きた植物プランクトンより"死んだ"植物プランクトンを選択的に摂餌していることを示している（Islam and Tanaka 2006）．

この"死んだ"植物プランクトンの実体は何であろうか．一般に植物プラ

ンクトン—動物プランクトン—小魚などと続く連鎖は生食連鎖と呼ばれている．一方，シノカラヌスが組み込まれている食物連鎖は，デトリタス食物連鎖（腐食連鎖）であり，死んだ植物プランクトン（やその断片）や動物プランクトンの糞粒などを食べていると言える．本章2節(2)で述べたように，筑後川河口域の低塩分環境下ではシルトや粘土などの微細鉱物粒子が凝集することによりフロックを形成して濁度の源になっている．実はフロックには死んだ植物プランクトンの断片や糞粒，さらには原生動物やバクテリアなどの微小生物が吸着（繁殖基質として）して栄養価の高い物質として水中に懸濁する．このデトリタスをシノカラヌスは主食としていたのである．ここに低塩分汽水域／高濁度域とシノカラヌスの分布が不可欠に結びつく根拠がある．すなわち，シノカラヌスの生存もそれを主要な餌とするスズキ稚魚も筑後川の恵みによって生きていると言える．

(6) 有明海特産魚成立の不思議

　有明海には多くの特産種が生息し，それらのほとんどは大陸沿岸遺存種として，最終氷期に中国大陸海岸線が九州西岸に近づき，一大河口域を形成し，この際分布を九州沿岸に広げた種のうち何種かが，その後の海水温の上昇にともなう中国大陸海岸線の西方への移動後も九州西岸に居残り，中国大陸沿岸と環境特性がよく似た有明海にのみ生き残って今日に至ったと考えられている（下山 2000）．ここでは，筑後川河口域における生物的諸関係やその基盤となる環境特性について詳しい検討を加え，特産種成立の機構を考えてみよう．

(a) 氷期と間氷期における海水準の変動

　希少生物の中には氷河期の遺産と呼ばれる生物がよく見られる．富山県の立山連峰などの高山に生息するライチョウも今から1万年以上も前の氷河期

にはもっと低山帯に生息していたと考えられるが，今では夏季でも高温にならない高山帯にのみ生息している．この点では，コマクサなどに代表されるほとんどの高山植物は氷河期の遺産的存在であり，そのような歴史的背景を反映して過酷な環境に適応する故に，人々の関心を引くのであろう．

　有明海の特産種はこれらの例とは異なり，氷期と間氷期における著しい海水準（海表面の高さ）の変化によって生物（ここでは主として動物；魚類や底生無脊椎動物）の水平的移動がもたらした所産である．地球の歴史は10万年前後の長い氷期とそれに続く1～2万年程度の短い間氷期（温暖期）の繰り返しであることが，様々な証拠により確証されている．有明海特産種は現在では最終氷期（ウルム氷期）の海水準の低下に伴う大陸沿岸性種の九州近海への分布の拡大によると考えられているが，ウルム氷期以前には数万年の間氷期をはさんで氷期が存在し，その間にも同様のことが生じた可能性は否定できない．現在の有明特産種と共通種とされる中国大陸沿岸産種の分子遺伝学的精査が期待される．しかし，このことを別にしても，有明海湾奥部，とりわけ筑後川河口域に多くの特産種が氷河期の遺産として生息していることは事実であり，このような"自然遺産"を残している有明海の貴重さを，有明海問題が諫早湾閉め切り堤防の開門問題として再び脚光を浴びている今日，今一度思いを寄せてもらいたいものである．

(b) "大陸沿岸遺存生態系"説の誕生

　筆者らがこの30年間に有明海で取り組んできた研究の成果をまとめてみよう．

　　①特産魚類の多くは湾奥部，特に最大河川である筑後川の河口域に発達する干潟域や汽水域を主な生息域とする．
　　②特産種の多くは稚魚期になると低塩分汽水域に集合し，そこを成育場とする．
　　③低塩分汽水域に集合する理由は，そこには低塩分汽水性の大型カイ

アシ類シノカラヌス・シネンシスが生息し，好適な餌環境を提供するからである．

④シノカラヌスが分布する環境は低塩分汽水域であると同時に，高濁度域である．

⑤シノカラヌスは高濁度の実体である有機懸濁物，すなわちデトリタスに依存して繁殖する．

⑥塩分1前後の筑後川河口域では，河川水を通じて運ばれてきた九重・阿蘇火山性のシルトや粘土の微細粒子が吸着凝集してフロックが形成され，それらに生物起源物質が合体してデトリタスが形成される．

⑦第8番目の特産魚スズキでは，体長4cmまではシノカラヌスに依存し，その後は同じく有明海特産種であるアミ類ツノナガハマアミを主食とする．

以上の知見は，有明海特産種，とりわけ特産種間に強い捕食—被食関係が存在し，それを低塩分・高濁度汽水域という物理的環境が支えている構図が浮かび上がる．このような河口域生態系の存在は，有明海に個々の特産魚が個別に，また偶然的に取り込まれた後に新たに捕食—被食関係が生まれたというよりは，最終氷期には東シナ海に直接開口していた筑後川の河口域に存在していた大陸沿岸的汽水域生態系が，今から1万年ほど前に始まる間氷期における海面上昇とともに有明海の奥部に移動し，およそ8千年前に現在の位置に辿り着いたことを想定させる．それは，現在筑後川河口域に見られる低塩分汽水・高濁度生態系そのものが有明海に"トラップ"されたことを示唆している．筆者らはこれを"大陸沿岸遺存生態系"と呼び，有明海特産種成立の新しい説として提起している（田中 2008，2009a）．

(c) 阿蘇山が有明海特産稚魚を育む

前述の"大陸沿岸遺存生態系"を存続させている根拠は，平均100 t/秒の淡水を供給し続ける筑後川によって広い低塩分汽水域が形成されることにあ

る．同時にその中には九重・阿蘇火山台地に起源を持つシルトや粘土などの鉱物粒子を多量に含むことにある．つまり九重・阿蘇山が有明海特産稚魚を育み続けて来たと言える．このようなつながりは，筑後川のみならず湾奥部に流入する沖ノ端川，塩田川，その他にも共通して認められる現象と考えられる．

　この"山が海（の魚）を育む"という考えならびにその科学的根拠を有明海特産魚について提起したのは，筆者らが初めてである．しかし，山には通常森が存在し，"森が海を育む"と見れば，松永(1993)が著書「森が消えれば海も死ぬ」の中で，森の腐葉土層で形成されたフルボ酸鉄が沿岸域の生物生産に果たす役割として，すでに15年以上前に問題提起されているのである．筆者らは，これまで生物的諸関係を軸に研究を進めてきたが，筑後川河口域では活発な基礎生産が行われている（例えば春季のクロロフィルa値は20 μg/L，時には50 μgと通常の沿岸域より一桁以上高い値を示している）ことは確かであり，この過程に筑後川上流域の森林域等で生成され，河口域にもたらされる溶存鉄がどのように関与するのかは極めて重要であり，研究としても大変興味深いものである．今後，全長143 kmの筑後川の源流域から河口沖までの溶存鉄の分布状態を早急に明らかにする必要がある．後にも述べるように，この鉄の分布と挙動の解明は有明海の再生に極めて重要な役割を果たす可能性が高いのである．

(7) 豊穣の海の悲劇

　有明海にはその大きな干満差，速い潮流，広大な干潟，高濁度水の分布などの環境特性を巧みに生かした数々の伝統漁法が存在した．石干見・繁網・竹羽瀬・四手網など多くの伝統的漁法がそれぞれ数百統の規模で存在した（中尾勘悟氏 私信）．これらの漁法は総じて効率的とは言えないにもかかわらず，それで多くの漁民が十分に生計が立てられるほど豊かな海であり，漁師

からは獲っても獲っても獲り尽すことのない"宝の海"と称された．それは類稀な高い基礎生産性を持つにもかかわらず，それらが食物連鎖を通じて高次生産物へと効率的に流れ，干潟に無数に生息する小型底生動物の極めて高い浄化力，大きな干満差による速い潮流，海水中に含まれる多量の浮泥と呼ばれる物質のバッファー機能などにより，本来なら，たちまち生じる大規模な赤潮や貧酸素水塊の発生が抑えられてきたのである．

　この有明海に"カゲリ"が現れ出したのは，1980年代の初め頃からである．それは漁獲量，とりわけ重量にして全体の6割以上を占めていたアサリ漁獲量の著しい減少として現れた．1980年代初めに8万tに及んだアサリ漁獲量は1990年後半には40～50分の1の1千t台にまで減少してしまったのである．このアサリの減少に続いて生じたのはタイラギやアゲマキなどいずれも貝類漁獲量の減少である．このことは有明海の異変が干潟の底質の劣化から顕在化したことを端的に物語っている．その最大の原因は"一大河口域"と呼ぶべき有明海の干潟に不断に供給され，生きた干潟を更新し続けていた砂泥の供給が，高度経済成長期を中心に大量の川砂が持ち出されたこと，大きな河川に複数のダムが建設されたこと，さらに大量の海砂が採取されたことなどにより著しく減少したことによると考えられる．そして，その"総仕上げ"役を演じたのが諫早湾の締め切り堤防の設置（ここでも干拓のため大量の有明海の海砂が採取されている）と広大な泥干潟の埋め立てと言える．

　これらの干潟や海底の底質の劣化は，生態系間のつながりの視点から見れば，陸域生態系と海域生態系のつながりの断絶の結果生じたと言える．諫早湾の締め切りはその最も乱暴な行為とみなすことができる．このような"里"に住む人間による"つながり"を無視した自然の改変が"有明海異変"の根本的な源であり，里に住む人々の考え方や価値観の修正なしには有明海の根本的な再生は実現しないことに，この問題の根深さが存在する．多くの心ある市民，研究者，そして，何よりも日々の暮しを有明海の幸によって立ててき

た漁業者自身の必死の思いと再生への努力とは裏腹に，有明海は瀕死の海へと向かうことに歯止めがかからないのである．

(a) 宝の海有明海の源は何か

　有明海は二つの意味で"宝の海"であることを述べた．漁業生産にとっての宝の海と生物多様性にとっての宝の海である．そして，それら二つの宝の海は，これまで無関係の問題として別個に扱われ，前者にばかり目がむけられてきた．そこには，特産種の一種や二種が姿を消したとしても人間の生活に何ら直接影響を与えることはなく，それよりも明日の暮しに困窮した漁業者を救済することの方がはるかに重要であり，まず先に解決すべきとの考えが根底にあったからではないであろうか．筆者は，有明海問題の解決に向かって極めて大きな努力がなされてきたにもかかわらず，解決への糸口がなかなか見い出せないままに時間が経過してきた"落とし穴"がここにあると考えている．すでに述べたように，有明海を最も有明海らしく特徴づけている泥の海は，有明海内部で生み出される「内部完結型の仕組み」から生まれ出されるものではないからである．隣接した（生態）系とのつながりを通して生み出されるものである．それは，陸域から主に河川水を通じて不断にもたらされる溶存態の物質と非溶存態の物質の供給とに深く関わる．前者には一次生産に不可欠な栄養塩類や溶存態鉄（二価の鉄）に代表される微量元素類，後者には干潟や砂浜の維持更新に不可欠な砂泥やさらに微細なシルト・粘土粒子などが含まれる．これらが有明海を二つの意味で豊かにしてきた共通の源なのである．

　このことに気づいてか気づかないでか，有明海再生のために干潟に大量の砂が撒かれ，アサリの成育場環境の整備が国土交通省などによって行われている．隣接生態系間のつながりは両者の精巧で絶妙の共同作業として長い年月をかけて成立してきたものである．"生きもの"としての干潟にどこか別の場所から"死んだ砂"を撒いてアサリが持続的に復活するほど単純な問題

ではないと思われる．有明海の生命線ともいえる筑後川には 1985 年に筑後大堰が設置された．ここではこれまでの経験を生かして河川水は堰の下から砂泥とともに下流に流れるように工夫されている．たとえ，それが堰の上流側に土砂が貯まり堰の機能が早晩マヒすることを防ぐためであったとしても，有明海にとっては幸いなことである．しかし，従来有明海に筑後川を通じて流入していた淡水の相当量が大都市福岡に送られているのである．有明海を最も有明海らしくしている源の筑後川河口域への淡水流入量が人為的に減少させられたのである．しかも浮泥の源となるシルト・粘土粒子の供給も，栄養塩や微量元素の供給も減少したことを意味している．とりわけ，渇水時には深刻な問題であり，その累積的な効果に科学的検討を加える必要があろう．

(b) 有明海再生を"森は海の恋人"に学ぶ

　有明海の二つの宝の海の共通の源が明らかになった段階で，果たしてどのような再生の道を提示できるのかが問題となる．その答えは宮城県気仙沼で生まれ，20 年以上の歴史の中で地域（流域）の環境を大きく変え，今なお深化し続けている"森は海の恋人"運動の真髄（畠山 2006）に見い出すことができる．具体的には，流域の住民の環境意識の変化である．この運動と共鳴する「森里海連環学」で言うところの"里"のあり方の問題である．何気なく（何も知らずに）福岡市に暮す人達に，そのために（筑後川から取水するために）有明海の生きもの達に"痛み"を強いていることを知ってもらうことも大変重要なことである．この点に関しては，すでに NPO 法人「筑後川流域連携倶楽部」が"博多も筑後川流域"との考えの下に毎年博多で筑後川フェスティバルを開催している．さらに，筑後川上流の旧中津江村では森と海のつながりを見通して，200 海里の森づくりが進められている．このことにより，ひとりでも多くの市民が筑後川河口域に潮干狩りに来て欲しいものである．このような運動の流域ごとの発展とともに，それらが連携して一層大き

な力を発揮することが求められる．有明海は一大河口域であり，そこには多数の川が流入しているのである．有明海に流入する二番目に大きな川である緑川では「天明水の会」が草の根の活動を続けている（浜辺 2010）．

このような有明海に流入する主要河川における"森は海の恋人"運動（スペインガリシア地方では"森は海のおふくろ"と呼ばれている（畠山 2002））の展開とともに，有明海の将来にとって大変重要な問題は，このままでは有明海は"ノリの畑"になってしまいかねない事態が進行している点である．豊かな有明海の再生への思いを込めて河川流域の住民が意識を変えても，肝心のお膝元の有明海漁民，とりわけノリ養殖業者の意識が変わらないことには豊かな有明海の再生はあり得ないし，"海も含めた流域一帯"の気運は決して生まれないのである．特に大きな問題として指摘せざるを得ないのはノリ養殖の成長促進のために行われる施肥や雑海藻の繁茂を抑えるための酸処理，さらに残った酸や成育不良の海苔の不当な海への投棄問題である．筆者は，今日の有明海異変の根本原因はこれまで述べたように森と海のつながりの断絶であると考えているが，江刺（2003）が指摘しているようなノリ養殖に使用されている大量の酸が海に負の影響を与えている可能性にも目を背けることはできないのである．有明海はひとりノリ養殖漁民だけのものではないのだから．本来はそこに生息する多くの"先住民"である生きものの海であり，その海の恵みをいただいて生活する他の漁師や国民のものでもあり，干潟で潮干狩りを楽しむ多くの市民のものでもあるのだから．生物多様性が保全された海こそ子々孫々受け継ぐべき存在なのである．

(c) "鉄"は有明海再生の切り札か

有明海の高い漁業生産の基盤が高い基礎生産力にある（あった）ことは言うまでもない．それは高い栄養塩濃度に支えられていた．2000～2001 年冬季に生じた養殖ノリの大不作は，珪藻類の一種リゾソレニア・インブリカータの異常増殖により，ノリの成長に必要な栄養塩類が不足した結果と結論さ

れている．このような植物プランクトンと海藻類としてのノリがともに栄養塩類を競合的に奪い合う過程に，溶存鉄が関与している可能性は十分に予測されるが，このような視点で研究が行われたことはない．海藻類の一種としてのノリの葉体の成長に鉄が不可欠である可能性は高く，鉄と炭の混合物を適当な大きさや形にして焼いて固形化した鉄炭混合物（電蝕作用により炭素から鉄に電流が流れ，二価の鉄が水中に溶出する）を有効に活用したノリの増産技術の開発が求められる．さらに，海苔養殖が周辺生態系に及ぼす影響の中で最も問題とされる「酸処理」に際しても，クエン酸やリンゴ酸には酸化した鉄を溶存状態の鉄に変える働きがあり，この原理を活用すれば海苔養殖を効果的に増産に結びつける可能性が高く，酸処理に著しく特化した現在のノリ養殖の"アキレス腱"を克服することができるのではないかと期待される．ノリ養殖の"アキレス腱"と表現したのは，今のようなノリさえ採れれば良しとするノリ養殖のあり方に改善を加えない限り，早晩ノリ養殖自身もできなくなる海に変質してしまう可能性が高いと危惧されるからである．

　もうひとつの重要な課題は有明海漁業とその基盤となる干潟やヘドロ化した海底の再生である．このことに関しては山口県宇部市在住の発明家杉本幹生氏の極めて興味深い実践例を紹介しよう．同氏はもともと農民であり，畑の更新に赤土などを随時補給（客土）して土壌の改良を行ってきた．これは，陸上植物にも不可欠な鉄の補給に他ならないことを見抜いた同氏には，疲弊した海の干潟にも鉄の補給が必要と思い付き，近年里山の手入れが行われなくなり，もうそう竹が繁茂し，大きな問題になっていることをも考慮に入れ，造船所で出る鉄くずと竹炭の混合物をボール状に素焼きして"鉄炭団子"を造った．このみかんサイズの団子をまず自宅の生活排水が流れ出る溝に四つ設置したところ，数ヶ月もしない間に下流の水質と底質は顕著に浄化され，シジミ・カワニナ・メダカなどが現れ出した．次に近くの河川に設置したところ，その直下の堰の下には多数のコイが集まり出したのである．これらの試行をもとに，かつてはタイラギやミルガイなどの好漁場であった河口

域の橋桁に 6 t の鉄炭団子を設置したところ，ヘドロの堆積により軟泥化して貝類が姿を消して久しい海に無数の小型貝類とともにタイラギ，ミルガイ，ガザミなどの大型の漁獲対象生物が現れ出したのである．しかし，大変残念なことに，地元の試験研究機関では，ガザミなどの再現は自然な豊凶のサイクルの結果であるとし，そのことを取り上げ，その効果を調べることはなかった．

こうした中，干潟の再生等に取り組んできた広島大学の長沼 毅准教授が広島市の中心を流れる太田川河口の干潟域に純度の高い鉄と炭素の混合物（練炭状の形態で，キレートマリンとして広島市の日の丸産業株式会社から市販されている）を適当な間隔で配置し，対照区と比較したところ，底質の軟泥状態から砂泥化への顕著な変化が生じるとともに底生動物の出現を確認している．同氏の専門は海洋微生物学であり，溶存鉄がバクテリアを活性化し，軟泥質を構成する有機物の分解が進められた結果との仮説の検証が進められている（長沼 毅氏，私信）．この鉄炭団子の効果は，山口県日本海側の長門市の湾に設置された藻場造成場所での試験現場を潜水視察した京都大学益田玲爾准教授によっても確認されている（益田玲爾氏 私信）．

これらの事実は，有明海の再生には本来森の腐葉土層で生成された溶存鉄の供給が，森の荒廃（人工林化や皆伐）やダム設置によるダム湖での消費，かつては川沿いに存在した湿地帯の消失などにより，減少したことに根本的な原因があり，長期的にはその大元の解消を目指しつつ，待ったなしの現実に対しては"対症療法的"であるにしろ，人為的に鉄を供給して自然の再生能力を引き出し，干潟の再生やより環境に負荷をかけないノリ養殖技術の改善を"順応管理的"（ある仮説のもとに実施した対策の結果を随時適正に評価し，それに応じて柔軟に自然への手の加え方を改善する）に試行する必要性を示唆している．2010 年 10 月 30 日に福岡県柳川市で開催した森里海連環学による第 1 回有明海再生講演会を契機に，漁民・市民・研究者による干潟再生実験が 2011 年 4 月にも佐賀県太良町地先において実施に移され，その追跡結果が

期待される.

(8) おわりに

　今も深刻さを増すばかりの有明海異変に歯止めをかけ，好転へのきっかけをつかむことは海洋国であるとともに水産国である日本が率先して取り組むべき，沿岸漁業と沿岸環境再生のまさに"試金石"と位置づけられる（田中 2010）．とりわけ生物多様性COP10を主催したわが国が避けては通れない道ではないか．この海を再生へ転じることができれば，それは全国で同じような問題を抱え，日夜その再生に努力している多くの人々を元気づけ，わが国の沿岸環境全体が好転する力強いきっかけになるに違いない．これは有明海河口域の生態研究に30年間取り組み続け，今後も体力と気力が許す限り関わり続けたいと願う一研究者の責務でもある．二度と有明海漁民やその関係者の中から自殺に追い込まれる人を出さないためには，このようにすれば有明海は再生するとの"あかり"をともすことが，今一番求められている．こうした"あかり"が見えれば人は当面極めて苦しい状況に置かれていても，希望を持って生きることができるに違いない．

　筆者は幸いにも有明海を主な研究フィールドに研究を続け，愛すべき稚魚達より多くのことを教えられた．そして今までのように縦割りの枠にがんじがらめに縛られた科学ではなく，自然のつながりのままに，人と自然の本来的なつながりのままに，そして現代人が忘れつつある人と人のつながりの大切さを思い出させてくれる新たな統合学問「森里海連環学」の深化を，そのことに導いてくれたこの有明海において実現したいと切に願っている．それが有明海再生につながると確信するに至ったからである．

　折しも，2010年12月6日に福岡高等裁判所において，漁民の訴えを認め，諫早湾閉め切り堤防の開門を国に命じる判決が下され，政府も長い間の論争に終止符を打って上告を断念した．しかし，開門により防災上大きな問題が

生じるとともに干拓地の農業に甚大な被害が出るとする長崎県や諫早市の強硬な開門反対の前に，事態はこう着状態にある．あたかも農業と漁業の対立のような構図が描かれているが，農業も漁業も共に豊かな森の恵みを受けて成立する第一次産業であるとする森里海連環の視点からは，共存する道を開くことは十分可能であり，ここで農業―漁業の連携モデルを生みだし，災い転じて福となし，全国に明るい灯を照らすことを期待したい．

▶▶▶田中　克

第4章

大型構造物による連環の分断と沿岸域

① 河川の公共事業と政策評価
　　── 豊川を事例に ──

「戸倉は水没絶対反対を唱えている筈ですよ」
「そりゃ，そう云うだけだ．もっとも，発電の人にこんなことを云うのはおかしいが，反対した方がよく金がとれるからな」
「かけひきだス」
と，タミという女も口を添えた．
　　　……
「父が云ってたわ．父自身は内心ダムに賛成なんだけど，戸倉じゃ，とてもそれが口に出せないって．だから，物見の旅館の方も，完全にこの叔父さんの仕事ということにしてあるの」
「戸倉の人の気持ちはわかるな．……これまでの公社の調べじゃ，山林あり天恵物ありで，あの戸倉はかなり裕福だ．決して生活に困っていやしない．反対しているのは，決して金をつり上げるためじゃなく，もっと素朴で，純粋な気持ちからなんだ．あの戸倉に住んでいたら，そんな汚

れた打算的な気分になれないんじゃないかな」

(城山三郎『黄金峡』，1960 年，講談社文庫版 16〜19 ページ)[1]

(1) はじめに

　人間は自然に手を加えて生活を営む．安心して居住するための治山・治水は古くからの人間の知恵であり，時に荒々しい自然への適応手段であった．あるいはまた，経済社会が自然の力を利用するための人工構造物は，経済発展に欠かすことのできない電力・動力の確保や，雇用の創出，乗数効果を通じた経済成長といった役割を担い，戦後わが国の経済情勢において重要な位置を占めるものであった．

　しかしながら，現代の技術進歩により，あるいは事業の大規模化により，こうした人的行為が自然に与える威力は相当なものになった．その結果，失われる自然のダメージもしばしば甚大なものとなった．特に，大規模な公共事業は自然に対してしばしば不可逆的な打撃を与える．こうしたことから，公共事業を行う際には環境影響を評価することが必須とされた．1997 年に環境影響評価法（環境アセスメント法）が定められ，大規模事業（第一種事業）については環境影響評価が義務づけられた．最近では，2007 年に環境影響評価が対象とする個別の事業よりも上位の段階で政策を対象とする戦略的環境アセスメントについてのガイドラインが策定され，2010 年には環境影響評価法の今後の在り方を示す答申が提案された．

　このように，公共事業における環境破壊が真剣に考慮され始めたことは，環境管理に向けた重要な一歩である．次なる課題は，人間の営みというものは多かれ少なかれ環境破壊を伴って成り立つものである事実を踏まえて，人

---

[1] 引用文中の「戸倉ダム」は小説内のフィクションであり，平成 15 年 12 月 25 日，関東地方整備局事業評価監視委員会における対応方針原案の審議を経て国土交通省により建設事業が中止された戸倉ダムとは関係ない．

的行為に付随する環境影響を正しく把握し，経済活動といかに平衡を保つかという点である．

一般に，環境のような公共性のある対象を市場によって管理することは難しい[2]．それゆえ，こうした場面では，政府のような公共機関の果たす役割が期待されることになる．しかしながら，公共機関も失敗を犯さないとは限らない[3]．こうした失敗には様々な類型が存在するが，一例として「無駄な公共事業」が想起されよう．本来，公共事業は「社会」の状態を「よく」するために行われるが，「社会」の捉え方，ならびに「よい」状態のとらえ方次第で，評価は大きく変わってしまうものである．たとえば，「社会」を捉える際に，一部の利害関係者にフォーカスが偏る場合がある．このとき，ある政策／プロジェクトが一部の人々にとっては望ましいが，社会全体にとっては望ましくない，ということが生じる．すなわち，社会全体としてみたら無駄と判定されるべき事業について，誤った政策評価がくだされる場合がある．別の例として，社会変化の一部の要素，たとえば経済効果だけ取り出して，環境負荷や地域格差格の助長といった別の要素を無視して判定してしまった場合も，誤った政策評価につながってしまう．いうまでもなく，利害関係者としての立場の相違から，公共事業の是非に関する意見の対立は当然生じる．本章冒頭の引用は，そうした双方の立場に思いを馳せたときの葛藤を表現した部分から引いている．

個人により意見・評価が異なるという明らかな事実を踏まえたうえで，政策が有効であるか無効（無駄）であるかを判定する基準はどのように定められるだろうか．難問である．社会変化の善し悪しを判定するには非常に複雑で難しいプロセスを経て議論される．そのプロセスの重要な一部に，経済的

---

2) 市場の失敗と呼ばれる．ただし，所有権を適切に設定したり課税等により価格を適切に調整したりして市場の機能を有効に利用するタイプの環境管理の方法もある（eg. 環境税，課徴金制度，二酸化炭素等の排出量取引制度）．
3) 市場の失敗に対して，政府の失敗と呼ばれる．

効率性の考慮が位置付けられる．ここでは，主に経済学的な観点から公共事業や公共政策の評価について考察し，ダム開発事業を例に，政策評価の経済学的方法を提供することを目的とする．

(2) 費用便益分析と公共事業・政策評価

　公共事業の実施を検討する際，費用便益分析あるいは費用効果分析がしばしば求められる．米国ではダム事業を含めた水管理事業など大規模な公共事業を行う際にはその実施が義務づけられている．わが国においては，いまだ実施事例も十分に揃っていないが，多額の公的資金を投入し，環境や生態系など公共物への影響も甚大であることから，事業の実施に前後してその経済的効率性を検討する試みもなされている．

　次の小節で費用便益分析の理論枠組みを詳しく解説するが，考え方は極めてシンプルである．すなわち，事業に伴って得られる便益 (Benefit) の大きさと，それにかかる費用 (Cost) の大きさを比較し，便益が費用を上回ることをその事業の実施要件とするのである．ここで重要なのは，便益と費用に数え漏らしがあってはならないことである．とはいえ，すべての便益と費用の項目を完全にリスト化することは極めて難しいうえ，それを定量的に評価することは事実上不可能である．費用便益分析が政策実施を検討する際に有用となるには，少なくとも，主要な項目が適正に数え上げられていることが求められるであろう．たとえば，ダム事業の費用項目には土地取得費用，構造物建造費用といったダム建設費や，人件費，光熱費，メンテナンス費といった維持管理費用など直接支払いに関連する項目が直ちに挙げられるだろう．しかしながら，ダム事業の費用はこれだけでなく，空間的に離れた地点で発生する農林漁業に損害が発生した場合は，それも費用として計上すべきであるし，社会的な費用という意味では，周辺環境や生態系の破壊も費用項目として計上されるべきである．通常，こうした項目における変化は市場メカニ

表1 費用・便益項目の一例

費　用	便　益
建設費用（土地取得，建造，…）	発電
維持管理費用（人件費，光熱費，メンテナンス，…）	利水
林業・漁業への影響	
地域共同体の破壊	治水
生態系破壊	観光・地域振興
環境破壊	

ズムでは直接支払いを求められないものであるため，「市場の外部性」と呼ばれる．何もしなければ，経済行為において市場外部性は無視されるため，社会的効率的な取引量が実現されない．すなわち，外部性の存在は，「市場の失敗」の一つの原因である．

　費用項目をすべて計上するのが難しいことは，便益項目の計上についてもまったく同様にあてはまる．ダム事業で直ちに挙げられる便益は，発電や利水，治水の便益であるが，観光や地域振興などの効果が生じる場合は，それも便益として計上する必要がある．こうした洪水抑止機能などは，市場サービスとして取引されるわけではないので，これも市場の外部性の一種である[4]．

　費用・便益に関する重要な項目が欠落している場合は，その費用便益分析の社会的意味を損なうものである．重要な項目が含まれているかは，自然科学的な環境影響評価だけでなく，人文科学，社会科学的な評価視点を欠かすことができない．さらには，幅広い分野の研究者だけでなく，行政，市民，その他ステークホルダーによる慎重な討議が求められる．

---

4)　経済学では，負の外部性のことを「外部不経済」「外部負経済」「外部コスト」，正の外部性のことを「外部経済」「外部便益」などと呼ぶ．いずれの外部性がある場合でも，市場メカニズムは最適解に導かない．

(a) 費用便益分析の理論的基礎

上述したように，費用便益分析の考え方は非常にシンプルである．しかしながら，その理論的背景を踏まえておくことは，費用・便益の意味するところや，計上の仕方に関する理解につながるだろう．この小節では，経済学が展開してきた費用便益分析の定式化を確認する．

費用便益分析は，政策やプロジェクトによって生じる状態変化についての評価基準を提供する．ある変化によって得られる便益を B，その変化にかかる費用を C とおいた場合，

$$B - C \begin{cases} > 0 \cdots\cdots\text{①} \\ = 0 \cdots\cdots\text{②} \\ < 0 \cdots\cdots\text{③} \end{cases} \tag{1}$$

を計算して，①の場合はその変化は社会的に望ましいものであり，その政策・プロジェクトを実施すべきと判定する．一方，③の場合は望ましくないものであり，その政策・プロジェクトは中止すべきであると判定する．

この定式化の変形として，費用1単位あたりの便益を政策判断に用いることもある．すなわち，B/C を見て，この値が十分に大きいか検討したり，この値の大きい順に予算の許す範囲で政策を実施することが検討される[5]．B/C の大きさを評価基準とする場合，費用効果分析と呼ばれることがある．

費用便益分析であれ，費用効果分析であれ，最大の問題は，便益および費用をどう定義し評価するかということである[6]．ここには必然的に価値評価

---

[5] 2010年の民主党による政権交代の直後，これまで計画されていた公共事業の効果が厳しく再検討された際も，この B/C が焦点となったことは記憶に新しい．

[6] 岡（2004）では，費用効果分析を用いて政策間比較を行う場合は，便益評価に不安定性が存在してもそれは各政策において同方向のバイアスとして生じるはずだから，費用便益分析よりも頑健性が高いとしている．実際，岡（2002）の研究では，便益評価が不安定である場合でも費用効果分析が安定的な結果を導くことを実証的に示している．しかし，このことは同一目的の政策を評価する場合に限られ，目的を異にする政策を取捨選択する場合にはやはり評価問題が決定的となろう．

が含まれていることが，自然科学的評価と異なる点である．すなわち，状況変化の「よさ」を，費用と便益という貨幣単位へ変換するときには主観的価値観が入り込まざるをえず，度量衡のような客観的単位で測定した数値をそのまま用いることができないのである．そこでこの主観的な貨幣換算を理論的に基礎付ける際に，経済学では「効用」という概念を援用することになる．

効用とは一種の満足の度合いであり，人々は財やサービスの消費から効用を得る存在であると想定される．多くの財を消費できればそれだけ効用は高くなると考え，効用は財の量についての関数であるとみなす．個人 i が消費できる財・サービスをベクトル X_i で表記すれば，このときの効用は

$$U_i = U(X_i)$$

と書ける．この考えを拡張して，個人の効用は市場財 X，所得 Y，ならびに公共財 Z から効用を得ると仮定すれば，

$$U_i = U(X_i, Y_i, Z)$$

となる．Z に添え字 i が着いていないのは，公共財的性質（非排除性）を表わしている．これに基づいて，状態変化に伴う効用変化を考える．政策／プロジェクト実施前の状態を 0 で表わし，実施後の状態を 1 で表わして，状態変化に伴う効用変化を考えよう[7]．仮に，状態変化の後で効用が増加する（この人にとって，この変化は「よい」変化である）ならば，次のような不等式が成り立つ．

$$U_i^0 = U(X_i^0, Y_i, Z^0) < U(X_i^1, Y_i, Z^1) = U_i^1$$

この変化に対する個人 i の貨幣評価は，この効用増加をちょうど打ち消す所

---

[7] 「状態」とは，ある時点における財の量や価格，あるいは環境の質といった社会状態・生活水準を規定する要因の集合の一般的表現である．ただし，後の理論展開のために，所得変数 Y は状態変化から分離したものとする．

得変化で測定される．すなわち，

$$U_i^0 = U(X_i^0, Y_i, Z^0) = U(X_i^1, Y_i - CS_i, Z^1) \quad (2)$$

この等号を成り立たせる所得の減額 CS のことを補償余剰 (Compensation Surplus) とよぶ．これはこの事業を行うために最大限支払ってもよい額という意味で，「支払意思額 (Willingness to Pay: WTP)」ともいう．逆に，状態変化 $X^0 \to X^1$ によって効用が低下してしまう (この変化は「わるい」変化である) 場合，(2) 式の等号を成り立たせる CS は負であり，これは所得補償を意味する．この場合，事業を行うことを受け容れるために最小限必要な額という意味で，受入意思額 (Willingness to Accept: WTA) と呼ばれる．

ところで，公共事業を実施するにあたって，社会のすべての個人の CS が正（あるいは負）となることは考えにくい．通常は利害が対立するものであり，これは要するに CS の符号が個人によって異なるということを意味する．このようなとき，社会全体としていかなる判定を下すかについて，経済学がしばしば援用する基準が，潜在的パレート基準（カルドア基準）である．すなわち，この状態変化によって効用の増加を獲得する個人が，効用の減少を被る個人に十分な補償をしてもなお効用の純増が残る場合，その変化を是とするものである．端的に表記すれば，社会の構成員についての総和をとって純便益 (NB) を考え，

$$NB = \sum_{n=1}^{N} CS_n \begin{cases} > 0 \cdots\cdots ① \\ = 0 \cdots\cdots ② \\ < 0 \cdots\cdots ③ \end{cases} \quad (3)$$

①の場合は，この変化は社会的には望ましいものだから実施するべきであり，③の場合は望ましくないものであるから実施すべきでないことになる．

さらに，状態変化によって純便益の将来流列が変化する場合は，適切な割引率 δ を用いて割引純便益 (Discounted Net Benefit: DNB) で判定する．割引純

便益は,

$$DNB = NB_0 + \frac{1}{1+\delta} NB_1 + \frac{1}{(1+\delta)^2} NB_2 + \cdots$$

$$= \sum_{t=0}^{\infty} \frac{1}{(1+\delta)^t} NB_t$$

と計算される.ただし NB は純便益 $(B-C)$ を表す.

こうして実施される費用便益分析は効率性の基準であって,それ以外の要素を含むものではない.したがって,誰が便益を享受して誰が費用を負担しているかといった便益と費用の分布,言い換えれば公平性の基準ではない.本章第一節で,政策/プロジェクトは複雑なプロセスを経て決定されると述べたのは,決して費用便益基準だけで実施が決定されるのではないという意味である.しかしながら同時に,重要な評価基準の一つでもあることはたしかである.

(b) 費用便益分析の事例

ここまで概説した費用便益分析の基礎的枠組みと,実際に行われている費用便益分析とを比較してみよう.2009年の政権交代の直後,大規模な公共事業が再検討された際に,設楽ダムもまた見直し対象となった.設楽ダムは,総貯水量 9800 万 m^3 の多目的ダムであり,豊川水系の安定的な水供給や治水などを主たる目的として1973年に建設計画が発表された.しかし,建設に反対する声も非常に強く,未着工のまま時間が経過している.環境影響評価や,ダム建設の効果についての評価に不明確な部分や合理性を欠く部分が少なくないことが合意に至らない要因となっている.

わが国のダム事業の費用便益分析マニュアルとして,「治水経済調査マニュアル」が存在する.ここでは,治水施設の整備による便益として考えられるものとして,

(1) 水害によって生じる人命被害
(2) 直接・間接の資産被害の減少によって生じる可処分所得の増加
(3) 水害の減少による土地の生産性向上
(4) 治水安全度の向上に伴う精神的な安心感

の四つを挙げ，そのうち (2) だけを算定するとしている[8]．一方で，治水施設整備の費用には，便益を生み出すために必要な治水施設の整備および維持管理に要する費用を挙げている．純便益の将来流列の割引率には，4％を適用し，評価対象期間は 50 年を想定している[9]．純便益計算の詳細は本マニュアルを参照されたいが，計算において様々な前提・仮定がおかれている．こうした諸仮定は実務上避けられないことではあり，推定における技術的な向上を待つほかないが，費用・便益して計上されている項目が十分であるかについては検討を要する．便益については，実際には測ってはいないが潜在的な便益も提示されているが，費用項目として計上すべき環境破壊，生態系破壊などの外部不経済については考慮されていない．

このマニュアルに基づきながら，設楽ダムを事例に，総便益は 4530 億円，総費用は1598 億円で，純便益は2932 億円，B/C は 2.8 とした試算結果は議論を呼んだ．特に，環境保全名目で建設費用の一部を便益に組み入れたことが多くの批判を招いた．この種の争点は，環境保全のような効果の算定が難しい項目についてしばしば現われる．環境保全効果という評価のしにくい外部性の取り扱い次第によって，便益・費用の計算結果が大きく左右されてしまうのである．また，設楽ダムでは環境保全効果の計上が問題になったが，ダム建設によって損なわれる環境・生態系価値をコストに計上しないこともまた潜在的な問題として指摘できよう．こうした計算方法は，他のダムでもしばしば適用されていると言われている．こうした費用便益分析の現状は多

---

[8] その他の様々な便益や負の便益となる外部不経済は治水経済調査では行わず，別途総合評価等において考慮するとしている．
[9] 税制上の法的耐用年数は，堤防は 50 年，ダムは 80 年である．

分に問題含みであり，現在提示されている結果をそのまま受け容れることは危険であろう．便益・費用の項目として何が計上されているのか，その計算方法はいかなるものであるのかを再確認することが求められる．そして同時に，便益・費用を妥当に計上するための手続きを再構築することが必要となる．その際，環境や生態系といった外部性の評価が議論の中心となるだろう．

(3) 環境の経済評価と市民参加

(a) 環境の価値と評価手法

環境や生態系といった外部性をいかに評価するかは，従来の課題であった．こうした要請に応えるために，環境評価手法と呼ばれる経済分析が盛んに行われてきた．

環境サービス（の多く）は市場を介さず人間福祉に貢献する「価格のつかない価値物」（植田，1996）であるため，経済行為においては何もしなければ環境に関する費用（あるいは便益）の情報は無視ないし軽視される傾向にある．これに対して，過去40年間にわたって，環境経済学における環境評価論では環境の価値を推定するための手法を発展させてきた．

まず，環境の機能や価値とは何を指しているのだろうか．環境の機能は，一般に，①自然資源基盤，②アメニティの供給，③廃物の同化・吸収，④生命サポートシステム，の4点として定式化される（植田 1996）．これらの機能を価値として認識するにあたり，その性質から分類して理解することは有用であり，Turner et al. (1994) は，環境の経済価値を，一般的に次のように定式化した．

総経済価値（*Total Economic Value*）
　　　＝利用価値（*Use value*）＋非利用価値（*Non-use value*）

利用価値には，実際に利用して得られる価値（Actual use value；直接利用価値）のほかに，将来の利用のために保持する価値（Option Value；オプション価値）がある[10]．非利用価値[11]とは，その環境を全く利用しないにもかかわらず，それに価値があると感じるときに認められるものである．なかでも，それが消失することを「損失」と感じる場合に認められるのが存在価値と呼ばれるものである．存在価値が経済価値であるか否かの論争は尽きないが，できることなら無くならないでほしいと願う人間感情に基づいている[12]．また，自分は利用しないが，他人のために在ったほうがよいと感じる場合，利他的価値（その他者が同世代の場合）ないし遺贈価値（将来世代の場合）と呼ばれる．これらは，図1のようにまとめられる．

このように，環境は多面的な諸価値を有しており，しかもそれらの多くは市場で取引される性質のものではなく，通常の経済行為においては外部性として現われるものである．このために，市場における経済評価ではゼロないし不当に安いものとして取り扱われ，その結果，環境の過剰利用が発生する．社会的費用便益分析においては，こうした歪みをなくすために妥当な評価を行わなければならない．

こうした環境を評価するために開発された手法は大きく二種類のアプローチに分類され，それぞれ顕示選好法（RP; Revealed Preference Method）ならびに表明選好法（SP; Stated Preference Method）と呼ばれる．それぞれ利用するデータおよび評価する対象が異なり，図2のようにまとめられる．図2は，利

---

[10] オプション価値については，利用価値と非利用価値の中間に位置づける論者もいるが，ここではTurner et al. (1994) をはじめとする多くの文献に見られるように，利用価値のひとつに位置づける．
[11] 受動的利用価値（Passive use value）とも呼ばれる．
[12] 冒頭で引用した小説でも，登場人物の一人照子が次のように述べるくだりがある．「いよいよ沈んでしまうのね．わたし，この頃,急に惜しくなっちゃって……．やっぱり戸倉はそのままそっとしておきたかったわ．住む気持もないくせに，勝手ね」（講談社文庫版の176ページ）．これはダム開発に伴っていよいよ沈みつつある村や村の歴史・文化・習俗に対して，自分は主体的に関わる身ではないがその存在自体に価値を見出しての発言である．

図1 環境経済価値の分類
〈Bateman et al.(2002)から作成〉

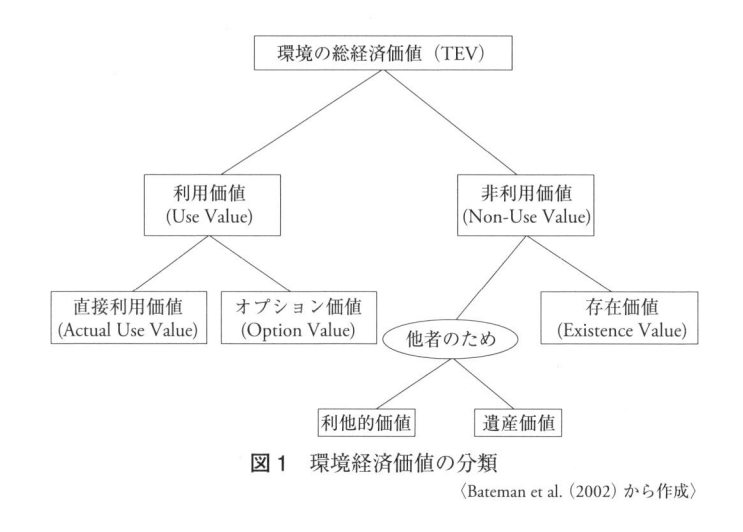

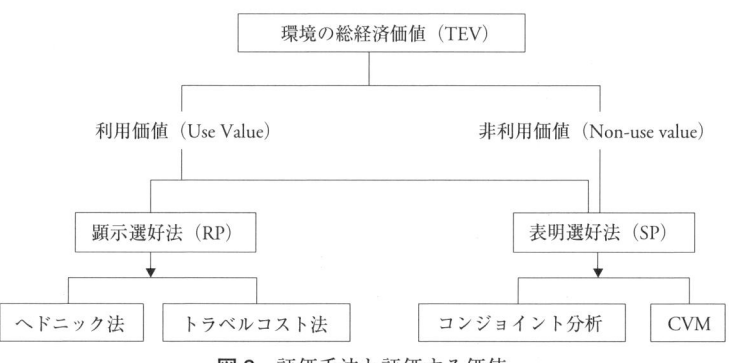

図2 評価手法と評価する価値
〈出典 Bateman et al.(2002)から作成〉

用価値はRPでもSPでも評価可能であるが，非利用価値はSPでしか評価できないことを示している．

経済学において先に発展したのは，顕示選好法である．代表的な顕示選好法には，ヘドニック法とトラベルコスト法がある．ヘドニック法は，Rosen (1974)によって確立され，財を多属性に分解して，属性ごとに評価するい

わゆる特性アプローチを採用している．トラベルコスト法は，Mäler (1974) によって厚生経済学的な理論枠組みが付与され，レクリエーション地などを訪れるときに要する直接・間接の費用をもちいて，レクリエーション利用の余剰を推定し，それをもってレクリエーションサービスの価値評価とするものである[13]．これら顕示選好法は，市場で観察された消費者の振る舞いから，需要曲線を推定し，そこから余剰（WTP）を測るものである．具体的には，土地・賃金・旅行費用等の市場データを基礎として分析を行うものであり，そのため，データに関する客観性・信頼性が高いというメリットがある．しかし，ここで注意しなければならないのは，非利用価値を推定できないことである．環境評価の実践において，非利用価値が利用価値を遥かに上回るケースがしばしば観察されている（Hausman 1993）ことを考えると，顕示選好法によって測られた環境の価値について，何が測定され，何が測定されていないのかについて細心の注意が払われるべきであろう．また，利用価値を測るにしても，現実行動としての市場取引にかかわる対象しか扱えず，新規の財・サービスや，いまだ実現していない状態を評価する際には，大きな制約があると言わざるを得ない．

　この問題に対応するために今日利用されているのが，表明選好法である．表明選好法には仮想評価法（CVM; Contingent Valuation Method）とコンジョイント分析がある．これらは近年の環境評価において，とりわけ発展の目覚しい手法である．CVMの歴史は比較的古く，60年以上前に研究が始まっているが，その手法的発展の契機は，1989年のエクソン＝バルディーズ号事件およびオハイオ裁判である．エクソン＝バルディーズ号事件とは，アラスカ沖で座礁したエクソン社のバルディーズ号から大量の原油が流出し，深刻な海水汚濁や沿岸レクリエーション地の破壊などをもたらした事件であり，その損害賠償額を算定するにあたり，非利用価値を含めるか否かで大論争を引

---

13) 庄子・栗山 (2005) に詳しい．

き起こしたものであった．オハイオ裁判は，スーパーファンド法[14]における損害評価の手続きに関する内務省のルールを巡って，オハイオ州政府および環境保護団体と産業界側とが争った裁判であり，評価対象を非利用価値まで範囲を広げるとともにCVM適用の妥当性を判決として下したものである．その後，1993年にアメリカ商務省国家海洋大気管理局（NOAA; National Oceanic and Atmospheric Administration）によってCVMの有効性を認める結論が出され，非利用価値の認知がさらに進んだ．1989年からのこれら一連の事件を経て，非利用価値を推定する手法として表明選好法が大きく発展するに至った背景がある．この手法は，ダム建設やダム撤去に関する事業評価に適用されており，米国エルワ川を事例にした Loomis (1996) や，松倉川を事例にした栗山 (1997) などがある．

その後は，偶然の事故時だけに限らず，環境や生態系に大規模な影響を及ぼす事業については，環境の非利用価値の取り扱いが検討されるようになった．また，ミレニアム生態系アセスメントで提示された「生態系サービス」の中で，直接利用価値以外の様々な価値が位置付けられたことも，生態系破壊を評価する際の重要な指針となった．社会的費用便益分析は，理念としてはすべての費用と便益を計上することが求められ，この中には生態系サービスへの影響ももちろん含まれるのである．

多面的な環境価値を測定するために，コンジョイント分析と呼ばれる多属性評価モデルも目覚ましい発展を遂げている．コンジョイント分析は，環境

---

14) 正式名称は「総合的環境対策，補償および責任に関する法律（CERCLA; the Comprehensive Environmental Response, Compensation, and Liability Act of 1980）」であり，ラヴ・キャナル事件を契機としている．要点としては，
・有害廃棄物を全く排出しなかった企業でも，課税最低限所得が200万ドルを超えていれば不適正処分地浄化のための財源調達としての環境税が課税される．
・厳格責任，連帯責任，遡及責任が採用された．過失がなくても浄化の責任はあるし，汚染の寄与度分だけではなく連帯責任でそれ以上の負担をさせられる．過去にさかのぼっての責任も問われる．
などがあり，極めて厳しい環境責任ルールである（植田 1992）．

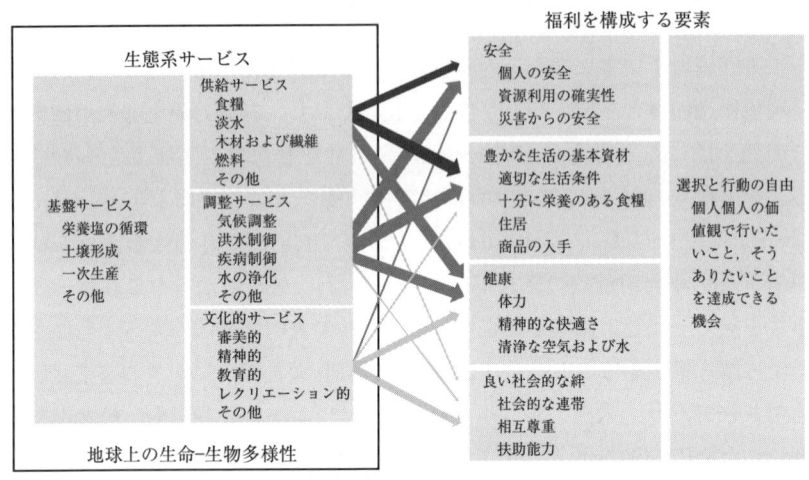

図3 生態系サービス
生態系サービスと人間の福利の関係
〈出典：ミレニアム生態系評価報告書〉

にインパクトを与える政策／プロジェクトについて，属性ごとに評価することができるため，政策の多様な側面の分析に適していると考えられる．コンジョイント分析を用いた生態系評価の事例は多数蓄積されてきている．これらについては，坂上・栗山 (2009)，吉岡 (2009) の第5章，Kontoleon et al. (2007) の第13章，14章などに詳しい．

(b) 市民のかかわり

これまでの公共事業評価は，主として専門家と行政担当者によって行われてきており，市民の意向（選好）が評価に直接反映されるものではなかった．これは，環境影響評価の手続きにおいてもあてはまる．環境影響評価は，主

として自然科学者や専門家によって物理的な単位で評価が行われるものであり，評価された数値に対して社会・経済的な価値付けを与えるものではない．

それに対して，環境の経済評価の目的は，市民の「選好」に基づいて，環境影響を評価することにある．この評価結果は，明らかに市民によって左右される．市民の選好が，環境保全を重視するものであれば，環境への打撃は大きく評価され，従ってその事業の実施は妥当性を持ち得なくなる．逆に，市民の選好が環境を犠牲にした経済成長重視であれば，環境破壊を伴う事業でも妥当性をもつものとなる．

上述した効用関数を規定する市民の選好は，ときに不安定なものである．しかるに，費用便益基準に基づく事業評価の核心は，環境影響に対する市民の重み付け（価値付け）の仕方にある．従って，評価主体としての市民の責任は大きい．費用便益基準で事業評価を行うとき，意思決定主体たる市民はつねに責任を伴って関わりをもつことが求められる．また自然科学者や専門家は，市民が責任ある評価を行うための基礎情報を，分かりやすく提供しなければならない．

(4) おわりに —— 公共事業と環境・地域の調和

豊川に設楽ダムを建設するにあたって実施された環境影響評価における項目は限られたものであり，市民と行政が将来世代への責任をもって意思決定を行うにあたっての情報としては十分ではなさそうである．たとえば，地域の重要な資産である河川漁業などへの影響は確かめられておらず，アユの遡上問題など解決されていない心配が数多くある．また，水利用を巡って農家と漁業者，そして地域住民，日本国民がいかに便益と費用を分かち合うかという難しい問題も残っている．公共事業は経済的効率性のみで決まるものではなく，公平性や将来への持続可能性も重要な要因であるため，環境と地域

の調和ある発展に資するものであるかが確かめられなければならない．大規模な公共事業は不可逆な影響をもたらすものであるため，拙速な事業の実施は慎まれなければならない．

　また，公共事業を実施する際に，局所的な範囲で評価を行うのではなく，空間的な連環も考慮に入れる必要がある．たとえば，上流に建設されたダムは，水流や砂流を変化させて下流に影響を与える．こうした離れた地域の影響も，事業の社会的評価には当然考慮されるべきである．たとえば，豊川はアユの稚魚の重要な供給源であるが，これまでのダム建設によってそれが減少した可能性が観察されている．ここに，さらに巨大なダムが建設された場合，減少がさらに加速することが予想される．しかるに，現状の評価手続きにおいては，こうした事象は考慮されていない．

　本章で繰り返し強調しているように，費用・便益の数え漏らしがあると社会的評価としての妥当性はどんどん損なわれる．数え漏らしの多くは，市民の声を聞くことによって補完される．大規模事業は不可逆な影響を及ぼす．したがって，市民との十分な対話，そして市民の責任ある意思決定が，環境と地域を調和させる公共事業を実現するのである．

▶▶▶ 佐藤真行

② 古座川・七川ダム・串本湾から考える森川里海の連環

(1) はじめに

　海洋生態系と陸上生態系との密接な連環に関する社会的な関心が近年高まって来ている．漁民が植林を積極的に行っていることは象徴的である．しかし，森林と海洋との河川を通した連環は科学的に十分明らかになっているとは言えない．京都大学では，地球環境問題の研究を推進する3本柱のひとつとして，平成15年度にフィールド科学教育研究センターを設立したが，本センターではこの森里海の連環学に正面から取り組もうとしている．

　治水ダムは，水害の防止としての社会的役割を果たしてきたが，逆に河川の水量の減少とそれに伴う水質の変化が河口域生態系に負の影響を与えていると言われる．また豪雨時に行われる放水は，河川から河口域への淡水の流入量の急速な増加につながり，河口域の水中および海底の海洋環境に深刻な影響を及ぼしていると考えられる．わたしたちは，古座川をモデルフィールドとして，このダム建設という陸域の人間活動と沿岸海域環境との連環について，研究を進めてきた．

(2) 古座川の概要

　古座川は，本州最南端を流れる二級河川であり和歌山県東牟婁郡古座川町および旧古座町（現串本町）の2市町村をまたぐ．平均流量 2940 m^3/秒，流路延長 56.0 km，流域面積 360 km^2 である（図4）．古座川水系は大きく二つの河川で構成される．すなわち本流と支流の小川（こがわ）である．両者は下流から 2.3 km の地点で合流したのち串本湾にそそぐ．両者の流域は地質

第4章 大型構造物による連環の分断と沿岸域

図4 古座川の特徴．本流と小川という主要な支流があり，本流の上流域に七川ダムというダムがある．河口は串本湾の湾口に位置している．

的によく似ており（地質調査所 1982），また流域の人口が少ない（総務省統計局 2005）ので，人為的な環境影響はほとんどないと言ってよい．

本流には河口から 27 km 上流に七川ダム（堰高 58.5 m，堰頂長 154 m，湛水面積 1.8 km^2，集水面積 102 km^2，総貯水量 3080 万 m^3）がある．このダムは治水を主たる目的としているが発電も行っている．

河川の環境を考えるうえでダムの問題というのは重要である（Wu et al. 2003）．感覚的にはダムが流域・海域に対し多大な影響を与えることは明白であるが（加藤真 1999；松永勝彦 1993），そのメカニズムおよび因果関係等は十分には明らかにされているとはいえない．しかし平時にダムの下流にあたる本流の水と小川を流れる水とを比較すると，前者には大量の懸濁粒子が含

古座川・七川ダム・串本湾から考える森川里海の連環 | 2節

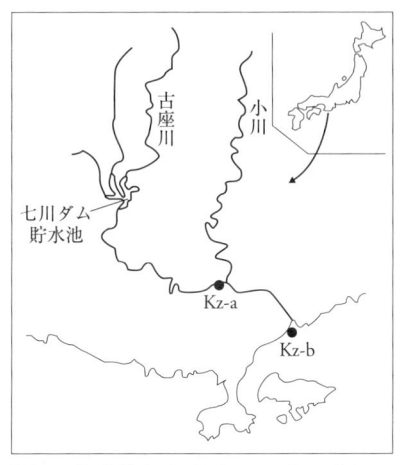

図5 古座川におけるメモリー式センサーでの観測地点および七川ダム貯水池の位置

センサー設置地点 (Site Kz-a, 本流潜水橋; Site Kz-b, 河口沖黒島西側).

まれ，明らかに濁りがあるのに対し，小川の水は清浄で濁りはほとんど見られない（図5）．この事実と，他の人為影響が少ないこととを考え併せると，ダムの存在が河川水の水質に影響を及ぼしていることを示唆している．また地元住民によればダム建設から50年を経た現在，古座川を取り巻く環境は以前とは大きく異なっている（清流古座川を取り戻す会会長　水谷誠，私信）．

古座川の集水域はしばしば集中豪雨に見舞われるため，七川ダムの治水機能は重要である．しかし，ダム施設を守るための緊急放流が原因となって，下流域および河口域（串本湾）の生態系に重大な影響を及ぼしたと考えられる事例が，過去に複数ある．例えば，平成13 (2001) 年には，串本湾において養殖されていた大量のマグロが七川ダムの放水の直後に死亡し，因果関係が強く疑われている．そこで，われわれは七川ダムの放水というイベントが河川や河口に当たる串本湾の海洋環境へ及ぼす影響にも注目した．

(3) ダムの放水と河川および河口域環境との関係

(a) ダムの放水が河川環境に及ぼす影響

　個々の河川にはそれぞれの性格があり異なった地質的・気候的背景をもつため，環境の善し悪しを述べる前にまずは古座川の基本状態を把握することが不可欠である．瀬戸臨海実験所の古座川研究チームは，古座川本流が小川と合流する前の Site Kz-a (本流潜水橋) および河口沖 (Site Kz-b) にセンサーを設置して (図5)，水温・濁度・塩分について，長期のデータ収集・分析を行った．センサーは Alec 社製 COMPACT-CLW, COMPACT-CTW を使用し，水温・濁度・塩分 (塩分は Site Kz-b のみ) を測定した．測定はインターバル10分で実施し，可能な限り月1回本体を回収してデータの収集を行った．計測期間は，断続的ではあるが，2005年から2009年までの5年間にわたっている．

　この研究で最も注目したのは，平常時と降雨などのイベント時の比較からダム放水が河川および河口域の水の濁度へ及ぼす影響である．一例として，2005年5月24日〜12月20日にかけてのデータを詳しく見てみる (図6)．

　この年は，大雨に付随して七川ダムは7月上旬・8月上旬・9月上旬と3回の放水を行った．特に大規模な放水があったのは，7月の上旬だった．その他にも数回放水量が平常時より大きいときが6月下旬と8月下旬にもあった．このようなダムの放水と，河川水の濁度との関係をみると，6月下旬・7月上旬・9月上旬の放水時には，いずれも濁度の上昇がみられたが，7月下旬と8月下旬の放水時には，濁度が上昇することはなかった．

　水温を細かく見ると，夏期は大雨が降ると水温が下がるという相関がみられるが，秋以降はそのような関係は見ることができなくなった．また秋以降しばしば，濁度が大きくなったが，降雨と関連があったのは，11月上旬の1回だけで，それ以外の濁度の上昇は降雨との関係は見ることができなかった．

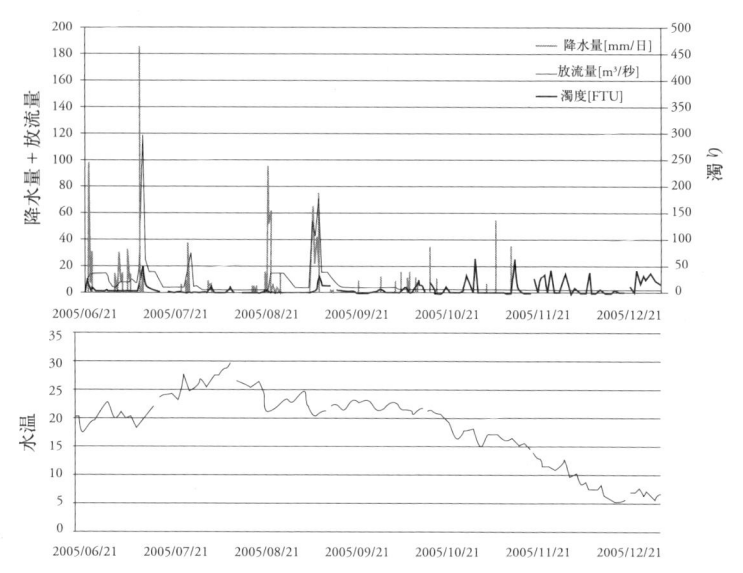

図6 2005年6月から12月の古座川潜水橋での水温・濁度の変化と,七川ダム周辺の降雨量・七川ダムの放水量の変化

　これらの結果からは,ダムの放水が河川水の濁度の上昇の原因となることもありうるが,それだけが原因というわけではないという,あいまいな結論しか得ることはできない.

(b) ダムの放流と海洋環境との関係

　ダムの放流が,海洋環境に影響を与えているかどうかを,センサーの計測結果から考察してみる.図7は,2005年7月9〜10日に古座川の集水域で非常に強い雨があって,ダムが最大で毎秒200 tの放水をした時の,潜水橋の河川環境のデータである.この結果をみると,ダムが最大の放水量に達してから2時間ほどして,潜水橋を流れる河川水の濁度が最大値に達している.ダムから放水される水の濁度が高ければこの結果は容易に説明できるが,最大の流量になったこと自身が濁度を高くする原因であるとも考えら

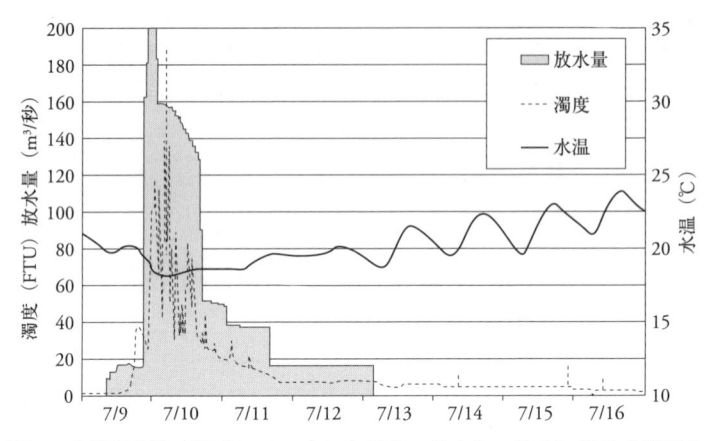

図7 古座川本流中流（Site Kz-a）における7月上旬の放水に伴う水質変化
七川ダムの放水量（■），濁度FTU（点線），水温℃（実線）を10分間隔で測定した．2005/7/9〜16の8日間の連続データ．ただし，放水量は7/9〜7/13のデータのみ表示．

れ，因果関係は必ずしも明らかではない．

　7月11日の午後には，ダムの放水量は正常に戻っている．しかし濁度の高い状態は7月16日になっても依然続いていた．水温のデータは大変興味深く，7月12日から日周変動がみられるようになり，その値は次第に上昇している．日周変動は太陽により河川水が温められているのが原因と考えられるが，放流量がおおく，すなわち川の流量が大きい間は，太陽の日射の影響があまり反映されていないようだ（もちろん天気が悪かったことも影響している）．

　この大雨の影響を河口域の環境についてみてみると（図8），7月10日の午前4時ごろに，塩分濃度が極端に低い状態になっている．この時間は，七川ダムの放水がピークとなった時間の3時間ほど後で，ダムからの放水が河口域に到達し，河口の海洋環境にまで大きな変化をもたらしたことを示唆している．しかし，濁度の増加は河川域（最大で190 FTU）ほどは大きくない（最大40 FTU）．また，その増加は7月10日中に平常値に戻っており，極めて

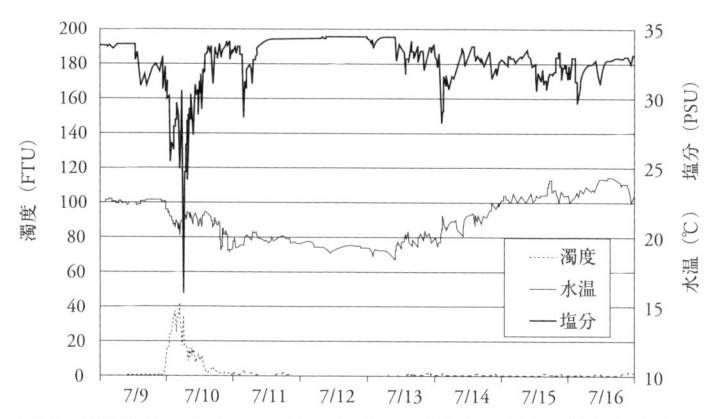

図8 古座川河口沖 (Site Kz-b) における7月上旬の放水に伴う環境変動
水温℃ (実線), 濁度 FTU (点線), 塩分 PSU (太線) を10分間隔で測定した.
2005/7/9〜16の8日間の連続データ.

短時間であった.したがって,ダムが放水をして河川流量が増加しさらにその河川水の濁度が上昇しても,その影響は河口域では河川ほどは大きくなく,また継続する時間も短期であることが明らかになった.

(4) 海洋生物の時空間的変動と,河川の変動特にダムの放水との関係

(a) 調査の方法

ダムの放水が,海洋環境には短期的な濁度の上昇と塩分濃度の減少をもたらすことは明らかになったが,その環境変化はどのくらい生物に影響があるのだろうか.かつて,濁度の上昇した海水が,河口域串本湾のマグロの養殖筏にまでひろがり,養殖漁業に大きな影響を与えたとして社会問題になったことがある.しかし,一般の海洋生態系は普段から(ダムのできる前から)洪水とそれに伴う環境変化を経験しており,ダムによってより深刻な影響を受けるようになったかどうかは,必ずしも明確ではない.すでにダムが建設さ

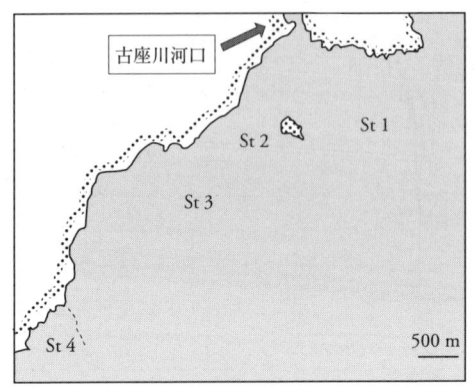

図9 2007年から2009年まで実施した，串本湾内の底生生物調査地点

れていて，それ以前の海洋生態系が洪水に対してどのような反応をしていたのかは，不明なため，われわれは現状でダムの放水に伴った海洋環境の変化が，底生生物生態系にどのような影響を与えているかを明らかにすることを目的として，フィールド調査を実施した[1]（図9）.

調査地点は，古座川河口から串本湾奥へ向けて4点を設置した．St. 1は河口よりも湾口に近く，外洋の影響を強く受ける．St. 2は河口に面しており，古座川の影響をもっとも強く受けることが予想される場所に設置した．この場所は，以前に海洋環境をセンサーによって長期モニタリングした場所と同じである．St. 3はSt. 2より湾口側に入った場所である．St. 4はさらに湾奥に位置している．St. 3とSt. 4との間には，観光名所になっている橋杭岩の縦列があり，内湾度はSt. 4では非常に高い．

上記4定点において，機会あるごとに，CTDによる環境調査，ニスキン採水による水質調査，底質調査，ならびに底生生物調査を行った．とくに，ダムの放水直後にその影響を解析するために，現場に行けるよう努力した．

---

[1] 本研究の一部は科学研究費補助金基盤研究（13）19310022の資金により実施した.

まだ資料の解析は十分でなく，本稿ではおもに底質調査と底生生物調査の結果から，海域へのダム放水の影響について考えてみたい．

(b) 調査の結果

データ解析の結果から，2008年度の底生生物の群集構造は，全体として，測点によって異なっており，同じ測点においても，月によってかなり異なる傾向が見られた（図10）．そして測点間および月間共に，群集構造に有意な差が検出された（測点間，月間共に$p<0.01$）．

測点内の群集構造が季節にかかわらず比較的類似していること，すなわちダムの放水直後に群集構造が顕著に変化しているという影響は見られないことから，海洋環境の一時的な変動は，底生生物の群集構造に大きな影響をあたえるものではないらしいことが示唆された．

各測点のプロットを個別に見ていくと，同じ月にSt. 2, 3から採集されたサンプル間の群集構造は，他のサンプルに比べて類似度が高く，また季節間の差も相対的に小さかった．それに対してSt. 1では，月によって群集構造は大きく変化した．興味深いことに，河口から最も離れているSt. 4の群集構造の月変動も，St. 1同様に大きかった．

同じような傾向は，2009年度についても見ることができた．さらに，2008年度と2009年度を合わせて解析すると，各年ごとに比較的特徴が類似しているらしく，特にSt. 2, 3では年ごとの群集に高い類似度を見ることができた（図11）．

2年間にわたるデータを総合して，各サンプルの中央粒径，有機炭素濃度，有機窒素濃度，炭素・窒素比を重ね合わせて解析すると，群集構造の時空間変動と計測された環境要因との強い関連性は，見いだされなかった（図12）．しかし，2008年度に限った解析をすると，中央粒径や有機炭素濃度，有機窒素濃度，炭素・窒素比などの堆積物のパラメータと，群集構造とには，何らかの関連性がみられた．

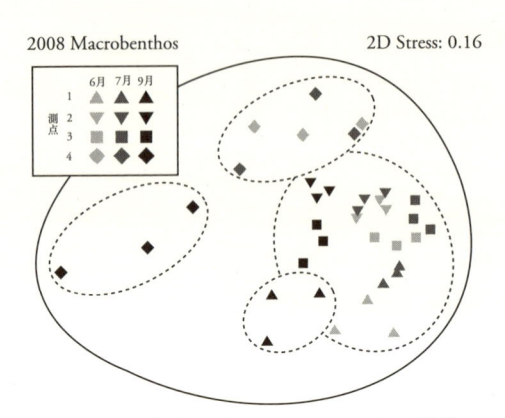

第 4 章　大型構造物による連環の分断と沿岸域

```
2008 Macrobenthos                              2D Stress: 0.16
          6月 7月 9月
       1
   測  2
   点  3
       4
```

図 10　2008 年度調査のマクロベントス群集の
　　　 構造解析結果
点線は類似度 40％以上，実線は 20％以上を示す．同じ
測点（シンボルの形が同じ）は類似度が高く，また同じ
季節は類似度が高い（例：測点 4 の 9 月）

　環境要因の測定を元に考えると，各測点の環境は，St. 1 は 2 年間を通して堆積物粒子が常に粗い海底であり，陸起源（おそらく河川からの流入）の有機物付加は予想通り少ないことが確認された．河口域の St. 2 は，堆積物粒子が常に細かい海底で，陸起源の有機物の負荷を受けていることが確かめられた．
　St. 3 も，堆積物粒子が常に細かい海底であるが，陸起源の有機物付加は St. 2 にくらべて少ないという，これも予想通りの結果となった．しかし St. 4 は予想と異なり，堆積物粒子や有機物量が月スケールでかなり変化しており，またこの変化は，季節的で周期性のあるものではないらしいことがわかった．そして地形的な要因から，2 年間を通して，陸起源の有機物負荷が最も大きい場所であることが明らかになった．これらの結果を総合すると，環境要因の解析からは，底生生物の生息環境に対し，河川水はある一定の影響を与えているが，それは地形から決定されるものに比べて，支配的なものでは

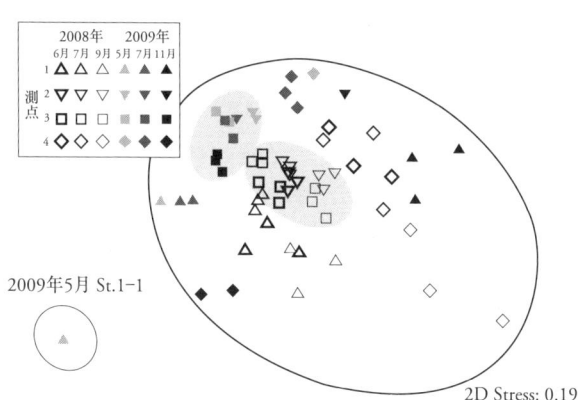

Macrobenthos 2008 and 2009

図 11 2008 年度と 2009 年度調査を合わせたマクロベントス群集の構造解析結果

実線は類似度 20% 以上を示す．異なる年では，同じ場所と季節でも，群集構造が類似しているとは限らない．逆に年が同じだと群集構造の類似度が高い傾向があり（背景色で強調してある），特に測点 2 と 3 で顕著である．2009 年 5 月の St. 1-1 は特異的に大きく群集構造が異なる．

ないらしいことが明らかになった．

また群集構造に関しては，全体として，各測点における時間変異より，測点間の空間変異の方が大きいことがはっきりした．そして各測点ごとに見てゆくと，St. 1 の群集構造は他の測点と明確に区別でき，それは，明らかに堆積物環境を反映しているのであろうと解釈された．一方 St. 2, 3 の群集構造は類似していたが，この結果も，堆積物粒子の組成が似ていることと，測点間の距離が小さいことを考慮すると理解できる．またこの結果は，群集構造に，有機物供給量はあまり大きな影響を与えていないらしいことを示唆した．

St. 4 では，環境として炭素窒素比が常に高い．このことは常に陸起源の有機物が大量に供給されていることを示唆する．また 2009 年を見てみると有機炭素，有機窒素含量は 5 月に比べて 7 月，11 月に増加．逆に中央粒径

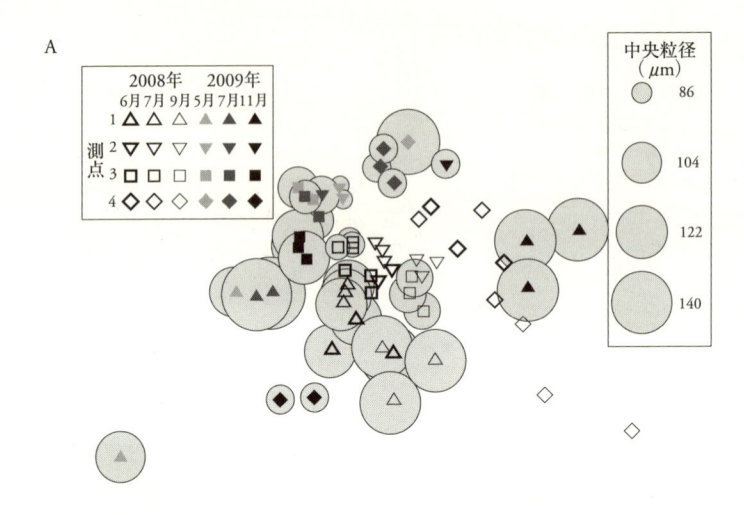

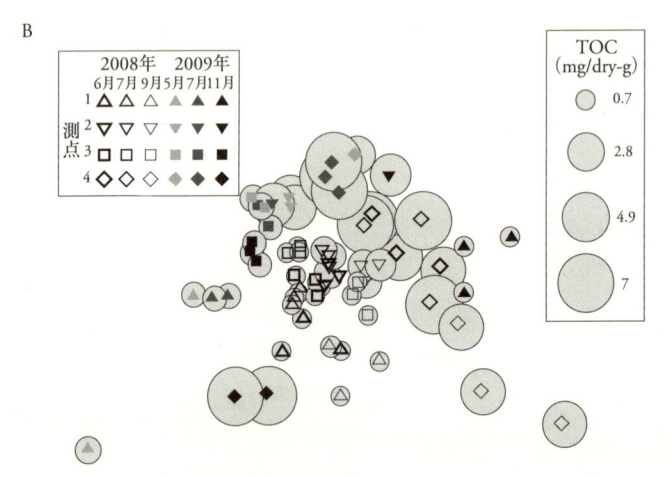

第 4 章　大型構造物による連環の分断と沿岸域

図 12A, B　各地点の堆積物の分析結果とマクロベントスの群集構造との関係
　　　　　　A：中央粒径　B：有機炭素濃度

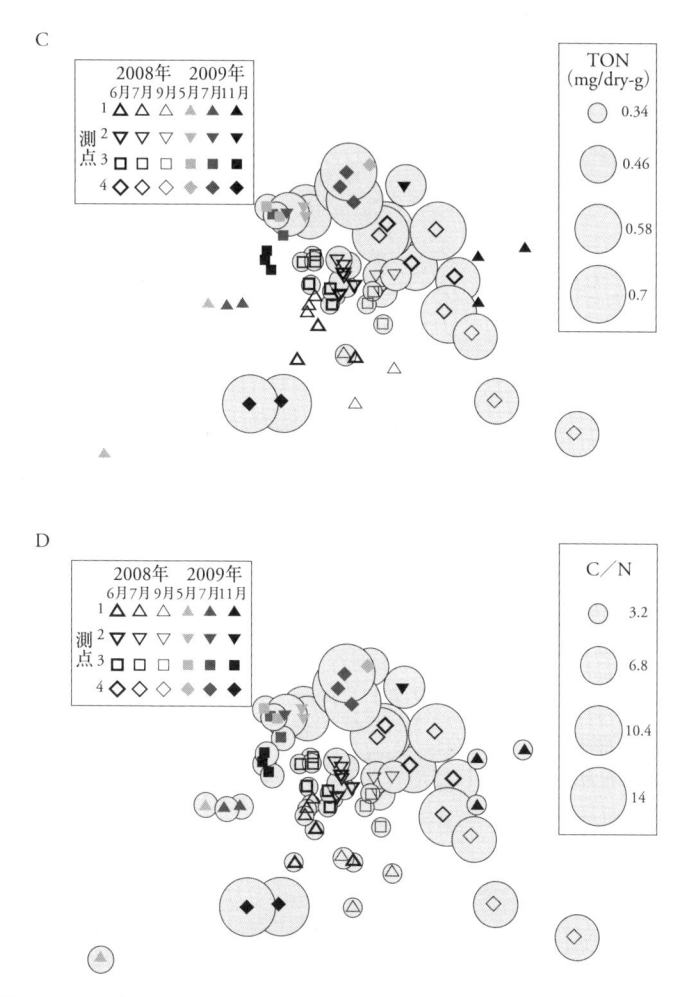

図12C, D　各地点の堆積物の分析結果とマクロベントスの群集構造との関係
C：有機窒素濃度　D：炭素・窒素比.

は 7 月，11 月に減少した．7 月，11 月時期にダムの放水により細かい粒子が海底面に堆積し，かつ陸起源の有機物量が増大したのだとすれば，これらの環境要因の変動は理解できる．しかし，2008 年の場合，最もダム放水のインパクトが弱かったはずの 6 月に，最も小さい中央粒径が観察された．また，有機炭素，有機窒素含量は，2009 年度のような月による大きな変化は見られなかった．したがって St. 4 はダム放水の影響を受ける測点であるかどうかははっきりしない．しかし，最も環境が時空間的に不安定な場所ではあるだろう．このことが影響してか，St. 4 のマクロベントスは，もっとも月ごとの変動か大きかった．

　以上の結果をまとめると，古座川の河口域では，河川水の影響が，海水，海底ともに認められるが，底生生物群集が河川水の影響によって大きく変動するという現象は認められなかった．

(5) まとめ

　ダムの放水が海洋生態系にどのような影響をあたえているのか？という問いについて，今回の研究でははっきりとしたことはわからなかった．その最大の理由は，それ以外の自然環境変動が沿岸域では大きいことに起因する．このような変動領域で，生態系の保全を総合的に行うためには，今後，陸域と海域の関係をより詳細なサンプリングに基づいて，精密に明らかにすることが求められる．

▶▶▶ 白山義久／深見裕伸／嶋永元裕

第 5 章

環境保全のための流域管理と海洋保護区

① 流域管理の必要性

　森里海連環学とは,「森から海までのつながりの機構を解明し,持続的で健全な国土環境を保全・再生する具体的な方策を研究する新しい学問領域」(山下 2007) として創成された.これまでの自然生態系の研究が森は森,海は海とそれぞれ別々に研究されてきたのに対して,森林生態系と沿岸生態系の相互作用こそとくに沿岸生態系の真の理解には不可欠であるという指摘 (Polis et al. 1999) に答える純生態学的な必要があったことは間違いないが,それだけではなく,沿岸の環境を守るために森を守るという実践的な漁業者の取り組みが全国的な規模で広がってきており (柳沼 1999；畠山 1994),研究者の側でもその動きに科学的な裏付けがほしいという要求もあった.
　このような陸上生態系と沿岸生態系の繋がりを視野に入れた研究は,20世紀末から少しずつ増えていったが,森里海連環学は,この生態系相互間の関係以外に,「里」という人間の営為をこの生態系間相互作用に加えて考えるという難しい課題を提唱したものである.生態系間相互作用についての研究は,自然科学の範疇に収まるが,「里」という人間の営為を含んだとたん,

第5章　環境保全のための流域管理と海洋保護区

　この研究は人文科学や社会科学の範囲に含まれてくることになる．自然科学では真実を明らかにすることが最大の目的であったが，人文科学・社会科学では，それに人間による評価という主観的な見方を導入せざるを得ない．その目的が生物多様性の保全であっても，持続的な自然の利用という人間の関わりを問題にする以上，どのように管理するかが，主要な研究目標になる．管理とは，自然を管理するのではなく，自然と関わる人間の行為を管理することなのだ．

　河川は，流域全体に起こる出来事が沿岸に及ぼす影響の主な通り道になっている．すなわち森林や草原，農地，都市，工場，その他，陸上生態系の沿岸への影響を管理するには，流域全体の影響を見なければならない．すなわち流域管理が必要である．しかし，流域管理という考え方はそれほど昔から考えられたわけではない．むしろ最近になって主張されたものである．これまで陸上生態系の利用にかんする管理は，基本的に地方行政を担う自治体単位で行われてきた．しかし，自治体の境界は自然地理的な境界だけではなくさまざまな理由による境界が設定され，それは河川の流域をすべて包括することはむしろ稀であった．河川の管理は，一級河川は国，二級以下の河川は都道府県が管理するようになっているが，二級以下の河川は現実には市町村が管理している．一級河川は国が一括管理できるが，市町村管理では，一つの河川をいくつかの管理主体が分割して管理することになる．

　河川管理についてさえそうなのだから，流域管理については言うまでもない．流域管理は市町村が第一義的に行政対象として管理する．これは行政としてはまっとうな考え方であるが，沿岸環境に及ぼす影響を考えて流域を管理するという発想にはなりにくい．実際，たとえば市町村では森林についてのデータは，一括管理できていないことが多い．国有林のデータは国，県有林は県，市（町村）有林は市（町村），私有林は森林組合が管理し，市役所で市全体の森林のデータを持っていないことが多い．同じ市町村でも管轄する課が異なれば，お互いにデータの所在も知らない．つまりデータをつきあわ

せて市内の森林の管理をどうするか考えない．ましてや流域が複数の自治体を含む場合には，自治体同士が流域単位で森林の管理をどうするか考えるのは，特殊な問題に限った場合を除けばこれまでほとんど行われてこなかった．

そのような現状から，流域管理を進めるためにどうすればいいのか．下流域・沿岸域の環境保全や生物多様性保全のための流域管理を誰がどう進めればいいのか．ここでは，これから考えて行くべき道筋を考えてみよう．

② 日本における土地利用の変遷

森では，森林生態系による有機物生産と物質循環が行われている．その中で，多様な生き物が生活している．森に住む昆虫たちも，森で生産される有機物を食べて利用するだけではなく，自分が鳥などに食べられて物質循環に寄与をしている．それだけではなく，昆虫類による受粉の手助け無くては森林自身も存続できない．そうしてあらゆる森の生物はともに支え合って暮らしているし，共存している．森は生産性も高く，生産された有機物は土壌に蓄積され，分解して栄養塩となり，再び樹木や草本に取り込まれる．一部の栄養塩や有機物は森林に降る雨水に溶け，流され，渓流に集まる．

標高の低い人里近くの山は杉や桧の植林が行われて人工林がつくられている．人工林は効率よい樹種が植えられたり，光の配分を考えた植林が行われるので，生産性は高くなることが多いが，単一の種の樹木が植えられるため，樹木だけではなく森に棲むさまざまな生物の種の多様性は減少する．人工林では，森林と異なって栄養塩の流出は天然林を上まわる（第2章4節参照）．人工林は経済的な生産林であるので，本来林業による管理が実施されるが，管理が経済の動向に左右されやすい．現在は，安い輸入材の流通に伴い日本の多くの人工林の手入れ・管理が放棄され，河川や沿岸域の環境にも

第 5 章　環境保全のための流域管理と海洋保護区

悪い影響が出ている．

　山里では，人家周辺の低山で薪や炭としてナラやクヌギなど落葉広葉樹の利用が盛んであったため，森林生態系の遷移が人間の攪乱によって止まり，いわゆる中間攪乱説が予想したように生物多様性の高い生態系「里山」が作られた．人間の利用による「里山」の例は，薪炭林のみならず，萱の利用による草原の維持など，山里の広い範囲に広がっていた．しかし，技術の進展に伴い生活様式の変化で燃料やエネルギーの石油依存などによって，山里における人々の利用はなくなり，「里山」生態系も消失してきている．その結果，森林の遷移が進み，生物多様性の減少も進行している．

　平野部では，人々が農業生産のさまざまな営みを行ってきた．日本では，河川流域では氾濫原を開墾して主に水田が開かれた．近年は，川から長距離の導水事業も行われるようになったので，河川から離れた土地でも水田が開かれてきた．また導水の難しい場所では，畑が作られ，気候に応じた野菜や穀物が作られている．流域の**面源負荷**としては，農業（水田，畑地，畜産，茶畑など）からの栄養塩の流出が大きい．単位面積あたりの収量を極限まで増やすための過剰な人工肥料の使用や，農薬使用の問題など農業が環境へ与える負荷の問題は技術の進歩により少しずつ改良されてきたが，やはり今でも環境への影響は大きい．

　20 世紀の後半は，農産物の輸入自由化により農家が減少し，技術の向上による米の過剰生産が続いたため，減反政策によって水田が放棄されるところが増えた．食料の自給率が 40％ に低迷する中，日本の農業は田畑や水田を放棄し，「田園まさに荒れなんとす」の状況である．この社会情勢が流域・河川・沿岸域の環境にどのような影響の変化を与えているかについては十分な研究がなされていない．最近になって水田が作る疑似湿地生態系が生物多様性の保持に重要であるという指摘がなされるようになって，研究も進んできた．しかし，全体として水田の減少は歯止めがかかっていない．

　河川の中でも，川と人々の暮らしの上での関わりは，昔から人々が川の水

や生物資源を利用するという上で続いてきた．もちろん，川の周辺に住むと言うことは，川の氾濫にどう対応するかという人々の川との関わりの歴史も作り上げてきた．しかし，近年の大型土木工事を中心とする治水事業は，河川本来の姿を変えてしまい，森と河川，河川と海，森と海という繋がりをさまざまなところで断絶してしまった．ダムの建設はその典型である．

　河川は本来，上流から下流への水の流れに対応した生態系を持っている．そこに棲む生き物も，流れの存在を前提にした生活史を持っている．下流の生き物は上流からの物質の流れを前提にして生きている．そのような河川連続体が，人工的な施設の存在でずたずたに切り裂かれ，統一した生態系の姿からはほど遠い現状になってきている．河川それ自体のもつ生態系としての機能も，河川改修やダムや河口堰建設によって失われたものはきわめて大きい．「三尺流れれば水清し」と言われた日本の河川も，有機汚染に汚れ，ダムにせき止められ，流れる水は少なくなってしまった．魚の姿も少なくなってしまった．

　そして多くの富栄養化を引き起こす最大の要因は，都市を含む平野部で起こっている．人口の集中する場所に，**点源負荷**と面源負荷が加わり，それまでの森と川と海のつながりの中で回っていた水循環が分断され，撹乱されている．点源負荷としては，工場，水産加工業，など富栄養化の主要な原因となる企業が挙げられる．一方，鉱山や化学工場からの廃水のような毒物公害としての負荷もある．都市では，排水，取水，水循環の撹乱などの問題が挙げられる．とくに河川が排水路と化していて，自然の浄化能力を完全に殺してしまっている都市のあり方については，今後さまざまな方面から見直しが必要になってくると思われるが，今回は都市の問題については触れない．

　河川が海に流れ込む河口域や沿岸海域は，エコトーンとして生物生産も生物多様性もきわめて高い場所である．その生物生産性の高さから，河口域や沿岸海域はこれまで重要な漁場となってきた．水と砂が作り出す複雑な地形の多様性が，河口域や沿岸海域の生物多様性を支えてきた．その河口域・沿

第5章　環境保全のための流域管理と海洋保護区

岸海域も，人間の経済開発の悪影響を強く受けている．とくに，干潟や藻場，サンゴ礁などの浅海の多様性の高い生息場所・生態系が，埋立によって失われ，潮流も変化し，生き物の生息する場所の多様性が失われてきたし，それらの生態系の持つ機能（たとえば，浄化能力など）が，減少し，失われてきた．河口域には，河口堰や港湾が作られ，水と砂の流れを分断し，沿岸域にはコンクリート護岸やコンクリートブロックが立ち並び，陸と海の接点は沿岸でも断ち切られてきている．

③ 統合管理としての流域管理

　自然科学は，これまでの森林生態系の研究，河川生態系の研究などを通して蓄積されてきた研究に，それらの相互作用の研究を加えることによって，森林生態系と沿岸生態系のつながりを明らかにしつつある．また，農業や都市建設による影響も，断片的には明らかになった部分がある．沿岸生態系の環境保全には，陸域とのつながりを沿岸生態系内の解析に加えて考えないといけないという考えは，研究者の間ではかなり浸透して来つつある．
　それにもかかわらず，そのつながりをどういうふうに保全し，回復していくかということについては，その道筋は見つけられていない．なぜならば，科学者の中でさえ環境問題の優先度はかならずしも高くないからである．日本の科学アカデミーである日本学術会議の意見書などでも，環境科学分野と土木技術分野では，ほとんど正反対の主張が表明されている．ダムを中心とした治水・利水事業は，環境への配慮という言葉は書き加えられたけれども，ダムを中心として治水を行うという姿勢は変化していない．むしろ，政治家からダム中心の治水を見直そうという動きが出ているが，治水関係の研究者からはそういう動きは出てこない現状にある．
　パラダイムの変換を避けようとするそのような現状を踏まえつつ，日本の

沿岸域の環境を保全し，生物多様性を維持するために，流域管理と統合的沿岸域管理の手法を考えてみよう．

流域管理や統合的沿岸域管理には，自然システムの統合管理と社会システムの統合管理の両方が必要である．自然システムの統合管理とは，河川の上流域と下流域，淡水域と沿岸域，土地と水，表流水と地下水，水量と水質などがばらばらに管理されていたのを，すべてを統合したシステムとして統一して管理しようと言うことである．

一方，社会システムの統合管理とは，たとえば水の管理について言えば，治水，飲料水利用，農業用水，工業用水，環境用水，排水などの管理部門の縦割り管理をやめて，統一して管理しようということで，流域における自然資源の管理において，これまでなされてこなかったために，さまざまな問題を引き起こしてきた．

さらに統合管理のためには，自然システムと社会システムを統合する必要がある．その場合は，多様な**ステークホルダー**が参加するアプローチが必要である．

それでは，何のために流域管理や統合的沿岸域管理をするのか？ 和田ら(2009)は，持続的社会の構築をその目的にあげている．環境保全を対象とする場合は，流域と沿岸域の持続的利用が可能になる社会を作ることが，目標になるだろう．環境保全は，結局のところ人間の生活を持続するためであり，古来，東西を問わず，環境破壊による人間社会の崩壊は，メソポタミア文化をはじめ，世界各地で知られている．さらにここでは，生物多様性の保全を目標に含めたい．生物多様性の人間社会における重要性は，Millenium Ecosystem Assessment (2001-5) においても強調されてきたところであり，持続的社会を目指すためには必須のことがらでありながら，これまであまり注目されてこなかった．日本では，生物多様性条約の第10回締約国会議(COP10)が，2010年に名古屋で開かれたことをきっかけに，ようやく一般の人々にも生物多様性への関心が引き起こされてきた．

第5章　環境保全のための流域管理と海洋保護区

　流域管理とはなにか？　流域管理には,「土地利用」「河川＝流系管理」「農村・都市の水管理」などが含まれる.

　流域管理で中心的な内容は,土地利用である.戦後日本の土地利用の変遷を概観してみよう.日本の森林率は,太平洋戦争を通して森林の伐採や焼失で減少した.戦後は復興需要による森林の利用を見越した大規模造林（拡大造林）が行われ,森林率は80%に回復し,その後も大きな減少を見せていない.しかし,天然林から人工林へ大きくその中身を変えた.人工林率は40%を超えている.しかし,やがて木材の価格低迷や輸入材の大幅増加によって人工林は生長したものの利用されず,管理は行き届かずに荒廃した.天然林も,外来生物を原因として西日本を中心に松枯れが進行し,温暖化もあり,低山の天然林の多くが常緑樹林化していった.さらに,竹林が拡大しているが,竹林も人間の利用が減少したことにより,荒廃が進んでいる.

　戦後60年の大きい土地利用の変化は,森林の面積はほとんど変化しなかったのに比べて,農地が減少し,都市が増大したことだった.大都市を中心に人口が集中するにつれて都市圏は周辺の農地を住宅地に変えながら外側に膨れあがった.都市への人口の集中化と,これによる山村の荒廃が里山の荒廃の主要な原因である.

　経済成長に伴い,工場の立地が各地で始まった.減少する農地を工場に転換することも行われたが,工場の立地は主としてそれまで「荒れた土地」「無用の土地」とされてきた湿地や海岸を埋め立てて行われることが多かった.それは,輸送に便利ということもあったが,埋め立てて国土を増やすという全国総合開発計画の方針で,政府が積極的に埋め立てを推進してきたからであった.しかし,それが沿岸での公害発生に拍車をかけ,干潟や藻場などを消失させることによって内湾の浄化能力を低下させ,都市からの栄養塩負荷の増大とあいまって,沿岸生態系の極端な劣化を引き起こしてきた.その顕著な例が日本の三大内湾と言われる東京湾,大阪湾（瀬戸内海）,有明海にみられる.

上述したように，陸域の土地利用形態に基づいて，陸上の生態系は「自然生態系」「人工生態系」「都市」を含んでいる．自然生態系には，森林，湿地＝氾濫原，草原など過去に人間の手が入った二次林なども含む．一方，人工生態系は，畑地，水田，ため池，人工林など，自然生態系を人為的に改変し，現在も常に人間の手が加わっているところを指す．「里山」と呼ばれる生態系もその中に含まれるだろう．「都市」は，「生態系」とよべるかどうか不明だが，基本的に自然の生態系を無視した人工物によって作られた空間である．農村に都市が浸食する過程で，一部に自然生態系や人工生態系を残す場合もあり，その場合は「都市生態系」とよんでいる．

　流域管理の中心的課題は，人工生態系と自然生態系の割合をどうするか，という問題ととらえることもできる．自然生態系は人工生態系の存在で影響を受ける．しかし，自然生態系はそれ自身が持っている自浄能力などの機能による生態系の耐性と復元性がある．それらによって人工生態系との共存が可能になる．しかし，それは量的に限界がある．どこまでなら自然生態系は人工生態系と共存できるだろうか．

　たとえば，農地面積の割合は農業政策と深く関わっており，水田や人工林の問題にその強い影響を見る．水田は技術改革によって単位収量が改善されたことや日本人の米消費量が減少したことによって過剰生産に陥り，減反政策によって水田の面積は減り続けている．人工林の問題は，一般には間伐など管理の手抜きが山林の荒廃につながると問題にされるが，もっとも問題なのは人工林の天然林に対する割合がどこまで許容されるべきか，なのである．水田，畑地をどの程度確保し，制限するかを環境保全の立場のみから議論することはできないが，これまでは農業政策が環境への影響を何ら考えないで行われてきたのである．国営諫早湾干拓事業はまさにその典型であった．

　さらに，都市や農村における水の管理は，流域全体の生態系のバランスをくずしており，それが環境の問題を引き起こしている．都市の膨張と農村に

おける水供給のインフラストラクチャーが，時代の変化に合わなくなり，都市や工場の水需要は逼迫して，ダム建設に頼ることになる．一方，農村の水の需要は農村面積の減少に伴って将来予測も減少する一方である．そのような変化する農業と工業，都市の人口の推移が，環境の変化に対してどの程度受容できるだろうか．そして，その受容の程度を誰がどのようにして判断するのだろうか．環境問題を考えるときは，市場に任せることなく，計画的な土地利用への誘導が必要になるだろう．そこに流域管理の手法が必要とされる．

　流域管理は，自然科学としてはしごく当然のことと考えられる．しかし，流域に住む人たちはさまざまな職業や階層や年齢の人たちが住み，さまざまな意見がある．しかも，流域が一つの自治体ではないことが普通である．政治は行政単位で行われるが，環境問題への対処は，流域単位でなければ効果がない．場合によっては，効果がお互いに矛盾する場合も起こりうる．

　かつてはコモンズ（入り会い）という手法が用いられた．所有か非所有かを問わず，資源の利用権を共有するものである．林野の利用において，また，川や海の利用において，コモンズは人々の目に見える範囲で有効に作用し，資源を枯渇させない方法で利用する管理の道を作っていた．それは利用者を増やさず，利用権を売買させず，取り決めを守らないものには村八分などの懲罰を課すという小範囲で通用する管理手法であった．しかしそれも地域で山などの資源を維持しながら人々が利用する取り決めであった．自分たちの入り会いという利用の仕方が，下流の河川や沿岸域へどのような影響が及ぶかを考えて行ったものではない．そのようなローカル・コモンズは，そのままではグローバル・コモンズとはなり得ない．いわゆるコモンズの悲劇は，ローカル・コモンズを流域レベルにそのままあてはめようとしたことに原因がある．よってたつ基盤が違うのである．そう言う意味で，森里海の連環を考える流域管理は，過去にない手法を考えざるを得ない．はたして流域管理に有効なコモンズがあるかどうか？

4　流域ガバナンス

　最近注目されてきた流域管理に，「流域ガバナンス」という考え方がある（和田ら 2009）．流域ガバナンスは，国に任せるのではなく，現状に基づいて話し合いと意見の集約で流域管理をしようということである．その主体は，国，地方自治体，地域協議会，森林組合，農協，漁協，NGO，市民団体，科学者など多様な階層・組織が関わる．そして，問題の解決には，行政が情報を公開することと，構成者相互間のコミュニケーションが活発に行われることが必要となる．それらの間で，合意を得ることはきわめて困難な場合が多い．

　自治組織と流域が異なることに問題がある．自治区画が妨げになり，流域全体の環境管理ができない．とくに森と海のつながりなど．流域管理委員会のような自治体同士の連合体はできているが，そこでは自治体相互の行政の調整くらいしかできない．そこが行政的な予算と権限を持つような流域管理委員会を国が作る必要があるのではないか．

　そこで重要になるのが，科学者の参加と貢献である．これまでの流域管理における科学者の立場は，多くの場合に情報を独占してきた国や自治体の行政の方針に沿った形で科学者がお墨付きを与えるという場合が多かった．これでは科学者としての役割を科学者自身が放棄してしまうことになる．あたらしい流域管理における科学者の役割は，あくまで行政から独立した科学的な議論と検討に基づいて管理プランに評価を与えることである．それは「流域診断」と言われることもある．生態系内における人間活動の持続可能性という観点から環境ガバナンスが行われる必要があり，その持続可能性を判断するのは科学の責任であり，役割である．

　科学者による科学的な評価「流域診断」に基づいて，環境ガバナンスが行われるが，その原則は「**予防原則**」と「順応管理」である．「予防原則」は，

環境問題を考える上で大事な考え方であるが，ともすれば正しく理解されていないことがある．現状を放置すれば明らかに環境が劣化することが分かっている場合には，その原因やプロセスが科学的に十分立証できていなくても，環境悪化を予防するために現在の知識で「もっとも確からしい」原因を特定して対策を取るというもの．たとえば，科学的に完全に立証されてはいないが，地球温暖化の傾向に対して原因と考えられる温暖化ガスの排出削減に取り組むと言うような場合を指す．「順応管理」は，「予防原則」に基づいて行った対策の効果や影響について，常にモニタリングを行い，環境に悪い効果が認められた場合は，対策の見直しを行うことを言う．「順応管理」を進めるためには，常に環境のモニタリングを行う必要があり，その結果を公開することが必須である．

和田ら（2009）は，流域管理と流域ガバナンスにおいては，「地域固有性」に十分配慮しなければならないと警告している．そして，流域が「空間的階層性（重層構造）」をもっているので，流域ガバナンスには「階層化された流域管理」という考え方を提唱している．

それでは，流域ガバナンスを行うには，具体的にどうすればいいのか．ローカル・コモンズのように，たしかに，かつては自然と人間の密接な関わりがあった．その関係の上に，自然が保全されてもいた．「里山」の生態系管理がその良い例である．しかし，その当時とは経済構造が変わり，社会的経済的システムが変わった今，そのような関わりはほとんど無くなってしまった．その解決のために，社会的経済的なシステムを元に戻すことなく関わりを取り戻そうとすることができるのだろうか．そうではないと思う．新しい自然との関わりが求められているのだろう．それはパラダイス的なコモンズの幻想にしがみつくのではなく，科学的な対応が求められているだろう．

漁業がその良い例ではないだろうか．かつては，漁業で種が絶滅することはないと考えられてきた．経済の市場原理が働き，希少種になった魚種を獲

ることはコストがかかり過ぎて漁業が成りたたなくなるからだった．しかし，技術イノベーションは，それを可能にした．鯨しかり．マグロしかり．いくら少なくなった魚種であろうと，現代漁業はそれを根こそぎ獲ってしまうことができるようになった．そこで沿岸域の管理において，海洋保護区を設定する動きが強まっている．沿岸域管理の一つの例として，日本では進んでいない海洋保護区（MPA: Marine Protected Area）について述べてみよう．

⑤ 沿岸域管理と海洋保護区（Marine Protected Area）

　海洋の生物がいなくなったり，分布が変わったり，群集の組成が変化したり，漁業で獲られている魚や貝などが急激に減少したり，海洋の生態系が劣化もしくは悪化していると言われることが多くなった．生き物の変化だけではなく，海洋生物が棲んでいる環境が悪くなり，もしくは無くなったりしている．その大きい原因の一つは，開発という名の物理的な環境改変である．陸地を造成するための海の埋め立て，防災のためという河川や海岸のコンクリート化，ダム建設などが，干潟や藻場など浅い海の生き物の生息場所を消失させ，分断化し，海洋生物の絶滅を引き起こしている．もう一つの原因は，漁業による乱獲が魚介類の極端な減少や地域的な絶滅を引き起こした（例えば，松川ら（2008））．また，養殖業は海域の環境を悪化させる結果を導いた．それらの原因に都市や工場からの排水による水質悪化が重なっている．

　海洋の生態系は，漁業を通して食料としての水産物を供給してきた．海洋の生態系サービス（Millennium Ecosystem Assessment: 2001–2005）は，食料だけではない．そのほかにも，化学物質資源，観光資源，防災や運輸，そして気候への影響もある．また，精神的な生態系サービスも実は大きい．海水浴や釣りなど，そのほかにも多くの生態系サービスを人々は海から受け取っている．

その生態系サービスの生物に依存した面では，生産性と多様性がもっとも重要な生態系機能である．それにもかかわらず，生物の多様性に関してわれわれの知識はまだ非常に少ない．いったい海にはどんな動植物がどこにどれだけいるのか？　そんな基礎的な研究が海では非常に遅れている．日々，海ではわれわれの知らないところで何十種もが絶滅していると言われているが，陸上生物では当たり前のレッドデータリストさえも海の生き物については作られていない．そして海の生き物についての専門家も非常に少ない．

　生産性と生物多様性が保証される海洋生態系を維持するために，われわれは何をしなければいけないか．その一つが沿岸域管理の一環としての海洋保護区の設定である．

⑥ 国際的な動向

　1992年リオデジャネイロで開かれた国連環境開発会議では，採択された「アジェンダ21」で保護区の重要性がうたわれた．その中に，海洋保護区を設けることにも言及している．同時に生物多様性条約(CBD)が締結されて，日本も加盟した．現在では世界の191カ国が加盟しているが，アメリカは未加盟である．その条約は「保護地域の設定を柱とする生物多様性保全のための制度的な整備」をすることを要求した．このCBDがこれ以降の世界の海洋保護区(MPA)の転機をもたらしたと言って良いだろう．MPAに関する論議がこれ以降盛んに行われるようになる．

　同じ年にカラカスで開かれた第4回世界公園会議では，海洋保護区について，①統合的管理を発展させる，②海洋保護区と陸域保護区の両方を主要なツールとすることが書かれたカラカス・アクションプランが発表された．

　1994年に海洋法条約が発効．その中に「海洋環境の保護および保全」が書き込まれた．21世紀になって，ミレニアム生態系評価が行われ，国際的

に環境に関する動きが活発になってきた．また，IPCC による地球温暖化への警告があり，環境保全が国際的にも喫緊の課題となった．2002 年に開催された「持続可能な開発に関するヨハネスブルグサミット（WSSD）」の行動計画の中では，「2012 年までに海洋保護区の設定」が明示された．2003 年には，第 5 回世界国立公園会議（世界保護区会議）で，「生態的に意義ある海洋保護区を公海上に少なくとも五つ指定すべきである」との勧告が出され，2004 年の CBD の COP7 で「2012 年までに海洋を含む包括的効果的保護区制度を設置し維持すること」が要求された．これらは，「2012 年目標」と呼ばれ，各国政府がそれを遵守することが求められている．

世界各国における MPA の取り組みはどうか．アメリカは CBD に加盟していないけれども，MPA では先進国の一つである．ハワイ周辺の海域では，広大な海洋保護区が設定された．現在は経過措置の期間であるが，数年後には漁業も禁止される海域が設定された．またマーシャル諸島近海で世界最大規模の MPA が 2008 年に設定されている．オーストラリアとカナダも MPA の先進国である．オーストラリアはグレート・バリアリーフに広大な MPA を設定するなど，世界でもっとも進んだ MPA 制度を持っている．しかし，日本を始め，アジア，アフリカなどの途上国の国々は，MPA の設定にはこれまでかならずしも積極的ではなかった．

⑦ 国内の動向

日本国内では海洋保護区という考え方がこれまでほとんど無かったといって良い．2007 年「海洋基本法」が議員立法で制定された．その中の第 25 条（沿岸域の総合的管理）に，「国は，沿岸の海域の諸問題がその陸域の諸活動等に起因し，沿岸の海域について施策を講ずることのみでは，沿岸の海域の資源，自然環境等がもたらす恵沢を将来にわたり享受できるようにすることが

第5章　環境保全のための流域管理と海洋保護区

困難であることにかんがみ，自然的社会的条件からみて一体的に施策が講ぜられることが相当と認められる沿岸の海域及び陸域について，その諸活動に対する規制その他の措置が総合的に講ぜられることにより適切に管理されるよう必要な措置を講ずるものとする」と初めて海の自然環境の持続的利用のための総合的な施策を講ずることとされた．その付帯決議に「海洋の生物の多様性の保護のための海洋保護区の設置等」を講ずべきであることが書き込まれた．海洋基本法に基づき，「海洋基本計画」が策定され，「海洋保護区の設定のあり方を明確にした上で，設定を適切に推進する」と明示された．

　2009年2月5日，中央環境審議会自然環境部会自然公園のあり方検討小委員会が，「自然公園法の施行状況を踏まえた必要な措置について」を答申した．その中では，海域についてかなりの部分を割いている．現状と課題として，現在の措置では海域の保全を十分に担保できるものになっていないと批判し，今後講ずべき必要な措置として，漁業などの利用との調整や流域全体を視野に入れた保全を考えることを前提にして，国定・国立公園の区域指定の拡大を図り，海域に保護区を設定し，適切な管理を行うことを求めている．

　とくに海域保全では別項を設けて，海中だけではなく干潟や砂浜のような海から陸に連続した保護・保全を取るように求めている．

　この答申に基づいて，自然公園法改正案が成立した．その法に，自然公園の中に陸上の特別保護区に対応する海洋特別保護区を設定できることが書き込まれたが，特別保護区を設定する上では，農水省との協議が必要となっている．また，保護区が設置される以前から行われている産業上の行為については，何らの制限も受けないとされており，特別保護区の制定に大きいハードルがあるだけではなく，指定されたとしても大きい抜け穴がある．

　環境省では，2010年に名古屋で開かれた生物多様性条約（CBD）のCOP10において，海洋保護区の設定とSATOYAMAイニシアティブを目玉にし，ようやく保護区の設定に向けて動き始めた．自然公園法の改正はその

一環だが，制度ができても実際に効果を持った海洋保護区が設置できるかどうかは，これからの住民の運動にかかっていると言える．

　それではこれまで日本では海洋の環境保全についてどのような取り組みがなされてきたのだろうか．諸外国の取り組みに比べて日本の海洋環境保全への取り組みは非常に遅れていると言わざるを得ない．国内の海洋環境に関する法律としては，後述する自然公園法などを除くと，わずかに1970年の「水質汚濁防止法」くらいしかない．個々の海域について問題が起こった時点で対策をするために作った法律として，1973年の「瀬戸内海環境保全特別措置法」や諫早干拓事業による大規模埋め立ての影響と見られる有明海のノリ養殖に甚大な被害が出たことを受けて2002年に作られた「有明海・八代海再生特別措置法」などがある．海岸法や港湾法はながらく環境対応をしていなかった．近年，ようやく環境との調和をうたった改正がなされているが，その中身は法律には書かれていない．海洋基本法が議員立法で成立し，その中に環境保全という言葉が書き込まれたのは画期的であったが，どのようにそれを生かしていくかは，まだ手探りの状態である．

　しかし，いま日本で問題にすべきなのは，海洋保護区の設定よりも，海にさらに人手を加えて「干潟や藻場の再生」をしようという傾向が強いことである．しかし，そのほとんどが真の意味の自然再生ではなく，それまで無かった場所に干潟や藻場を人工的に作ろうとしている．このような事業は，自然における干潟や藻場の形成メカニズムを無視して行われており，きわめて問題が多い（向井 2009）．森から海までの水の循環系と砂の流れを維持し，形ではなく自然の力を保全することが最も重要な環境保全のやり方なのだが，日本では保護区を作らずに人工的な「自然再生」という愚を進めている．

⑧ 国内の「海洋保護区」とその現状

前川・山本 (2009) は，日本における海洋保護区の現状をまとめ，EEZ を含む日本の海域のわずか 0.01％，領海だけに限っても 0.11％が海洋保護区であるに過ぎず，世界平均 0.7％と比べてもきわめて不十分なものであることを指摘している．しかも，そのほとんどが実効性を疑わせるものであった．これまでの日本で「海洋保護区」と言えるものは，自然公園法に基づく「国立公園」と「国定公園」がまず挙げられる．海に関しては，自然公園の仲の「海中公園地区」という名前で保護区が設定されてきた．その数は，国立公園の中に全国で 79 ヶ所が指定され，国定公園の中には全国 69 ヶ所が指定されてきた．しかし，これまでの自然公園法による「海洋保護区」は，主として景観の保護を目的としてきたこともあり，すべて公園の普通地域という設定であったために，海洋生物の保護という意味ではほとんど効果が無かった．普通地域では規制がほとんどなく，開発行為も届け出制による規制に過ぎず，ほとんど保護区としての効果は認められない．瀬戸内海国立公園がありながら，これだけ多くの開発や埋め立てや海砂採取があり，水質の悪化は日本全国でも有数であったように，自然公園法の失敗例としてしばしば挙げられる．しかも世界の海砂採取の 80％が日本で取られているという．（加藤，私信）

これらの批判に答えることをも意図して，1971 年に施行された自然環境保全法に基づいて「海中特別地区」が導入された．海中特別地区では，建築物の建築，工作物の建築，宅地造成，海底の形状変更，土石採取，環境大臣が指定する熱帯魚・珊瑚等の捕獲，物の係留について，環境大臣の許可が必要とされている．しかし，陸上の特別区域と異なって，海中特別区域では，「漁具の設置その他漁業を行うために必要とされるもの」については対象外とした．そのために，漁業による環境の悪化や生物の減少・局地的絶滅には

対応できない．さらに，比較的厳しく自然保護を要求できる海中特別地区の指定には環境省も慎重にならざるを得なかったようで，これまでに指定されている海域は沖縄県西表島西部の崎山湾一ヶ所だけである．ほとんど人のいない海域に一つだけしか指定できなかったことからわかるように，この法律は事実上海洋保護区の設定に失敗してきた．

一方，水産資源を保護するために，水産資源保護法に基づく「保護水面」が各地に設置されてきた．保護水面とは，「水産動物が産卵し，稚魚が生育し，又は水産動植物の種苗が発生するのに適している水面」と規定されており，農林水産大臣もしくは都道府県知事が設定する．一般に自然公園法の保護区に比べて規模がかなり小さい．また，特定の資源生物のみを対象としており，生態系保全という視点はまったく入っていない．保護区の管理も漁業者に任されており，場所によっては密漁などによって意味が無くなっている場合もあるという．

それではなぜ日本では有効な海洋保護区が設定できないのだろうか．その大きい理由は漁業権との関係が整理されていないことによる．日本では，沿岸の水産業に関してはその多くが漁業権漁業として規定されており，その管理は漁業者自身（漁業協同組合）に任せられてきた．漁業者は，漁業協同組合を通して様々な形で水産資源の有効利用とその資源保護にも取り組んできている．例えば，網目規制，漁獲サイズ規制などによって一定以下の稚仔は獲ることを規制したり，禁漁期を設定して，年間に数ヶ月だけ漁獲を認めたり，場所を指定して漁獲を禁止する禁漁区を設定したり，一日のうちの一定時間の操業だけを認めたりしている．豊漁で漁価が低迷した場合には，操業を減らして生産調整を行ったり，減船によって資源の保護を行う場合もある．このように多様な形で水産資源の保護がなされてきており，それが漁民自身の自主的な取り組みでなされてきたことは，日本の水産資源保護の歴史で特筆されることである．2011年，環境省は，海洋保護区を「…法律またはその他の効果的手法により管理される明確に特定された区域」と定義し，

海洋政策本部は，その定義に当てはまるとして，沿岸の漁業権の設定されているすべての海面を「海洋保護区」と認定した．その措置によって，日本の「海洋保護区」は，0.11％から一気に8.3％になった．この措置については，賛否の声が上がっている．

このような漁民の自主的な保護の取り組みは，それなりの効果をもたらすことも少なくなかった．しかしながら，それでも現在の沿岸も海洋も水産資源の減少が止まらない．もはやこのような自主的な取り組みだけでは対応できない事態になっていると言うべきだろう．漁民自身の主体的な取り組みで問題になるのは，この保護の取り組みが科学的な根拠に基づかない，漁業者の勘と経験に基づいた取り組みであることだろう．データや科学的な予測のない規制の場合は，それゆえにその効果も明らかではない．規制を加えた後に資源が増加した場合は，その規制に効果があったと結論づけられることが多いが，その規制が無くても増加したかもしれない．科学的な根拠の薄い規制では，効果的な保護政策をとることはいつまでも困難なままになる．

そしてもっとも問題なのは，漁業者自身による資源保護は，常に経済的な目的で行われることである．彼らはけっして資源生物の貴重さから保護をするものではない．経済的に利益がないと考えれば，保護をする動機は簡単に無くなるのである．それゆえに，保護は特定の水産資源生物を対象とする．食べられない生物，お金にならない生物を保護しようとはならない．また，生態系の保全や保護にはかれらのインセンティブはけっして向かない．

それゆえに，漁業協同組合による自主的な保護の手法は，海域全体に網をかけるような海洋保護区の設定方法とは相容れない場合が多い．そのために，漁業権漁業が行われている海域では，漁業者の反対によってこれまで海洋保護区を設定できなかった．設定した場合でも，漁業者の行為はすべて容認せざるを得なかったため，漁業者自身による自主的な漁業規制にさえも劣る保護区しかこれまでは設定できなかったのが現実である．漁業者の自主性に任せる環境保全は，もはや限界に来ている．

海洋のうちでも沿岸の都市周辺の海岸域では，開発や防災との関係が問題になる．海岸の保全は，海岸法に基づいて行われるが，海岸法などでいう「保全」と環境「保全」という場合の「保全」では，まったく意味が異なる．前者の保全は土木工事などによって海岸線を維持することを「保全」というのに対して，後者では土木工事などの開発行為を排除して自然の海岸を守ることを「保全」と言っているので，注意が必要である．なぜなら，国交省などが受け持つ海岸管理には，最近まで「自然環境の保全」という概念はまったく入っていなかったから，「保全」とは常に前者を指していた．

　海岸法は，「津波，高潮，波浪その他海水又は地盤の変動による被害から海岸を防護するとともに，海岸環境の整備と保全及び公衆の海岸の適正な利用を図り，もって国土の保全に資することを目的とする」と第1条に規定している．もともと，海岸法の目的は，海岸の防護と国土保全にあり，「環境」や「利用」の観点は入っていなかったが，環境破壊が目に余る海岸「保全」工事への批判から，1999年に海岸法を改正し，防護・環境・利用が調和した海岸づくりを目指すように目的に加えられた．しかし，現在でも海岸法に基づく様々な事業では，基本的に土木工事を中心に「自然再生」事業が行われており(向井 2009)，沿岸域に海洋保護区を設定する方向には向いていない．土木工事による海岸「保全」を基本とする海岸法のさらなる見直しがMPAの設定には不可欠なのではないだろうか．

⑨ どのような保護区が必要か

　現状の保護区には効果のある保護区があまりないのが現状であり，水産資源のみならず多くの海産生物が減少し，多様性が失われていることの歯止めになっていない．2010年に生物多様性条約(CBD)の締約国会議COP10が名古屋で開かれた．そこでは開催国の日本の姿勢が問われた．日本はCBD

が設定した 2010 年までの目標を達成することに失敗したと総括した．環境省は COP10 を機会に，海洋保護区の設定についてようやく重い腰を上げようとしている．しかし，実効ある保護区を作るためには，漁業権との折り合いをどうするかが問われることになる．

　上述したように漁業者の自主管理に任せることには限界があり，公共の政策として健全な生態系を守るために，漁業規制を含む半強制的な保護区の設定も必要な時代になってきた．しかし，あくまで漁業者を含む住民の理解と合意が必要である．漁業自身も海の生態系の保全なしには未来はないということが漁業者にも理解され始めている．

　漁業者を納得させることができる持続的な利用を可能にする MPA を作るには，次のような点が考慮される必要があるだろう．まず，MPA 案に科学的な根拠を与えること．科学的な調査に基づき，生物多様性や生産性への予測を行った上で，MPA 案を示さねばならない．そのためには，詳しい生物と地質・水文学的な調査を積み重ね，専門家会議による検討をおこない，MPA 案をつくることが必要である．

　MPA 案は，これまでの自然公園の海域指定のように，海岸線から一定距離をすべて含むというような画一的な設定をしないことが重要である．海域のうち，なるべく多くの海産生物（有用生物を含む）について，その生活史（どこでどのくらいの期間何を食べてどのくらい生き残るか）や他の種との相互関係を明らかにした上で，それらの生活史を妨げないような利用の仕方と保護のあり方を考えた MPA が提案されるべきである．ある種にとってすべての生息場所が同じ意味を持つものではない．ある生息場所では世代の繋がりができていることもあれば，別の生息場所では常に別の生息場所からの幼生の供給があってはじめて個体群が存続できる場所もある．**ソースハビタット**と**シンクハビタット**とよばれる生息場所の違いがある場合は，ソースハビタットの重要性は前者よりも大きい．MPA はそのようなソース—シンク関係をも考慮に入れる必要がある．東南アジアではサンゴ礁について，このよ

うな考え方から国を超えた海洋保護区の取り組みが始まっている．

さらに，沿岸生態系は陸からの水・栄養塩・有機物・土砂の流入に基づいて作られる複雑な生態系であることから，陸上の利用形態や環境改変，河川の改修やダム建設が与える影響（宇野木 2005）を考えれば，沿岸生態系の保全のために陸上の流域の主要な部分をも含んだ保護区が必要になる．そのような広域環境管理システムによる統合的沿岸管理を目指さねばならない．そのためには，これまでの行政の縦割りを超える思考と行政努力が必要である．

⑩ おわりに

これまで等閑に付されてきた海洋の保全政策が，ようやく動き始めたようだ．しかし，これまでの水産行政との整合性をとりながら進めるのでは，なかなか進展が望めない．一方，水産資源の枯渇・減少も著しく，沿岸域においてこれまでとは異なった何らかの対策を立てないではいられない事態が迫っている．折からの温暖化の波も押し寄せており，このままでは日本の水産業も危うい．今こそこれまでのやり方に固執しない新しい統合的な沿岸域の管理が求められている．しかし，その視点での日本の研究はほとんど無かったといって良いだろう．早急にこの分野の研究を進める必要がある．また，NGO による取り組みがいろんなレベルで始まっている．行政も研究者も NGO の活力をどのように取り込み，生かしていくか，研究や行政の取り組みを NGO や市民にどのように説明していくのか，その間をつなぐ手法の向上も不可欠である．

21 世紀になって，さまざまな社会情勢は，それまでの流れを変え始めている．人口の減少，少子化，グローバル化への一定の歯止め，世界経済の長期低落傾向，地球温暖化など，開発指向だった流域の土地利用にも，遊休地

が増えるなどの変化が現れてきている．経済の右肩上がりの発想から脱却して，低成長安定化による環境保全型の土地利用へと変換する必要があるし，それができる環境が整いつつあると思える．埋め立てて作った海岸の遊休地をあらためて干潟や海に返すことも含めて，流域管理と海洋保護区の現状を考え直す機会がようやく来つつあると思える．それにつけても，管理の対象は自然ではなく人間の行為であることを痛感する．

▶▶▶ 向井　宏

第6章

森・里・海の統合的な沿岸管理をめざして
―― 討論 ――

向井　宏：今日の議論は，森と里と海の統合的な沿岸管理を目指してということですが，いろんな河川でそれぞれ少しずつポイントとなるところが違っているんですね．もちろん共通のところも非常に多いのですが．そういう所についてどういうふうに考えていけばいいかということを少し皆さんに話していただきたいと思います．特に，どういう管理を目指すのかというところがあまり共通の認識がないような気がするんですね．そこで，基本的にどういう流域と沿岸域との関係を目指していくのかというところを少しみなさんに議論をしていただきたいと思っています．

柴田昌三：その管理という言葉も，結局河川改修をはじめとした土木工事による押さえ込みみたいな視点からの管理というものもあるでしょうし，流域の土地利用を視野にいれて，流域総体として水質であるとか生態系であるとかに与えるインパクトを小さくしましょうというような管理を考える人もいるでしょう．

　私なんかだったら今まさに京大フィールド研の木文化プロジェクトにおいて仁淀川でやろうとしているような，森林の植生管理で出てくる水に対して何か改善をという管理を考えている．海の魚への影響と

いうところまではなかなか考えが及びにくい．

向井：理想的に言えばそれぞれの河川について，すべて上から下までの問題点を全部挙げて，どういうふうにすればいいかというのが統合的管理なのでしょうが，それは事実上難しい．森里海連環学がまだ十分市民権を持っていない今の段階では，それぞれの河川で例えば森から見た管理と，海から見た管理という話がそれぞれ別にあってもそれは仕方ないだろうと思いますね．

　そういう意味でこの本では，第1章は自然河川流域と沿岸生態系ということで，比較的自然環境が残っており，人為的なインパクトが少ないところでの問題．農業と沿岸との関係について書いて，第2章では森林の管理と沿岸域環境を，第3章は沿岸環境の現実と理想—水産業と沿岸．第4章は大型構造物による河川の分断と沿岸域への影響という，四つのくくりにしたんですけども，ただ全体を見ると，管理という社会科学が中心の考え方をどうするかという話は非常に少ないですね．そこで，この第6章では，統合的管理をどう考えるかについて話してもらおうと思います．

　この森里海連環学シリーズ1の本（京都大学フィールド科学教育研究センター編・山下洋監修『森里海連環学：森から海までの統合的管理を目指して』京都大学学術出版会，2007年）は，森と海は非常に重要な関係を持っていて，ちゃんと連環を考えないといけないということをいろいろ書いています．シリーズ2のこの本では，ではそれをどうすればいいのかというのがテーマになるはずだったのですけれど，なかなかそこまでは行っていないですね．

　ただやはり方向性というのは出した方がいいのではないかと思います．ここでは，流域・沿岸域管理ということは，基本的に森と海を統合してその生態系のつながりを回復して，良い環境を作るための管理ということを前提とします．防災のための管理を目指すのでもなけれ

ば，経済的な効率を目指すというものでもない．

　現在，森里海連環学の実例を実行しようとして京都大学フィールド研の「木文化プロジェクト」というのが始まっています．仁淀川と由良川で行っています．そこでは上で間伐をやってそれが川の環境，ひいては最終的には沿岸の環境にどういう影響が出るかというところを見ようとしているわけですけれども，ただそれは間伐だけで片付く話なのかどうか．

柴田：片付かないので四苦八苦している訳です．仁淀川の場合は，その上流で行った植生管理というのが規模が小さくて，結局海までは到底影響は行かないだろうと思います．

　由良川のほうもそうですよね．そこでは何が起こるかがわからない．

山下　洋：究極の目標は，流域―沿岸海域の複合的な生態系モデルを作っておいて，流域のごく一部で間伐などを実験的に行って，限られた場所での生態系の応答をきちんと調べ，その影響を生態系モデルに反映させて予測できるようにすることだと考えています．由良川では生態系モデルの構築も夢ではないけれども，仁淀川ではさらに道は遠いと思います．たぶんこの木文化プロジェクト全体としては，由良川で出来上がったモデルを仁淀川に適用して修正していく方向性しかないのでは．仁淀川でも由良川と同じような研究努力ができれば良いですが，それは地理的にも難しいですから．

柴田：これらその中でもいわゆる農業のインパクトにわりと特化してできるような話ができるような流域が天塩川だったりすると思います．

　その影響もわりと少なく，ただ近年はこの影響も大きくなりはじめたという話があって，河川改修も入り始めた，そういう流域の話はわかりやすいんですよね．

　農業やその土木工事的なインパクトはこの辺と，ちょっと気候帯は違うのですけど話はわかる．

あとその農業の濃度が高いところ，例えば由良川の中では中流域は都市部があるわけですよね．仁淀川もそう，割と河口とは言えないですよね．

農業と林業と土木工事はいいんですけど，結局人間臭い部分が，生活臭がする部分がやはりブラックボックスのままなんですよね．非常に解析が難しいのは承知の上ですけども．

① 流域・沿岸域管理とはなにか？

吉岡崇仁：沿岸域の管理は流域の管理といってもいいと思うんですけども，管理っていうものもいろんな管理があると思うんですね．それに対していろんな対応策というのを考えられるし，それが今はされている．いろんなところで，河川改修であるにしても，洪水が起こるからということに関して河川を触る，それから森の生態系が悪いところで間伐をする，ということはあると思うんですけれども，それがひいては流域全体の環境にも社会にも関係するというのが森里海連環の発想だろうと思います．

それがまだまだ普及していないのですね．そうすると流域あるいは沿岸の管理というもので何を管理しなければいけないかというときに，言ってみれば近視眼的に見たときには，一方でダムを作る，向こうで堤防を作る，そういった方法があるけれど，もっと根本的に山から考えなければいけないという話が森里海連環学では出てくるのですよね．

そういうのをこの4章までの中から拾い集めてみると結局沿岸のこれを管理するためには，これだったらばその河口あるいは沿岸だけの対応策で十分いけている実例があるとか，上手くいっている，いって

いないがあると．また，これに関しては山からさわらなくては，これに関しては都市の中の人間から触らないといけない，といったところが見えてくるためにも，やはり沿岸あるいは流域の管理というものを，何がターゲットであるかはっきりさせないといけないと思います．沿岸管理というのが一つ大きなものとしてあるというふうに考えると，何でもあり，というより何でもやらなければいけなくて，それをこの本の中から拾い上げるのは非常に難しいのではないかと思います．沿岸において何が問題であるかといういくつか大きなものを挙げて，それを今まではこんなやり方で管理されていたけれども，それがかなり上手く行ってなかったのが，一つは政治的なものがあるかもしれませんけれども，もう一つはこうした森里海連環的な発想がなかったから，という話ではないかと思います．それらのいくつかが示せれば，森里海連環学の中に，そして，沿岸域を管理するという問題の中に位置づけられるのではないか，というふうに感じます．

　現状は，議論が流域管理沿岸管理の言葉が一体化せずに　ぱらぱらと　それだったらこれでね　という話にしかならないのではないかと思います．

向井：管理という意味でいえば，昔は生態系的な考え方はいっさいなくて，主に防災と治山・治水を対象にした管理だけをやってきたわけです．それがいろいろ反省されて河川法の改正などが行われて環境のことも考慮にいれた管理をしないといけないということが出てきた訳ですが，まだやはりそれは十分ではないだろうと思います．私の印象では見直しが十分ではないというふうに思います．もう少しハードな面で管理しないでもできるやり方を考えていかないといけない．ちょっと極論かもしれませんけども沿岸域管理をいうときに最もいい管理は自然を管理しないことだというふうに私は思っているんですけれども，いきなりそれはまず無理なので，その方向に向けてどういうふうな管

理をしていけばいいか，よりよい管理方法を少しずつ探っていくということではないかな，というふうに考えているんですね．

吉岡：そうおっしゃるときの，管理しないのが一番いい管理だというときの，その実現している沿岸環境というものはどういうものでしょう．

向井：沿岸環境で言えば，例えば干潟や藻場や，砂浜や岩礁域や，そういうものが本来の自然の力学と生物によって作られている，そういう環境がおそらく最もいい環境なんだろうというふうに思うんです．

吉岡：それは人手をかけなくてもできるということですか．

向井：人手をかければむしろそういうのが無くなる，というふうに私は思っています．ただ人間がそこに住むようないわゆる都市ができると，そういうふうには言っていられなくて，いろいろそれこそ管理をするわけですね．人間が住むことによって管理が必要になってくるということなんだろうと思います．

　そのときに，自然との関係を断ち切る方向で今までは管理を進めてきたと思うんですね．そうではなくて昔のもっと技術が無い時代の自然との関わり方というのが，ある意味では理想的なところもあるわけですね．それを現在の状況にどうやって取り入れてやっていくのかというところが必要ですね．私は管理の方向としてはそういう方向なんじゃないかなと思っています．

佐藤真行：わたしの考えは，「管理」というものにはつねに目的があって，その目的の設定には必ず価値観が入ってくるものだということです．今のお話は「事実」に関することですよね．間伐をしたらどうなるか，というのは「事実」に関するお話です．つまり科学的な事実についての議論です．けれどそれがいいことか悪いことか，どうあるべきかという話は，価値観を含んだ議論です．ここには，「である」という議論から「べき」という議論への飛躍があって，そこにはやはり価値観が入ってくる．

② 多様性のための流域・沿岸域管理

白山義久：別の話になりますが，沿岸域管理の中でキーワードとして生物多様性については具体的には入らないのですか？

向井：いや，最初の話にまた戻るかもしれないですけれど，何のための管理かというところですね．バランスのいい生態系という言い方を私はしましたけれども，言い換えれば結局サステナブルな自然のシステムを維持するということと，それの指標としては生物多様性だと思っているんです．サステナブルシステムというのと生物多様性というのがキーワードかなというふうに私は考えているんですけれども，ただこの本にはどこにもそれは出てこないので，それはここで議論した方がいいかなと思っています．

吉岡：生物多様性といってもどのレベルでサステナブルにするかという問題があるので，「こんなところの生物多様性」でもサステナブルなんだというのもあり得ると思います．

向井：生物多様性のサステナブルというのも難しくて，そうではなくてシステムそのものがサステナブルであると，サステナブルなシステムが続いているかどうかを見るのは生物多様性だろうというふうに考えたんですけどね．どうでしょう．

白山：多様性の議論ではあるレベルで一定になるということはなくてどこかに…究極ポイントというんですけども，修復不可能な，転げ落ちてサステナブルでなくなるレベルがあって，そのレベルを超えてしまったらもうそれでどんどんサステナブルでなくなると．そのレベル以上では生態系の機能もかなりキチンとサステナブルにしていける…

吉岡：それは流域とか沿岸によって決まるものなんですか．そのレベルというのは．

白山：きっとデータがたまってくれば決まるんでしょうけど逆に言うとそれは地域性ももちろんあるでしょうし，どこかで一回それを外れて坂を転げ落ちてしまったデータがあると予測はつくんでしょうけど．そうでない限りはそのいき値の予測はつかないですね．

吉岡：目標値を設定できないんですね，そうすると．

向井：いわゆるレジームシフトが起こるかどうかということだと思うんですけどね．でもそれはレジームシフトが起こってみないとわからないということがある．

吉岡：管理するときの制御方法と管理の目標というのが具体的に設定できないといわゆる工学的な意味での制御管理工学はできないんですよね．何を制御するのか，設定された目標値をどこに置くのかがない限りは具体的に議論できないということになるので，生物多様性がこの沿岸だとこのレベルであると，今保っているのだったらそれを落ちないように制御しましょう，管理しましょうということができるんですけど，それが転げ落ちる十分前なのかあとなのかということによって十分前すぎるんだったらばそれを保つには非常にお金がかかる，あるいはとても技術的に困難であるとなったら，いわゆる具体的な意味での管理にはならないんですよね．目標であるかもしれないけど．そうするとちょっと管理という言葉があまり意味のない管理というか．

向井：それぞれの生態系，個々の生態系にとっては全部ではないですけどいくつかそういう例というのはありますよね．例えば湖沼であれば水草なんかを中心にした生態系が植物プランクトンを中心にした生態系に変わってしまうとか．そうするともとの水草生態系にはなかなか戻れないと言うことがありますよね．例えば浅海域であれば似たようなことが起こっている．例えば湖沼なり浅い厚岸湖のようなところですけど，そういうところであればアマモとか水草とかそういうものがなくなるような変化というのはなんとか抑えないといけないということが

設定できると思うんですね.

吉岡：そういうのが具体的に設定できて厚岸湖だとアマモが何ヘクタール残るようなというのを目標にあるいはそれが減らないようにするのを管理制御項目として目標はそこにおくとかいうふうにできると思うんです．そういうふうに言い換えないと生物多様性と言われるとそこにナントカ貝の多様性まで考えなければとなると，今度は制御すると言ってもできない．

柴田：例えば農地の世界で，多様性がいったん転げ落ちたものをワンランク上の多様性に上げる，例えばコウノトリプロジェクトみたいなものですがね，あるいは無農薬でコウノトリのエサが住める生物多様性の空間に上げることに成功しつつあるわけですね．だからまったく不可能ではないと思う．

吉岡：そういう目標を持てばね．

柴田：日本全国コウノトリを飛ぶようにしようという話になってもいいんですよ．

向井：でもあれはどうなんですかね．例えばいわゆる冬水田んぼですか，そういう格好で冬でもエサが取れるようにするという形でコウノトリの復活をしているんだけれども，日本中の田んぼでそれをやれるかどうかというと，コウノトリだけのために田んぼをやっているわけではないので，それはおそらく無理です．

柴田：湛水田するだけで，湿地性の植物の多様性は一気にあがるわけです．

向井：日本中が湛水をするような農業形態に変わっていけば，それはそれでいいと思うんですよ．

柴田：だからこそたぶん地域性だと思うんですよ．日本全国湛水していたわけではないんで，おそらく昔も．

向井：でその豊岡あたりが最近は湛水しなくなったのはなぜなんですか．昔はしていたけど今はしなくなった．

白山：農業という意味から言ったら冬に湛水しない方がいいんですよ．線虫がずっと湿気ていると繁殖しやすい．一度乾かして線虫とかそういういわゆる病虫の被害から逃れることのできる水田というのは非常に合理的なシステムで，乾いた環境と濡れた環境をリサイクルしているのは持続的な稲作には貢献している．

向井：だからそれぞれの地域でそういうことを考えてやるというのはそれはそれでいいと思うんですけど．里山の問題もそうですけれども，昔炭を焼いてた時代と同じふうには戻らないですよね．どこも．里山を維持するためにわざわざ木を切るようなところを作るというような形にしない限りは．草原の維持なんかもそうですけども，そういうのを目的をもってやる以外はなかなか難しいかなあと思います．

柴田：そうですね．たぶん今風の必要な里山の面積というのは新たに考え直さなきゃいけない大きなテーマだと僕は思っているんですね．単なるレトロ趣味で，昔あったところを全部戻そうというのはそれこそお金がかかるだけなんでしょうけど．

向井：やはりそういった里山生態系みたいなのを維持するためには最低限どのくらい必要かというような．そういうことを考えることですかね．多様性のための管理とは．

柴田：おそらくそれをやれば，里山における生物多様性は少なくともあがりますから，単純にね．実はその辺なんですよね．単純に種数としての多様性の話をするだけでいいのかという問題があるようには思うんですね．

中島　皇：一方ではその生物多様性を犠牲にして，効率性が非常に上がって，短い時間で回せるという都合のいいものを作ったということが有効ではあるわけですよね．それをどこまで作るかということをわれわれ（人間）が節度をもって決める必要がありますね．

柴田：生物多様性を目的にせずに昔の人はやっていたわけで，一番自然をサ

ステナブルにするためのシステムがじつは生物多様性を高い状態で維持するのに役立っていたということ．今は生物多様性を先に目的とするんでそのための管理をすればいいと簡単に言うんだけど，それは全然現金収入にならないわけですから違和感がある．いわゆる山の人たちの木文化を再生するイコール生物多様性の維持になるんだけれども…．それがうまく提案できれば森里海連環学も木文化プロジェクトも進められると思うんですけどね．まあ実現可能性はともかく提案ぐらいはやれるだろうと．それらをいろいろやった中で結果として生物多様性がついてきますよという形なのかなあと思っています．ですからさっき向井さんが言われたサステナブルシステムというのはまさにそれなんですよね．もれなくそれに生物多様性がついてくるんだ（笑）と言えればいいと思うんですけども．

③ どのように管理するか？

向井：それともう一つは先ほど言われたように土地利用の問題で，土地利用の問題というのはこういう利用の仕方に変えていくべきだという言い方はできるかもしれないと思うんですね．例えば間伐をもっとしないといけないというのもその一つだと思うんです．例えば里山の問題とも関係するのかもしれないですけども，人間がどの程度関わりを持っているか，どういうふうに関わりを持つべきなのかというところですよね．流域沿岸域管理の中で目指すものとしてはそういうことも含まれるべきだと思うかというところなのですけど，どうですか．たとえば，人間と里山との関わりというのが今どんどん経済構造その他の変化によってで変化しているわけですよね，そうすると今までは，昔はうまくいっていた人間と自然との関わりというのがあるところではな

くなり，逆のところでは別の形で始まるというようなことが起こってくり，そういうことを例えば昔の形に戻せというのはまず非常に難しいですよね．そういう中で例えば昔の関わり方だと非常にいい関係があったのなら，なんとかその環境を取り戻したいという運動だとか方向も，一方ではないこともない．ただ政治的経済的な問題から考えるとなかなかそれをあらゆるところにやるというのは非常に難しくて，ある意味ではそこの環境を維持するためだけにそういうことをやるということになりかねないわけですよね．そういう形での管理というのもあるべきなのかという，その辺はどう考えられますか．

柴田：僕は里山を教えたりしているのですが，そこである意味ジレンマとなるのは，元里山を現役の里山に戻すというのが国民運動的に進んだら，ダム不要論が消し飛ぶかもしれない，というようなことも感じるんですね．日本中で皆伐された里山がいっぱい出来てくると，またいっぱい土砂が出てくる訳ですよ．それはたぶん海岸・砂浜がやせることの防止にもなるでしょうし，結局また昭和20年代，30年代あたりの台風がくる度に洪水が起こるような，それに匹敵するぐらいの土砂量がまた出てくるようになると思うんです．で，山の方の自然に関しては一旦人間が手を加えた自然に関しては基本手を加え続けなければならないというのが今の認識です．それに伴って起こっていた，つまり過去に砂防ダムや堤防を作ったその要因になった部分がまた再び大きくなってくるということも踏まえてその話しができるかどうか．自然をもとに戻そうと，二次的な自然をもとに戻そうということは，そのかつて40〜50年前に問題になった防災面に対する見方がまた復活してこない限りそれは容認できないかもしれない，その部分はまだ研究では出てきていないんですよ，その時代のこういう研究はまだだれもしていなかった，というのがあるんでしょうけど，ですからその辺をどう埋めていくか，この議論は，どこがその埋める部分かがディスカッ

ションができるといいんでしょうけど，そこがないと全く乖離した二つのものがそれぞれ主張し合っているだけのような会話になってしまっているという危機を感じるんです．

中島：やはりそのバランスのとれたところと手の打ち所を探している．だから中庸がどこだということが非常に重要であると感じています．川について言うと，河川改修をしすぎた，そういう部分をじゃあどこまで元に戻せるのかという議論をやっています．あんな立派なものをなぜ壊すかという気もするんですけれど，直線化した部分をわざわざこう蛇行させるという話も出てきています．やり過ぎたところをどこまで戻すのかという試行錯誤も非常に難しいところがあります．土砂が山から出て行くのが問題だったときには，あくまで生産源を止めろというふうに教えられました．まず，もとを断つのが一番だと．しっかり山に木を植えてくると，下のもの（ダムなど）が不要になってきた．それをどうするかという議論はやはり必要だろうと思います．

吉岡：例えば沿岸の砂浜が減ってきた，それでコンクリートブロックによる防波堤を緊急避難的に作って海岸の景観もだいぶ変わってしまった，それをもとに戻そうとしたらどうするんだと，例えばそういうことにターゲットを絞って沿岸管理において砂浜を再生させるということをすると，これをする・これをする・これをするとやっていくとどういうことになるのかというと，これは森まで繋がりますよというのが連環学の発想だろうと思います．連環学という学問体系から言えば，砂を持ってきてまけばいいということではなくて，川はこうならなければいけないし，砂防ダムはいらなくなるし，山は木を植えるんだということになるんですよね．だけど植え過ぎて砂が出てこなくなったらまたダメだ．だから適当にという話になるのだとおもうんですけれど．そういう意味でなにか砂浜の管理とかいうことがあるとして，連環学的に何をどうしないといけない，ジレンマなりトリレンマなりが

できて，やらなければいけないことが繋がっているからであると，一個だけやればいいということではないということはみんなよく知っているんだけれども，今までの政策はそれをしてこなかった．そこで連環学が入るとこれも気にしないといけないですよということになる．最終的にどういう政策がいいのかは住民が価値判断しないといけない．そうすればいくつかの沿岸域管理として何がターゲットになるのかな．ひとつはそれこそ牡蠣の生産量を上げるでもいいと思うんですね．それをやって溶存鉄が必要とかの話が出てきて，森里海連環を具現化するのが漁師が木を植えるのだということになる．そうするといくつか具体的にやることが見えてきて，それがいくつかそろったときに，はて流域沿岸管理とはどうだったのかということが森里海連環学的にまとまる．全体的に沿岸域管理と言われると，それこそ向井さんが言われるように理想的な沿岸を管理して持続させるんだったらば人間いないほうがいいよねっていう話になってしまわざるを得ない．

向井：沿岸域管理というのは人間がいるからやらないといけないんですけどもね．管理というのは自然の管理ではなくて人間の管理だと私は思っているんです．人間の行為をどういうふうに管理していくのかというのが管理だと思っているので．何のために管理するかという問題がありますが．私が思うのは非常にバランスのとれた生態系の中で人間が生活するようなものが一番理想的だろうと思うんですね．そこのところをやはりどういうふうにすればそれができてくるかを求めていくというのが，これからわれわれが森里海連環学を通して考えるときの目標だろうと思うんですね．先ほど里山の話で言われたように人間が手を加えるとやっぱりある意味ずっと手を加えざるをえなくなるというのがある．それは里山に限らず海でもそうですし，おそらく川のダムでもそうなんですよね．放っといたらどんどん手を加える方向に行ってしまうのが今までのやり方ですよね．そうではなくてバランスのい

い生態系の中で人間が生活できるような形にするためにはどういう管理がいいか．人間が手を加えて管理をする中でもある方向は減らす，ある方向は増やす，または別のやり方をやる，といういろんな管理の仕方を考えていかないといけないというふうに思うんですね．例えばダムの問題というのは近年，もう20年から30年前ぐらいから言われてきているんですけれども．アメリカではもう200も300もダムはもういらないからって壊しているわけですね．これは有害であるということで壊してきている．日本はそういう議論があったのにもかかわらず未だ一つのダムも無くなっていない．作る方はどんどん作っているけれどもフィードバックがかかっていない．これからわれわれの森里海連環学なんかを基礎にしてそういう実際的な合意形成，例えばダムの改修なりダムを壊すなりそういう方向になんらかの形で持っていけるような方向というのを出していく必要があると思うんですね．結局管理をせざるを得ないというのは，これはもう自明の理なんですけども，管理の方向としてどういう方向に行こうとするのか，それによってどういう管理をすればいいのかということがやはり考えるべきことです．

白山：サイエンティストがやるべきことと社会がやるべきことがちょっとずれているんですよね．サイエンティストがやるべきことは社会のメンバーが正しいジャッジをするのに必要な材料をきちんと提供することだと思っています．残念ながら今までのサイエンティスト（森里海連環学）は，まだそこはこうしたらこうなります，ああしたらああなりますという，予測といっていいんでしょうか，そういうストーリーをきちっと高い確率で語るにたるだけの知識と経験が残念ながらないですね．もし管理を考えたときには，それぞれに対して将来像を見せて，その後でさっき佐藤さんが言ったように社会が決める訳ですので，ダムを今のまま残したいと思う人もいて，壊すべきだという人もいて，

それぞれのメリットとデメリットがきちんと天秤に乗るかということがわれわれにはまだちゃんと見せることができていないような気がするんですね．学問としてはそこをきちっとやるんだということをまとめていかないといけないし，それから流域によってどれが一番議論すべきポイントになるかということが違っていて，それが由良川であれば河口だし仁淀川であれば一番議論すべきポイントはどこなんだろう，っていうのを事実に基づいて指摘することが重要になる．そう言う意味では，この本もまた，いろんなメニューがあってこれをやればこうなるよという判断を流域の人ができるようなところまでは残念ながら踏み込めていないような気がするんですね．古座川の例では3年間の研究のまとめから見ると，ダムはあまり影響していないという結論なんですね．

向井：何に？

白山：ダムが河口域の底生生物群集にほとんど影響していないというのが結論です．最初は古座川だとダムが放水すると水が濁って，これは絶対ダムのせいだと言っていたんですけども，実はダムが放水しないでも雨が降ったときに水が濁ることがよくわかったんですね．必ずしも因果関係をはっきりさせるところまではいっていませんが．

山下：ダムがあることによってというところまではまだわからない？

白山：ダムの放水によって水が濁るということではなさそう．

山下：放水しなくても雨が降るとやはり本流が濁って支流が濁っていないというのがありますよね．それはやっぱりダムの存在がその濁りに強く影響しているということじゃないんですか．

白山：そこがよくわからないんですね．因果関係を明らかにするためにはもうちょっと別のアプローチが必要かなというのが結論で，それから河口域の季節変動，群集の変動はですね，じつはダムの影響は非常に少なくて，それよりはもっと大きな自然スケールのインパクトというの

がメジャーな要素だというのがわれわれのやった研究の成果です．学問として森里海連環を明らかにするというのがいかに難しいかというのが身にしみて感じたということなんですけども．

吉岡：自然科学という意味での連環として難しい？

白山：そうです．これだけターゲットを絞って狙い撃ちでやったんだけれども，それでもあまりクリアーな結果が出せなかった．やはり自然科学として森里海連環というのをどういうふうにとらえていって，それが成果としては沿岸管理に，森林の管理につながるという，非常に崇高かつ高い目標を掲げているんだけれども，なかなかその一歩を歩むのは容易ではないというのがよくわかりました．そういう意味から言うと河川の，流域の特性をよく理解した上で何が問題なのかというのをどこまで焦点が絞られるかというのは非常に大きいことなんではないかと思います．管理という言葉は，結局問題があるからそれを解決しようと思って管理という言葉にしているわけですから，それがもし社会の問題だというふうに認識していなければ管理する必要もないというわけ．社会が問題を認識しているというのが第一ですね．そこまでハッキリと問題提起されているか，一体問題があるんだろうか．少なくとも古座川はそうだったのか結局良くわからないままでした．

吉岡：そうだったというのは？

白山：古座川ではダムが放水して海水が，串本湾の水が濁ってマグロの養殖でマグロが死ぬというふうになってたんですね．だけど少なくとも私たちがやったデータではほとんどダムの影響はみあたらない．マグロの養殖をしているのは古座川河口の遥か沖なんですけども，そこまで影響が行くことはほぼない．そっちの方の水質が悪化するのは別の要因らしいという所まではわかってしまった．ただイベント的な要因を完全に押さえきれているかどうかは自信がないんですが．

佐藤：しかし，現実には，自然科学的にはわからなくても意思決定が先に迫

られるケースというのがどんどん増えてきている．例えば，地球温暖化などは自然科学的にどうなのか完全にはわからないけれども，今やらなければもう取り返しがつかなくなる可能性があるから対策をやったほうがいいという，一種の予防的なアプローチで考えられています．森里海連環も，森里海のつながりのすべてを科学的に解明されるまでにはもっと時間がかかるのかもしれませんけれども，解明されるまで待ってから社会が意思決定したのでは自然の機能が深刻なほど失われてしまって取り返しがつかないかもしれない．そういった時に，社会は限られた自然科学的知見のもとでどういう意思決定をするか，ということが問題になります．そして，管理ということの中には，こうした不確実性のもとでの意思決定の問題も含まれてきます．現状では自然科学的に分からないのだけれども，なんとかしないといけない，これが管理の一つの課題だと思うんです．

柴田：その一方ですごく地域性がある話で，絶対同じ川はないんですよね．だからその辺りを手っ取り早くやる方法みたいなのが何かないのかというのは考えなければいけないところで，僕は仁淀川に行くようになって本当によく言うようになったのは，そこの流域で人々が昔どう付き合ってたのか知りたい，一つの手っ取り早く知る方法としてはその地域で原則的に維持されてきたその流域との付き合いを知るというのはあるだろう．そこには自然科学的データはついてこないけど，それを推定することは可能なんじゃないか．そういう意味で過去データの収集というのも一つ大きな課題になりつつあると思っています．数値としてはたぶん出せない．ただ生態的モデルというのを最終的に，例えば由良川でさっき山下さんが言われたけれども，その中ではそういう情報も必要なのかもしれないという風には思うんですよね．僕が今イメージしているのは仁淀川流域であらゆる里山と人工林が健全に維持されたとして，つまり里山林の流域何百ヘクタールのうち何

パーセントかが毎年皆伐されていき，人工林は60年ぐらいで回っていく，均等に回っている．そういう土地利用を山で行われた場合にどれぐらいの水質の変化とどういう土砂量の流出があるか，みたいなのが出せたらそれは一つのモデルだと思うんですね．これが山の研究者側の理想なんですよ．海にそれがどういこうが知ったことではない．とりあえず山側の理想はこうなんですよ．というのは出せると思うんですよね．そういうのは過去資料を集めることはできるんです．

向井：やはり山だけの事情ではなくて，川なり海になんらかの影響はあるということは明らかですから，それはそこも含めた形で山がどうあるべきかという話を考えていかないといけない．

柴田：とりあえず山オンリーの自己中心的なシナリオを作ってみて，それにもとづいて，ダムはいるのかという話も出てくるんでしょうし，なかったら年間おそらくこれだけの土砂量が行きますと，それが由良川河口域にダムが有る無しでどう影響が出るんでしょう，みたいな話は出来るはずですけど．

山下：森里海の関係において，わかりやすいのは土砂だと思うんですね．栄養塩などは複雑すぎてあまりにも難しい．土砂はわかりやすいけど実際の研究がやりにくいので誰もやってない．一つは今言われたように山から出る土砂はカウントできる可能性があります．でも途中にダムがあると，ダムは選択的に土砂を止めているんですね．細かい粒子はダムの下流に出ていって，粒径の大きな粒だけがダム湖にたまっていく．どれだけ山が土砂を出しても，砂浜海岸の形成に必要な粒径の土砂をダムが止めてしまったら，実は山とは関係なくて，ダムの問題だったということになる．それが森里海連環学の難しいところだと思うんですね．現実に砂浜海岸が後退しているわけですけれど，さっき言ったように非常に細かい微細砂，あるいは浮泥と言われるものはどんどん海へ出て行っている．砂浜は減っていくのに海底の泥は増えて

いく．そういう実態は結構わかっているとは思うんですが，海でデータを示せと言われたら過去 50 年間に底質の粒径が細かくなったというようなデータは意外とない．土砂はわかりやすいんだけれども，実は研究するのが甚だ難しい．それだけ見ても森里海連環学の難しさがよくわかります．

柴田：例えば水田からの泥水だって昔の農業形態ではあまり無いやり方ですね．水の流れに従って途中に田んぼがある水の流れだったのがそうじゃない農業に変えたということですから，それもシミュレーションできるはずなんですよね．だから今式の農業だとこれだけ負荷が変わっていっていると．その農地面積がどれだけと，そうしたざっくりとした話であればできますよね．

向井：その場合にやはり昔の初歩的な農業に戻せというのはなかなか難しい．

柴田：ただ水の流れだけはちょっとそうしたらどうみたいな提案は，更に新しいやり方と言う提案はできますよ．戻れじゃなくて更に進めと．

吉岡：琵琶湖の話で言うと，逆水灌漑があるがゆえに水の管理が乱暴になったというのが濁水の一番の問題だと言われているんですね．そのときに自分の田んぼだけ見てる人，朝にバルブをひねって水を入れ会社勤めて夜に帰ってきて閉めればいいという人だと，どこが汚れているかがわからない．ところがデータとして，あるいは写真で琵琶湖がこんなに汚れてますよということを見せられると，それは水の管理をちゃんとすれば出なくなるんですよという一種の科学的な管理のデータを見せられると，それぐらいだったらやってもいいのかなといういわゆる兼業農家の人の意識の改革に繋がる．そういう活動というのはアカデミックでもあるし，そういうことのやりとりが専門家と一般の人の間にあるというのは非常に良いことだろうと思います．まあそれが森ではなくて水田ではあるんですけども，同じようなことが森からの話

もできるんでしょうし，森里海連環学の中の森と水，森と里との関係，水田を里と考えれば，あると思います．先ほど柴田さんが言った森だけの，山側だけのシナリオでやるんだよって言ったときに海がどうなるって言うとこまでをセットで示すのが森里海連環のやり方であって，そういう極端なときに海がこんなに荒れるんじゃ反対するよって人が多かったならば，海をもう少しよくする，あるいは森の最適シナリオをちょっと下げたときにどうなるだろうか，それのバランスのどこをみなさん評価してどこで意思決定できるのかというのがやはり望ましいやり取りだろうと思います．そのときに**ステークホルダー**の賛成側と反対側だけのバランスをとるのではなくて，そこには流域としてのユニットで環境が繋がっているという全体を見た上で落としどころを決めるというのが森里海連環学的な環境政策ではないかなと思うんですね．そういう話で沿岸域再生のどこにおとすとかいう話にどういうデータなり実例があるのかというのがこの本で示されているといいですね．この本は沿岸域の再生ということをターゲットにして森里海連環的にやるんだったらどういう物質・生物のつながりの連環があるのかということも示されているし，どういう問題があってどういう取り組みがされていたのか，それを連環学的に取り組むんだったらどうやればいいのかというところの話が入ってくるだろうと思います．

柴田：すべての流域について共通に提供できるデータセットみたいなものをつくれないんですかね．

向井：それはおそらく全てに共通するものといったらほとんど無いんじゃないかなあ．

吉岡：かなり共通するのは溶存有機物と窒素栄養類なんですよね．それはかなり共通するんだけれども．

柴田：例えば流域全体の河川勾配だとか別寒辺牛川なんて平たい川と書いてありますよね．たぶん仁淀川なんかだったら標高1500メートルぐら

いから出てますよね．あとそういうのと流域の土地利用．これ森林と書いてあるだけで人工林率がわからないじゃないかとか，そういうところが並べて読んでたら知りたくなるときがあったんですよ．

④ 森里海連環学の役割

山下：もう一回確認したいことがあるんですけれども，この森里海連環学とはなんぞやということですが，「いい海」を作るためということが一番大切であって，そのために陸域との関係を考えましょう，というのが森里海連環学なんですかね．それは水産学者として私は大変うれしいけれども，私は，いい森もいい海も作ることが出口じゃないかと思う．そうすると局所最適化という言葉がありますが，すごくいい川をつくるとか，あるいは防災とかの個々の目的のために最適化をしていこうとすると，個々の最適化の矛盾が蓄積して，トータルで最適化されないということになるわけです．極端な話，めちゃめちゃいい海を作るために陸を全て犠牲にするっていう話すらも出てくると思うんですね．たぶん森里海連環学というのはそういう視点ではなくて，全体最適化ではないかと．だからちょっと海に悪い影響があるかも知れないけれども森はこうしたほうが全体は最適化されるというアイデアも当然でてきていいんじゃないかとずっと思っていたんですが，どうなんでしょう．

向井：その通りだと思うんですけども，問題はだから何が最適化なんですよ．

山下：そうです．それは佐藤さんも書かれていましたけど，それを決めるのは市民だと．

向井：そうすると自然科学者の出る幕が無くなるんですか．

吉岡：森里海連環学は山下さんの言うそれでいいと思うんですけど，ここで議論しているのは「沿岸域の再生のため」に森里海連環学の発想がどう使えるかということなので，やはり出口は海，今よりもいい環境にするために，ということだろうと思うんですね．

向井：局所最適化が全体の最適化と矛盾するというのは，自然科学的な意味で局所最適化もしていないのだろうと思います．だが，社会的な評価や判断が出てくると，局所最適化が全体の最適化と齟齬を来す可能性は大いにありますね．これまでの河川改修や海岸改修などは，ある意味で局所最適化をしてきたのでしょう．彼らにしてみれば．しかし，それは全体の最適化には明らかに反する．だから局所最適化を止めて，全体の最適化を図ろうというのが，森里海連環学の意味だと思いますが．

佐藤：いま山下さんがおっしゃったとおり，管理というのは何かの目的関数を最適化することだとしたときに，その目的関数というのはいったいどういうふうに設定されているのかというのが問題です．自然を守るという目的を設定したら手つかずの方がよいということになります．ただ一方で，私は経済学者なのですが，放置したせいで川のそばに住んでいる人が頻繁に亡くなるとか非常に不便な暮らしを強いられているときに，それでもなお自然はそのまま放っておくことがいいのか，と考えます．つまり自然だけを見る目的関数で我々の社会全体を管理してもよいとは必ずしもいえない．一方で，人間社会の物的な豊かさだけを追い求めようとすると今度は，極端な目的として GDP を増やすことだけを目指すようになります．GDP を最大化するような管理が最適管理だと考えると，日本も経験しましたが経済成長第一主義の弊害が生じます．どんどん環境が壊れていく．そうするとその目的関数の設定の仕方も誤りであったということになる．そうすると，どういう目的関数がよいのか，管理の目的とは何かということになってし

まいます．繰り返しになりますけども，そのどうすべきかという所には価値観が入ってきますので，人によって全然違う意見が出てくる．そうすると社会全体でどういう合意形成をしていくか，という非常に難しい問題になりますが，私が第4章で書いたのは，民主主義的な決め方をするのだったら市民の一人一人の意見は当然重視しないといけない．しかし，その意見というのも危ういこともあって，はたして市民一般に環境や生態系を踏まえて総合的に評価する能力が備わっているのかという難しい問題になります．

向井：自然は壊れても，それが結局人間に跳ね返ってきて，人間が生存できなくなってしまうわけで，人間が絶滅したら自然はまた復活するわけです．ですから，自然は放っておいても別にかまわない．でもそれでは人間が生存できなくなるかもしれないわけですから，それで管理が必要になってくるわけです．これまではその管理の目的が自然の猛威を制御するのが目的だった．しかし，そのやり方がまずかったから，人間がやったことがかえって人間に害になってきている．だから管理の目的は，サステナブルな人間の生活であって，そのために，人間の行為をどうやって適正に規制するかということだと思うのです．そのための科学的な基礎が森里海連環学だということです．

⑤ 人工林と天然林

向井：森林の方はどうですかね．人工林をもとに戻そうという話は．
柴田：人工林．これが大変．50年前も人工林だったところは人工林でいきましょうというのはわかるんだけど，拡大造林期の過去50年の間に人工林になった全国で500万haですよね，これをどう評価するのかというのは難しい．このまま人工林で未来永劫続けるのか，あるいは

その前の天然生林にもどすのか．

向井：ただ木文化プロジェクト（第2章1節で紹介されているフィールド研のプロジェクト）の中ではね，人工林だったら川にどう影響がでるのか，間伐した場合としない場合とを比較するという研究計画がありますけれど，当然天然林との比較もあるわけですよね．

柴田：はい，やりたいんですけどもどうもモチベーションが人工林の方にあって，天然生林の方にみなさん行きにくくて，私としてはちょっと不満はあるんですけども．誰も興味を示していただけないんで．

山下：世の中の人はものすごく興味を持っている．人工林と自然林がどう違うんだと．でもいろんな専門家にお聞きしても明快な答えが返ってこない．だから目標の設定ができない．

柴田：定義ができていないところがあるんですよ．

白山：この間のSABSTTA（注：生物多様性条約科学技術助言補助機関）でも人工林と天然林の定義はなんだと大騒ぎしてました．

向井：そうなんですか．簡単なように思うけどそうでもないんですか．

柴田：広葉樹林でも人間が植えたケヤキ林は人工林なんですよ．ケヤキの植林地は．

中島：そのあとどれだけ手がかかっているかという評価は何もないんですね．植えたから人工林だというのか，植えて放っておいたら天然林ではないのかという議論はされていないんです．

向井：植林したマングローブ林というのはどちらなんですか．

柴田：人間が植えたら人工林．緑化と称して植えた木は人工林なんですよね．その定義づけで行くと．だけど自然の景観を作り出すためにという目的で行われた緑化の樹林がいつまでも天然林になれないのかということとか，その辺の定義づけが全然ないんですよ．

白山：畠山さんたちが植林して作った森はどっちでしょう．

柴田：六甲山の山なんかみんな人工林なわけなんですよ．ハゲ山全部治山緑

化したわけですから.

久保田信：再生林じゃないですか．もとに戻っていれば．

中島：再生も人がしたのか自然にほっといてなったのかで違うんですね．

久保田：人工再生林，自然再生林という？

吉岡：二次林は？天然再生林は二次林．

中島：二次林とは誰かが切って，その跡に自然に生えてきたやつだけのことを言っていますよね．自然に災害が起こって倒れて出てきても二次林だし．人間が切っても二次林だし．

向井：人間が切らなくても二次林なんですか．

柴田：二次林です．生態学ではそう言われます．そうなると世の中二次林ばかり．

白山：原生林は極めて少ない．

向井：やはり人間がしたかどうかという話で切ろうとすると難しいわけですね．

中島：そうですね．だから極端に大きな手を入れたということで分けているところが非常に強いですね．

向井：ただ環境の問題で言えばそれがどういうインパクトを与えるかというところで分けるという手もあるんですよね．

柴田：そういう意味でも少なくとも過去50年ぐらいを遡った土地利用情報というのも本気で考えるならきちんと集めた方がいいと思うんですが．50年前の土地利用と今の土地利用，おそらくどこの流域でもやたらとスギやヒノキ林が増えているに違いないので，どっちがいいのかという話ですね．仁淀川に至ってはわれわれのプロットは50年前には半分焼き畑で半分棚田ですからね．植林地はほとんどなかったのですから．

中島：人工林と天然林の差というのは，例えば里における土砂流出からいうとほとんどないといってもいいぐらいだと思います．山下先生は非常

に細かいやつが出ていくのを気にされていましたが，人工林の手入れ不足でそういうことが起こることもある．人工林と天然林で差があるかというのは非常に難しい．近いところでは滋賀県南部の田上山なんかで，はげ山だった場所を森林にすれば土砂はかなり出なくなったことが100年かけて証明されてきているわけです．その意味では，地上部に木が生えている（森林になっている）こと自体で，川に出ていく土砂はかなり少なくなります．

向井：生物多様性からみるとまたかなり違いますよね．

6　上流と下流のコンフリクト

向井：例えばメコン川みたいな大国際河川がありますね．そういうものをどういうふうに森里海連環学の中で表現できるのかなというのは興味があったんです．

白山：メコン川はダムが今どんどんどんどん出来てきている訳ですから，その辺の問題とかですね．でもそのくらいできても全然びくともしないという感じなんで．漁業生産もものすごく大きくて，魚類の多様性も高いので，そういう話になるのではないでしょうか．

柴田：ラオスに行ってられた方に聞きましたが，水位がかわって地元の人たちも，カワノリだったかな，生産に大きな影響が出ているという話も聞いたことがあるのですが，国際河川だと他国の川の管理に干渉できないんですね．

向井：それはアムール川の場合もそうで，流域に中国とロシアがあって，影響を受けるのはオホーツク海と日本という構図です．大河川と言われているような黄河とか揚子江でもですね，巨大なダムが出来るとすごく大きなインパクトを与えていますよね．黄河はあれだけの大きな川

が，水が流れなくなっているという話もありますから．やはりダムとか河川改修とか言った問題は非常に大きいのが一つあると思うんですね．

　もう一つは土地利用の問題．土地利用の問題は，こういう利用の仕方に変えていくべきだ，という言い方はできるかもしれない．たとえば，間伐をもっとしなければいけないというのはその一つだと思う．たとえば里山の問題とも関係するのかもしれないが，現在人間がどの程度かかわりを持って，今後どのようにかかわりを持つべきかというところ．流域沿岸域管理を考えるときに，そういうことも含まれるべきかどうかということですが，どうですか．

吉岡：琵琶湖には農業濁水の問題があります．そこはもちろん人間関係が入っていて，農業との関係ということで非常に重要なことなんだけれども，じゃあ果たしてそれが森里海連環かというと，農地と水と湖の関係ではあるんですけれども，なかなか森まで行かない．だけど琵琶湖流域でいうならば農業濁水が一番大きな社会的問題である．それは地球研の谷内さんたちの研究で，本も出版されている．

向井：これは流域ガバナンスの話で住民のコミュニケーションの取り方とかその辺の話がメインなんですよね．

吉岡：ただそこには今おっしゃったように自然科学がどう関与できるか，何が住民の正しい判断かというのはわからないんですけれど，住民がちゃんと自分たちで判断できるような情報を自然科学者なり研究者なりが与えないといけないということをされた研究です．その取り組みとしてはあると思う．それが成功しているかどうかは別ですけれども．方向性は示せると思うんですよね．例えば今おっしゃったようにこの川では何が問題でそれに対して自然科学と社会科学がどう関わっていくか，上手くいっているのか，やろうとしているのか，ということは一つあると思うんですよ．もう一つの方向は今問題は起こってないけ

れども何か政策をしようとしている，環境アセスメントの方向で考えることもできると思うんです．それは住民が思うか思わないかは別としてもダムを作りたいというセクターがいてそれをどう考えるのか，それを自然科学的には価値観は入らないけれどもそれを作ったらどう環境は変化するのか，その情報を持った人たちが環境アセスメントの国民参加のところに入れる仕組みがあるのかどうか．まだそんなにないと思うんですよね．お上が，というか施工側が作った企画書だとか教科書みたいなものに対して意見をいう程度のもの，あるいは流域委員会ができればそこでいろいろ発言できますけども最終的には淀川流域委員会が頓挫しているような状態にしかならないという問題提起もあると思うんですね．

向井：よく考えれば当たり前だというようなことが今まであまり注意が払われなかったところに光を当てるというところもあるんだと思うんですよね．例えばダムの問題ですが，これまでダム建設の環境アセスメントではいっさい海への影響というのは無視されてきた．海に影響はないというのが，公式の見解だった．しかし，海に影響があるというのは，漁業者はみんな知っていた．漁業者には当然のことなのに，河川管理者にはまったくその影響が見えなかった．今でもそうですね．

　ダムによる影響という観点からみると，例えば，北海道の別寒辺牛川上流のところに矢臼別演習場という自衛隊の演習場があって，そこに沖縄で県道越しの溜弾砲の演習をやっていた米軍海兵隊が沖縄から来て砲撃演習をやると土砂が流れるということで，別寒辺牛川の上流域に砂防ダムを作ったんですね．そのときに別寒辺牛川にはイトウという貴重な魚がいて，北海道ではたくさん昔はいたんだけれど今はもう北海道でも非常に少なくなっているということでイトウを守りたいという人たち中心に反対運動が起こった．そこでダムの見直しをしようということになって検討委員会が開かれた．私も検討委員をやった

んですけれど，そこで改めてじゃあどれだけの土砂がどれだけ流れてくるかという測定をまた予算を付けてやったんですね．その結果，そのダムというのは砂防ダムなんですけども，そのダムが本当に役にたつのかということで調べたところ，流れてくる土砂は非常に細かい粘土で，火山灰台地なので非常に細かいのしか流れてこなくて，石や砂はほとんど流れてこないということが科学的に分かった．砂防ダムというのは基本的には大粒形のものを止めるためのもので，砂防ダムを作ったことで止められる土砂はここにはほとんどないということがわかったんですね．結局3基作るところだったのが1基作ったところで，残りの2基はもうやめましょうということになったんですね．作ってしまった1基目も本当は撤去しろという議論もでたんですけれども．役所としては作ったものをすぐ撤去するというのは税金の無駄遣いだと言われかねないと．本当は無駄遣いなんだけども．無駄遣いだと言われかねないということで撤去はしない．そして真ん中にスリットを入れて川としては流すよという形にした．1.2mぐらいのスリットを入れて．それより大きい石が流れてきたらとまるということにしたんです．そういう格好で今別寒辺牛川にはダムは無くなった．原則として無くなったんですけれども．結局流れてくるものがどういうものかということがすごく問題になった．場所によってかなり違うんですね．ところで，砂防の専門家に聞くと，砂防ダムというのはすぐに埋まってしまってそれでいいんだということを言われていた，それは本当なんですか．

中島：山を治める（山から土砂が出るのを止める）方の考えで言えばそれで正しい．谷の中に横断工や階段工の小さなダムを造って安定させると，山脚も固定される．つまり，埋まることによって部分的に河床勾配が緩やかになり，階段状になって，結果的に崩れているところを止めることになります．

向井：すぐ埋まっちゃっていいわけなんですか．その段階で砂防ダムの意味は無くなるんですか．

中島：それでいいという最初からの設計です．それはどちらかというと治山の考え方ですね．同じダムを造っても建設省が作ると砂防ダムなんですね．農林省がつくると治山ダムで，目的が違うんですね．同じダムを作っていても名前が縦割りで分かれていて，治山という山を止める方では埋まっていい．だけども，砂防はどんどん人を守るようになってきた訳です．そうするとポケット（ダム）を作って，詰まったやつは取り出す．常にポケットは空けておくという砂防ダムもあるんです．目的によって違うやり方をやってますね．

向井：実際に掘り出している砂防ダムはあるんですか．

中島：あります．それから今流行はスクリーンダム（スリットダム）ですね．火山とか土石流対策のものは，詰まると次ぎの泥流や土石流が来た時には機能が半減する．機能を保つために大きな石を砕いてスクリーン（スリット）の状態を維持しておくというところもありますね．目的によって大分違うところがあります．砂防の範囲がたいへん広くなっているので，今は景観砂防みたいな，自然と合致した（張り石や塗装で，周囲との違和感を和らげる）砂防ダムとかを作っていっています．

向井：山に木を植えて木がしっかり大きくなれば砂防ダムの意味はなくなるということですか．治山の．

中島：最初の治山の意味でいえば，表面を森林と土で押さえてやるというのがまず一つ大きなポイントです．ただ土石流とかの災害には，普通の砂防ダムでは効かない．逆にその重力式のダムを置いているだけで，ダム自体を全部持っていくような流出が発生すると，ダムがあることがその災害に加担することになります．このような災害にまで対処しようとすると，今度は鉄筋を入れないといけなくなる．対応が変わってきます．

向井：確かに木を切ってしまって山がくずれるという状況は非常に良くないと思うんですが，しっかり木がついててそれでも災害はおきますよね．山崩れはだいたい百年に一回ぐらいの頻度で起こるといわれているようですけれども．そのぐらいはむしろ河川や沿岸に土砂を供給するには必要なものじゃないかなあというふうに思うんですけれど．その辺を上手く両立させるようなやり方というのはないんですかね．

中島：結局それは先ほどおっしゃられたように人の関わることですよね．そうなると砂防では保全対象を言います．人が住んでいるかいないかでそこにダムを作るか作らないかを決めるみたいなところがありますので，社会的な方に話がずれてくると思いますね．最初のうちは危ないという話をしていても，だんだん開発が進んでしまってということがよくあるみたいです．里山の開発も同じですよね．

柴田：今は逆に放置し過ぎて，森の中にものがたまり過ぎて土砂の上につもっているものがでてくるんですよね．あれはダムでもとまらない．というか全部浮いた材木状態で，切り捨て間伐の材木とか，そんなのが流れ出してくるからまた全然違う意味で危ないんですよ．あんなのはダムでは対応できない．土砂ではないんで．

中島：さっきおっしゃっていたんですけど，山の人間は海へ，柴田先生がそういうふうに言い放ったけれども，海のことは知るかと，考えが及ばないというのはあるんでしょうが，陸の人たちの海への感覚というのはおそらくそれなりに日本人だったらあるとは思うんですが，それはどうなんですか．

向井：どういうふうな形でありますかね．

吉岡：非常に単純な上流下流問題のアンケートをやったことがあって，下流の人たちのために上流でどんなことをしないといけないと思いますかという質問と，上流の人たちのために例えば税金だとかを払うということを下流に聞くと，お互いに，そういうふうに聞かれるというこ

とかもしれませんが，柴田さんみたいなそんな傍若無人な人はいない．かなり意識はされてる．それに今はもう森林税などがかなり広まっているということもあって，そんなに俺は知らんぞと，その人の普段の生活を見るとそうであるかもしれませんが，改めて聞くとそういうことになってくる．ただ尋ねてみない限りはほとんどわからないんですけどね．その人に張り付いて一年間ずっと見ててこいつは森のことしか考えてないとわかるんでしょうが，それでも1個しかデータはできませんので，結局アンケートみたいな聞き取りになると，そんなに，少なくとも知識としてはわかっているけれども，ということはある．

柴田：私がこんなことを言うのは環境問題を研究している教員の大半が山を見ようとしないので，あれだけ地球環境を言っておきながら工学系の先生方は全部都市から海のほうしか向いてない．

吉岡：金の落ち方がそうなりますからね．森にお金が落ちないから見ていてもしょうがないんじゃないですか．

向井：そうなんですか．海の方を見ているんですかね．

吉岡：自分たちより下流は自分たちの……

向井：水が流れていくからっていう．

柴田：そうです．排水だとか下水だとか汚泥だとかその視点の先生方が多いです．

吉岡：それは都市だから．

柴田：そうです．都市だから．ひどい先生は余った有機物を全部炭にして森が使い道ないんだったら全部放り込めみたいなことを言われて．それなりに効果はあるのかもしれないけど，ちょっと頭にきたことがあるんですけども．

吉岡：あんまり効果はないんですけどね．炭入れても．

柴田：いや，単なるゴミ捨て場扱いで．

中島：ゴミの処理としての意識はあるんですね．自分らの所に要らないもの

をなんとかどこかに持っていきたいという感覚はあるわけだ．そうするとやはり人間の生活環境をよくしようという意識はバリバリにあるわけですね．

向井：じゃあ自分の周りだけという．

山下：局所を最適化してね，最適化するために系の外へ出せと．

柴田：結局どこかへ溜まってね．

向井：水に流すわけですよね．

吉岡：自分のところでなければ基本的にどこでもいいという考えはあるんでしょうね．でも上流の人は下を見るんだろうと．下流の人は上は迷惑を持ってくるものとか，災害を持って来るものとして見ることが多いのかもしれないですね．

山下：でも今は水源という意識がある．

吉岡：そういう意識があるのは変わってきているのかも知れないですね．

向井：先ほどの話でいえば昔の水田は上の田んぼから次の田んぼへと流れてという掛け流しをやってまして，上の人は当然下の人を考えないといけないというのがありましたね．

柴田：小さいスケールではあるんですよ．水利権の絡むような話になってくると，一番山の田んぼの奥から本流までの間にどう水を流すか，その水路の管理まで，ちゃんと義務付けられて非常に厳しい戒律がどこにもあったみたいですから．そういう意味では，そのスケールでは下流のことは考えています．

向井：もっと大きくなると，日ごろの生活圏から外れるとなかなか考えられていない？

柴田：ある程度大きくなるとその権利の主張の仕合で水争い，争いになるんですよ．

吉岡：圃場整備にしても，そういうことでかなり管理がよくなったので余計見えなくなってというのはあるのかもしれない．

向井：特に農業がやはりそれなりのインパクトを与えているところが多いんですけれども，それぞれの河川で農業やってる人と漁業やってる人の間のコンフリクトとかそういうのはどの程度ありますかね．

吉岡：琵琶湖にも漁業への被害はあると思うんですね．濁水に関しては．それと内湖をつぶして水田にしたところで生物多様性がどうこうとか，というのもあるとは思うんです．

向井：それを農家の人がキチンと自覚しているのかどうかというところはあると思うんですけれども．どうなんでしょう．

吉岡：それは谷内さんのプロジェクトでやっていました．その対象地域である稲枝地区に関しては濁水が琵琶湖に影響しているという情報をインプットされた人がいました．今だったら滋賀県がそういう広報もしていると思うので，滋賀県の農家の人はかなり意識が高くなっていると思います．

向井：やはりそういうのをやらないとなかなか意識はあがってこないということですかね．

吉岡：その人が釣りをやるとかそういうことでない限りは，自分の田んぼから出て行った水が濁っていてもあと数日たったらきれいな水が流れたりしますから，あんまり意識はないんじゃないでしょうか．

山下：海の環境もひどく悪くなっているんですけど，何が悪くしたのかというのを漁師さんには，私たちもわかんないぐらいだから，わからない．濁水は因果関係がはっきりしているから，目に見えるからわかるけど，それ以外のことについては何が原因となっているのかがわからないので，漁師さんには戦う相手もわからない．そういう意味で農と漁業のコンフリクトというのは起きていませんよね．農が原因になるということがわからないから．たとえば農薬には，1980年代中頃ぐらいまではダイオキシンが入っていたんですよ．仙台湾で共同研究していたんですけれど，仙台湾の底泥中のダイオキシンの濃度は，多分1980

年代終わり頃くらいまで，30年間で何十倍かになっています．そんなこと知っているのは研究者だけなんです．ダイオキシン濃度が何十倍かに増えた時に，それが水産生物にどれぐらいの影響を与えるかということがまずわからない．それから海の中のダイオキシンがそれだけ増えたことをだれも知らない．

向井：漁師は知っていてもそれは表に出してくれるなといいますからね．

白山：環境省のデータなんか見れば陸上の，農とは限らないけども陸上のインパクトが，ダイオキシンとか重金属などで明らかに海洋環境にインパクトを与えている．だれが見ても明らかなデータは山のようにありますよね．それはもう森里海連環学の話ではなくて，当たり前のように河川が，陸上の人間活動が海にインパクトを与えているというのは，それは社会常識になってしまっていて，いまさら学問でどうのこうのという話ではないんじゃないかなあ．

向井：それは厚労省のホームページなんかでは，どこの何は，PCBはどれくらいあるだとか，そういうのはありますよね．でもひそかに載せているだけで，あまり大きな声では言わないようにしているのかもしれない．

白山：それはそうかもしれない．環境省の海洋環境モニタリングというのは毎年ホームページにデータがアップされていて，それこそダイオキシンの濃度からPCBの濃度まで全部アップされていて，白浜の沖だけ特異的に高いとかね．

全員：そうなんですか．

山下：100トンとれていた漁業生産物が50トンになったときに，そのうちの何パーセントの減少にダイオキシンが貢献しているのか．それは全然わからない．

白山：当然漁師のCPUEが減っているというところもあるでしょうし．

山下：科学的にわからない．毒だよねということしかわからない．

向井：昔瀬戸内海でアマモ場がずいぶん減ったときに，瀬戸内海に限らないんですけれども，農薬の影響だ，除草剤の影響だというのはかなりいわれたんですけれども結局わからないままなんですよね．あれもね，その辺はだれも研究していないというか．ちょっとその辺は心配なんですけども．

白山：漁師さんの話を聞いていると，やはり白浜の周辺だと梅の農家が農薬をまくころになるとパタッとアマモが枯れるんだと言っている．現象としては．因果関係があるかどうかは別ですよ，そういうことは確かにあります．

向井：そういうことが結局みんな検証されないまま，漁師は勝手にそう思っている．

柴田：森里海連環というのは，そういうのをあまり恣意的にならない程度に並べてみようかということですね．

⑦ 今，何が問題か？

山下：吉岡さんが言っていたけれども，今，川や海で汚染指標の COD 値があがっているんですね．BOD が下がってるのに COD が上がってる．森由来の有機物を直接バリバリ利用できる生き物が川にはたくさんいるけれども海にはあまりいないんですよ．消化酵素のセルラーゼを持ってセルロースを食える生き物ですね．本来河川は曲がりくねっていてしかも瀬と淵の構造があったので，有機物が淵に滞留しますね，滞留しているところで河川性のマクロベントスがそれを利用し，粉々にしてそれが海へ運ばれる，という過程だったのが，直線化によって有機物が一気に海へ運ばれてしまっている可能性があると考えています．そういう意味で，森林由来の分解されにくい有機物が本来は川で

処理されていたのに，それが処理できなくなってCODの濃度が上っているのではないかなという話をしています．そこには川の構造の問題が一つ見えてきている．それから分解されにくい有機物が海へ出て海底へ堆積すると，海にはそれを処理するマクロベントスがいないから，バクテリアによって分解されて貧酸素状態がおきる，というようなことをもう少しこの由良川についてはまとめたい．

柴田：吉岡さんに聞きたいんですが，野洲川ね，あれって河道を直線化したじゃですか．昔はこうデルタ状になっていたのを．あれの変化って誰か調べていないでしょうか？　昔の野洲川ってすごかった．

吉岡：昔は内湖があった．

柴田：なくなったのはものすごい影響じゃないかと思うんですが．

吉岡：直接入ってくるでしょうから，いわゆる湿原とか干潟と同じようにそこでの浄化作用なしに全部琵琶湖に入ってきてしまう，ということはあるんだと思います．

柴田：案外琵琶湖に一番影響を与えているのはあのような改修じゃないかと思うんですが．

吉岡：ただ野洲川は夏場枯れたりしますからね．最近．それはあるのかどうかわからないのではないでしょうか．

柴田：そういう大スケールの河道を付け替えるみたいな．今回のこれぐらいのスケールの川だったらたぶんないんでしょうけど，ただ太田川だったら放水路ができたりしてますよね．そういうものの影響みたいなものはあるのかなと思ったんですが．

吉岡：定量化は難しい．琵琶湖の回りの逆水灌漑も水路が単純化されて，直接入ってまた出て行くということをしてるので，それで負荷が多いということはあると思います．

山下：水量そのものが人間の原因によって減っているようですが，たとえば三河湾の水質がすごく悪化しています．河川水が海に流れ出ると，そ

の物理的力によって下層から沖合水が湾奥に入ってきて，エスチュアリー循環と呼ばれますが，それにより酸素などが供給されます．河川水の量を減らすとそういう物理的な力が減るので，水が循環しなくなり酸素供給量が減ってきます．三河湾の豊川ではさらに設楽ダムを作って水を止めようとしており，三河湾に出て行く水がもっと減る．三河湾は今でも貧酸素で喘いでいるのに，もっと貧酸素水塊が増大するとかね．そういういくつかの典型的な場所をしぼれば，森から海までの繋がりについてもう少し具体的にできるかもしれないと思います．

向井：例えばダムを作るときの環境アセスメントなんかでは，今まで海のことなんか全く取り上げてないんですよね．それはかなり問題だと私は思っている．そういう意味では海にまで影響が出てくるというのをきちんと自然科学の分野で示しておくのは重要なことですから．陸の人はとにかく海のことは考えていませんから．というより見えていないと言ったほうがいいのか．

柴田：考えていなかったと思います．

向井：森里海連環学というのは出来てまだ10年経つか経たないかぐらいですから，これから浸透させていく必要があるとは思います．今ちょっと話が出た中で，海の中の環境が，陸からのものの流れ出し方が変わってくると，海の中そのものが変わってくるという話があって，それもきちんと研究された例はそれほど多くないんですよね．そのあたりがやはりこれからもっとやっていかないといけない部分でもあるのかなと思いますね．例えば例の日本海のエチゼンクラゲのことなんかも，いろんな説があってまだはっきりしないところもあるんですけども，中国大陸の黄河のダムのせいという説もありますし，そういうところはまさに陸と海のつながりの問題なんじゃないかなあと思うんですね．鉄の問題もですね，これをどういうふうに考えていくかというの

もここで少し言及しておいたほうがいいのかなという気もするんですが，その辺はいかがですか．栄養塩ではないですけれども，栄養塩と同じような扱いで，鉄イオン．

山下：JEMBE という雑誌の 2004 年に，都市域を通る河川の流域で森林を切り過ぎたために，有機酸鉄が減って海の生産力が落ちたという論文があります．そういうことは当然他の沿岸域でも起こり得る．

向井：それは都市を流れていくと有機酸が無くなっていくの？

山下：都市域というか，森林を切ったために有機酸鉄が減って，それで海の生産力が落ちた．

向井：都市は関係ない？

山下：都市化のために森を切り過ぎて海の生産力が落ちたのだと言っていました．もし本当にそうなら，明確にそういう事例を示した方がいいですよね．

柴田：切るなってこと？

白山：私は鉄の件はある場所ではイエスだしある場所ではノーだということで，なんでも鉄だ鉄だっていうふうに言ってしまうのも変だなと思うんですね．鉄さえ撒けばどこでも一次生産が上がるんだというような感じで世の中の人が理解してしまうと非常にまずいんじゃないかなあと．

山下：厚岸湾などは溶存鉄が豊富だといわれています．ただし，数字をみたことはない．実際に溶存鉄がどのくらいあるのか．

向井：鉄そのものはきちんと測ってないですね．ただまあ有機酸鉄が多いのは確かです．色からして違いますからね．

山下：今まで沿岸では鉄仮説は全否定されてたんですよ．沿岸域はどこにいっても鉄は十分にあるはずだと．きちんと溶存鉄濃度を測っていない．それはどうも違うようだというのが最近の新しい流れじゃないかと思うんですけれど．

向井：その鉄欠乏になってるようなところは一体何が問題なんですかね．なぜないのか．

吉岡：昔から海洋には HNLC (High Nutrient Low Chlorophyll) といって，栄養塩は余るけど鉄が無いのでクロロフィルは増えないという海はずっと前からあって，大きな川がないとか，陸からの供給が無いので鉄が無いからっていうのが鉄仮説の一番大きなとこだと思うんですけれども．どこにも鉄をまけばいいと言ったって，ハワイ沖に撒いたって鉄以外のものが足らない訳だからダメなんですよね．だから北方の海で，オホーツクはもう鉄がいっぱいあるので栄養になってないんですけれども，アリューシャン列島のあっち側ですか．ベーリング海のあの辺は撒けば……．

向井：それこそ森と海の連環がきちんと見えるところなんですね．鉄というのは．

吉岡：ただそこは昔から大きな川がないので．

向井：日本の沿岸でだいたいどこでも鉄は多いだろうというふうにいわれていたんですよね．それはやはり陸と海との関係という意味で鉄が供給されてきたわけですよね．基本的には．だからアムール川のプロジェクトでもそうですし，要するに陸からの供給で海の生産が支えられている．そういう意味では森と海のつながりというのは鉄で上手く見えてきている訳ですよね．

吉岡：丹後海が鉄欠乏かどうかはまだわからないですけれども．

向井：丹後海がどうかは知りませんけれども，もし鉄欠乏のところがあるとすれば，それはやはり森とのつながりがないということを言っている訳ですかね．

吉岡：かつてはあったかどうか．

山下：そうとは限らない．由良川自身が他の川と比べると鉄濃度が低いという傾向が見えてきています．それはたぶん地質的な問題の方が効いて

いると思います．
向井：鉄鉱石があまりないとか？
山下：鉄分がすくない地質じゃないかなという気はしています．
吉岡：都市に行くと増えるんですけどね．都市あるいは水田みたいな還元的な環境から鉄が出てくる．
向井：それは湿原と同じですよね．
吉岡：そうです　そうです．
柴田：自然に入るのはいいんですけどね．そんなあり得ない量を入れることにはちょっと．恐怖感というか．
白山：鉄を入れて管理をしようという発想がいいかどうかはちょっと横においておいて，鉄が一つの重要なファクターかどうかということは議論してもいいんじゃないかなと思う．
柴田：磯焼けの原因究明の矛先がそこに行っている訳で，それも磯焼けがちゃんと解明されているのかということは，僕は素人なんでわかりませんけれども．
白山：韓国でこの間ちょっと話をしたら，韓国でも磯焼けはひどいけど，鉄の話は一切でてこない．韓国で一番問題になっているのはむしろダムを作ったり，3面張りにするときのコンクリートの不純物として磯焼けを促進する物質が出てくるという議論が非常に主流だというふうに言っていました．日本だとそういうふうな議論は聞いたことが無いんですけれども．
向井：日本ではずっと水温の問題で言われていましたよね．
吉岡：水温が上がって，という話ですよね．
山下：メカニズムは海域によって異るし，単純ではない．全体に水温上昇が影響しているけれども，最後に効いているのはまったく別の要因かもしれません．
向井：ウニのグレイジング（摂食）はおそらく磯焼けの維持に効くんですよ

ね．

⑧ 管理の方法としての海洋保護区

向井：沿岸の管理ということでは，海洋保護区をもっと設定せよという国際的な圧力があります．しかし，海洋保護区に関しては日本ではなかなか受け入れられない．

久保田：受け入れられないんですか．なぜですか．

山下：それは禁漁を伴うからですよ．漁業を規制することになる．

久保田：そうなんですか．

山下：そうするとそこで魚を取っていた漁業者の権利と生活はどうなるのかと．補償できない限りは海洋保護区というのは難しい．

久保田：これは意味がないということですか．漁をしている国というのは日本だけではなくて世界中がやっていますよね．

向井：日本みたいに漁業権が設定されて漁業者の権利が，漁業者の自律的な管理というのを保障している国というのは日本以外にないんですよ．よそはみな政府が保護区を作ってここは獲らないようにしましょうとかしているわけです．日本はそれができていない．ある意味で言えば非常に民主的というか漁業者が自主的に管理している．漁業権という形で．

吉岡：漁業権が設定されていない沿岸はないんですか．

向井：ないですね．

山下：開発によって漁業権を放棄した場所はあります．

向井：たとえば東京湾の中とかね．

吉岡：ここで言う保護区というのは手をつけないということですか．

向井：それはいろんなレベルがあるんですよ．もちろん一番厳しいのは全く

漁業禁止というのもありますけれども，いろんなレベルがあって．
吉岡：コンザベーションとプリザベーションの定義の違いというほどの厳密さはないということですね．
向井：漁業者も自主的にやっているので．例えばよくやっているのは禁漁期間を作ってある期間だけとっていいというのは大抵の所でやっているんですよ．
吉岡：あるいは漁獲量で制限を設けるとかそういうのも．
向井：ただ漁業者がやっている規制はだいたいが基本的に経済原則にもとづいてやっているのでもうからないことはやらない．生物多様性のために方向をとったりはしないわけです．そういう問題がもう一つあるのと，漁業者が考えるのは漁業者の利益のためにやるだけですから，やはり齟齬が生じる場合があるわけですよね．
白山：それも地域性があることだから少しややこしい．自分たちの漁業協同組合がそれぞれの海域を管理しているので自分たちの目の前の生き物を保全したことが別の漁協の生産に貢献することも有り得るんだけれども，それはまずやってもらえないわけですよね．海洋保護区の考え方というのは日本では非常に難しくて実際に1パーセントにも満たない面積ですよね，キチッと管理されているのは．
久保田：それを全面に押し出したらいいんじゃないですか．日本が独特だとは私は知りませんでした．それはいいんですか．
向井：いい意味もあるし悪い意味もある．
白山：ステークホルダーが自主的に管理をしているといって世界に誇るというのもあるんですけれども，現実にそれがキチンと機能していて資源が守られているかというと必ずしもそうではないケースが多いわけでしょ．そういう意味から言うとやはりお上からのトップダウンが必要なんじゃないかという議論にもつながるわけですよね．
吉岡：そういうところに森里海連環学が貢献できるというのはどういう枠組

みになるんでしょう．海洋保護区を設定するとか，それに似た日本の法制あるいは慣習の中で今はその漁業者の経済的なもののために禁漁区，禁漁期を設けたりはあるけれども，それがひいてはそこの生態系に……．

白山：瀬戸内法なんてのはそれの一つの例じゃないですか．

吉岡：それは森里海連環の……．

白山：要するに河川の水質の管理を総量規制でガチガチに固めて瀬戸内海の環境を守ろうとしている．それは森里海連環そのもの．里海連環です．山は入っていないけれども．

柴田：さっきの話といっしょでね，まちの人間が海に向かって汚水を出さないようにしようと．それは後ろの山からは来てないんですよ．

向井：なので私はここでやはり森里海連環でやりなさいと言いたい．結局流域全体で保護区というのは考えないといけないという話になると思っているんですけれど．なかなか保護区そのものの考え方が十分受け入れられているわけでは無いので，まずはそれが先なんです．流域まではとても手が回っていない．

白山：日本の沿岸域管理というのは残念ながら生態系管理ではなくて，魚種ごとの管理でしかない．ほとんどの国は今生態系管理なんですよね．昔は全部魚種ごとの管理だった．世界中みんながそうだったけど，生態系として管理する必要があるというのに，管理の手法と判断基準が世界的には変わったんだけれども，残念ながら日本ではそれはまだ十分には浸透していないという，私はそういう風に認識しているんです．

吉岡：例えば海洋の保護区の設定が難しい．そうするとこの本の中で森里海連環でいろんなつながりがあるということを知ったうえで，沿岸の管理の仕方，方向の設定というときにもそういう流域とか流域圏とかいう格好で捉えるようになると，ステークホルダーが増えるわけですよね．漁業者とそこに住んでいる人らだけではなくて，森の人も都会の

人も隣町の沿岸の保護区のこともかかわっているかもしれないというような発想でいくと，社会の構造として保護区に似たものを設定していかないといけないなあという機運が生まれるというところまでは出せるような気がするんですね．佐藤さんの環境経済的な手法だとか環境意識に関わる取組を連環学と絡めながらやると出てくるのだったらばいいのかなあという気がするんですよね．ただ海洋保護区というものが慣習的にも受け入れられないとすると，少しデフォルメした感じの日本版の海洋特区みたいなものをつくる．そのときには流域としての発想が重要でしょう．そうするとステークホルダーが増えてその意見を考えることができる．イエス・オア・ノーだけじゃなくて，こんなやり方あんなやり方っていう住民の知恵も活かせるようなシナリオみたいのができてくるといいかと思います．

向井：いまそのいい例が知床なんですよね．知床が世界自然遺産になったときに，IUCNが海と陸とのつながりをキチンと保つように漁業規制も含めてやれという条件を出している．それに漁業者が最初すごく反対していたのを，専門家委員会なんかが漁業者の説得に当たり，少しずつ漁業者も納得をしてきて一緒に考えようというふうになってきている．実際にスケソウダラの漁業規制も少しずつ始まっている．そういう格好で全体として森から海までを繋げたような生態系管理という形での保護区を作っていこうという方向がやっと今日本で出てきた．あれは非常にいい例だと思うんですけれど，そういうのはこれからあちこち出てきてほしいというように思うんですね．まさにあれは森と海の連環，里というのはあそこはなかなか難しいかもしれません．里がないから出来たのかもしれませんけれど，そういう意味では漁業の問題というのはああいう形でクリアする方向は一つ見えてきたかなあという気はするんですね．たしかに里が入ってくるとまたもっと難しくなるかもしれませんけれどね．

9 森里海連環学における「里」の意味について

向井：ところで，森里海連環学という場合の「里」というのは，何を意味しているのでしょう．この教科書シリーズの第1巻には，里というのは人間の行為を意味しているとあいまいに表現されていますが，私は人間のやることをすべて里という言葉に凝縮させるというのは無理だと思います．とくに都市をどう扱うかを考えると，「里」の概念に都市のことまで含めるのは難しいと思います．森里海連環学に言う「里」は，山村漁村田園地帯の人間が森や川や海と関わってきた有り様を指すと考えた方が良いように思います．そして，それは今では消失しつつある連環なのでは．

山下：そうすると，「森里海の連環」というのは，今では過去のものと言うことなんでしょうかね．そうではないと思いますが．

向井：でも人間との関係という意味では，そう考えないといけないように思う．都市の人間が森と海の連環にどのようにうまく関わっていると言えるんですか．

吉岡：森里海連環学が生まれた，あるいは構築されなければならないと考えるようになった必然性はなんだったのでしょうか．よく言われることですが，森，川，農地，沿岸，海洋などの個々の生態系を自然科学は別々に扱って精緻化してきたけれど，本来これらは物理，化学，生物的につながっているものなので，そういう連環の中で捉え直す必要があるということですね．陸水学の分野では，ごく初期には陸上とのつながりに関する感性が強かったと思いますが，その後，湖沼は湖沼，川は川というように個別化して考える傾向が強くなっていました．それが，この15〜20年ほどは，集水域という言葉がよく使われるようになり，陸とのつながりを捉え直そうとするようになってきました．

これらは，自然科学の分野内での学際的研究へとつながっていると思います．ここで「里」について考えてみたいと思います．自然科学の分野でも「里」を対象とすることができます．陸水環境と「里」，人間活動と言った方がいいかもしれませんが，両者の関係に注目が集まったのは1970年代を中心とするいわゆる公害問題がクローズアップされた頃と思います．人間活動が集中する「里」として，農地，工場，居住地としての町や都市があり，そこから排出される熱や様々な物質が，陸水・沿岸環境に影響を及ぼし，富栄養化や水生生物の大量死，さらには水俣病などを引き起こしました．家庭や水田からの栄養塩や農薬などの排出量の収支を考えることなどは，「里」を排出源として捉えています．あるいは，水田生態系における生物多様性の研究などは，農耕活動の影響下にある生態系における自然科学的研究と言えるものですね．このように扱われる「里」と森里海連環学で言う「里」とは同じものなのでしょうか．その要素がないわけでは決してありませんが，それだけではないと考えています．向井さんは，山村漁村田園地帯が「里」であるという言い方をされていました．都市の人間は，森と海の連環にうまく関わっていないから，都市は「里」に入らないという意味だったように思いますが．

向井：都市や都市の人間は，現状では連環の対象ではなく，連環の阻害要因ではないでしょうか．例えば教科書「森里海連環学」シリーズ1の中で，柴田・竹内さんの章では，昔の都市は循環に組み込まれていたが，今の都市はそうなっていないというふうに書いています．

吉岡：私は，先ほども言い換えたように，「人間活動」全般が行われている領域を「里」と考えています．さらには，人間の精神・意識活動がおよんでいることも「里」の属性にしてよいと思います．たとえば，都会のある住民が，行ったこともない屋久島の森のことを知って，保全すべきだと思うとき，この人の頭の中に森と里の連環が生まれている

などと捉えています．そうすることで，人の意識を森里海連環学で扱える範疇におくことができるのではないかと思っています．つまり，自然科学だけで扱える「里」，これは先に挙げた公害問題などで扱う排出源という意味ですが，それだけではなく，人文社会学が扱う「里」もあるだろうと思っています．したがって，「里山」を形成してきた農山村田園地帯も「里」ですが，環境を壊し続けている都市も「里」として，連環に関わっていると考えているわけです．森里海連環学をなぜ今考えねばならないのか，それは，環境問題を解決し自然環境を保全するためには，個別生態系を扱うといった従来の学問分野ではなく，生態系間が強く結びついた連環の中にあるという学際的学問分野を推進しなければならないからだと思います．さらに，人と自然とのつながりが分断されあるいは変調を来したがゆえに公害や地球環境問題を引き起こしたと考えるならば，人間活動の場である「里」は，農山漁村も都市も含まざるをえない，そうしないと，環境の保全はままならないのではないかと思っています．

向井：たしかに究極的にはおっしゃるとおりだと思います．「生態系間が強く結びついた連環の中にあるという」学際的な学問分野を推進しなければ，環境問題を解決し自然環境を保全することはできないでしょう．しかし，学際的な学問分野にはいろいろなレベルがあり，これは文明とはいかにあるべきかというところから，海岸の護岸をどうすれば環境に配慮できるかという技術的な問題まで非常にさまざまです．都市のあり方，都市を循環に組み込むあり方については，しかし，われわれがいま提唱している森里海連環学に含めるのはちょっと無理なのではないでしょうか．究極的にはそこを問題にしなければいけないのは分かりますが，まずは循環を大切にしてきた「里」のやり方を学ぶことが大事です．まだそこまでも学際的学問として確立していないのですから．

佐藤：提起していただいた用語の定義は大切だと思います．森里海といったとき，「森」と「海」は明らかに「空間（場所）」を指示する言葉ですから，「里」だけが「人間の行為」を指示する言葉だとするのは違和感があります．しかし，「里」も空間を指示する言葉だとすると，それはいったいどこの場所を指すのかということになります．向井さんと吉岡さんの発言にありますが，山村漁村田園地帯は含むとして，都市も含まれるのか否か，と．

　人間活動の場は，一般には「（人間）社会」と呼ばれています．「社会」と「里」がどう違うのかについて理解にあまり自信がないのですが，「里」は，自然環境とのかかわりがより濃いことを表現しているのかなと考えました（「社会」はそもそも特定の空間を指す言葉ではないのかもしれません…）．都市は，自然とじかに接しているわけではないかもしれませんが，都市も資源などの流通を通じて自然環境に甚大な影響を確実に与えています．なので，都市が物理的・地理的に森や海に接しているかは別にして，本質的には強い関わりがあるし，都市化は環境問題の原因のひとつです．森里海連環学で今日の環境問題・資源問題・生態系破壊問題にアプローチして解決を考えていくには，里に都市も含めざるをえないのではないかと思います．都市を対象外としてしまうと，大きな原因を扱わないことになり，解決に至らない危険があります．

　あと，経済発展の度合いとの関係も重要だと思います．経済発展は一般に人間の経済行動がどの程度活発であるかによって測られます．都市は，特に活発である地域です．昔の都市は循環に組み込まれていたが今はそうでないというのは，都市の経済発展の度合いが自然の復元力の限界（閾値，レジリエンスの限界というのでしょうか）を超えてしまったと理解できます．都市も里に含めるべきだと言いましたが，発展段階の多様性を無視してひとまとめに「里」と呼ぶのは不十分かと

思いました．かといって，経済発展の遅れた都市（場所）だけを里と呼ぶのにも注意しないといけないです．

吉岡：「里」だけが「行為」を指示する言葉となることに違和感があるというご指摘，気がつきませんでした．定義は大切ですね．「里」が空間を指示する言葉ということもあわせて考えると，環境哲学の桑子敏雄さんが，「風景」の定義に「空間の履歴」と「身体の配置」という言葉を使われていたことを思い浮かべます．景観と風景の違いについても触れられていました．桑子さんのお考えをそのまま受けとめられているかどうか分かりませんが，空間にはそれぞれ固有の履歴がありますが，その履歴の一部を知り感得した「わたし」という人間が，その身体をある関係性を持ってその空間においたとき，その空間が「風景」として一気に立ち上がるのだと．地球研のプロジェクトで桑子さんをお呼びして勉強会を開きましたが，桑子さんがおっしゃる「空間の履歴」は，人と空間の相互作用を履歴の中心においておられるようで，我々が考える自然科学的な情報はお考えになっていなかったようです．それはともかく，私には「里」は「風景」に非常に近い概念だと思えます．今まで明確に意識したことはありませんが，「里」という言葉には，物理空間だけでは表せない人間活動の履歴を含んだ「風景」を想定していたのかもしれません．

白山：私には，森と海はヒトの行為の影響のない場所，里はヒトの行為の影響のある場所，というイメージがあります．基本的に日本ではヒトが拘わらないと陸上は森林になるのだと時計台対話集会で学びました．日本および類似の気候地域だけで通用する概念かもしれませんが….森を人工林と天然生林とに区別すると，人工林（特に管理が不十分のもの）は里かもしれません．これに，本来の森の機能を果たしてほしいというのが，間伐を進める行為のように思います．

　先日　体験学習に行った和歌山県のスギ人工林は，下層植生がない

　　　　だけでなく，表土が完全に流れて，岩がごろごろしていました．ここに土壌が再びできるには時間がかかりそうでした．

向井：皆さんの「里」についての議論は，大体のところ腑に落ちます．空間としては「里山」ですね．「里海」という間違った議論については言いたいことがいっぱいありますが，ここでは置いておきます．都市は空間としては「里」とは考えないけれど，消費すると言うことで行為としての「里」に入るということなのでしょう．でも，（現状で）都市が消費するものは「里山」と関係しているでしょうか．木材はほとんど輸入ですし，国内材でも地元の「里山」とは関係ないでしょう．キノコでさえも，工場で栽培されているのを消費しています．おそらく行為としても今の都市は「里山」とはおよそ関係していません．そして，「里山」は今では存続が難しい絶滅危惧種的存在なのではないですか．産業として存続できないからこそ，「里山」を維持するために，多大な予算を使ってまで，里山を再生させようとしているのでしょう．でも「里山」は多様性保全のためであっても，森里海連環とかならずしも直接関係するものではないように思います．「里山」がなくても，「奥山」があれば，森と海の連環はできます．都市はやはり連環を分断する存在となってしまっているのではないでしょうか．

吉岡：現状で，都市が消費するものは「里山」と関係していない，ということに関して，都市が，木材は輸入し，キノコは工場栽培したものを大量に消費しているからこそ，里山の利用がなくなってしまったと考えることはできないでしょうか．もちろん，里山近くの里が利用しなくなったと言うこともあるでしょうが，個人的には里と都市はある意味では連続体と思えるので．里が里山の資源や空間を利用したとしても，その契機や規模には都市の影響（過疎化なども含めて）があるでしょうし，都市が里山を利用すればその効果はもっと大きくなります．里山を存続，再生させようとして多大な予算を使っているとすれば，その

予算の多くは都市から流れてきているはずです．都市住民が森林ボランティアや農業ボランティアに参加するということも森や里の環境に影響があると思います．これらを外的要因として森里海連環学に含めないという考え方ももちろんあります．とくに，自然科学をやろうとすれば，その方がやりやすい．でも，森里海連環学は，これらも含めた懐の広い学問分野を想定しておいた方がよいのではないでしょうか．現時点で，すぐに取り組めはしないかもしれませんが，展望として持っていないといつまでも広がっていかないのではないかと思います．

柴田：里という言葉に関しては，すでに皆様が述べられている内容で，さまざまな意味合いが含まれているとはいえ，いずれもそれなりに的を射た解釈なのではないかと思います．ただ，このメンバーがイメージしている里に比べて，都市というものがかなり乖離した存在として意識されているのは事実ですし，このことは重要なことだと思います．そもそも論でいうならば，少なくとも日本における都市は里が大きく成長したもの，という解釈になるのでしょうが，これが長年続いた結果，今では全く異なった存在となっているといえると思います．私は里山をキーワードの一つとして講義をしていますが，その中で都市はやはり別物として扱わざるを得ないと解釈しています．これは，私の講義の中では少なくとも，「里山」に関係する「里」は農村生態系と言っていい空間に存在するものであるのに対して，「都市」は今や都市生態系とよく言われる別の生態系に属するものと解釈せざるを得ないからです．都市生態系と呼ばれる，独特の生態系は，あまり外部との関係性が述べられることが少ないように思います．その中では，屋上緑化，壁面緑化などの人工的な緑化や都市内部の公園などの緑としての効果が語られることが多いのが現状です．その内部で成立させられる，あるいは成立している新たな空間構造に対して都市生態系が述べられています．また，都市に住む人間は，そこから下流に対しては目は

行っていますが，背後には目が行っていません．環境を考えるとき，汚水を下流に出さないようにしようといった都市から海への視点と，海から風を都市に取り入れようといったようなそれとは逆方向の視点はありますが，やはり背後に対するベクトルは少ないといわざるを得ません．これは，何人かの方が指摘されていることかと思います．しかし，森と海の間に介在する存在として「里」を考える場合には，やはり都市は無視できないと思います．少なくとも日本の都市が，里が巨大化したものである以上，その存在性は無視できません．今から百年以上前，幕末に日本（江戸）を訪れた西洋人は，日本人が都市においてすら自然と共生している姿に驚嘆したといいます．それらの報告はアーネスト・サトウらが西洋において行い，西洋都市のグリーンベルトなどの都市計画に大きな影響を与えたといわれています．今，都市を里と分けて考えるべき，という考え方は，日本の都市が西洋化していく中でそうなっていったものであり，都市内部にすら農地があり，自然とつきあっていく延長上に日本の都市があったかつての日本の都市とは別物に変容してしまっていることは無視できません．そこに日本人が潜在的に持っている里に対する意識があった，もしくは現在もあるはずである，ということは忘れてはいけないと思います．

　そういう意味で，ノスタルジックにかつての日本人と自然とのかかわり方を重視するのであれば，都市は無視できないと思います．しかし，かつての里の延長上の都市ではなくなっている今の日本の都市は，白山さんがおっしゃったような解釈でもって考えるしかないのかもしれません．森里海連環の中で，多くの場合，森と海の間に介在する存在として「里」を位置づけるのであれば，都市も含めるべきでしょう．ただ，これが難しいということであれば，そうではなかった時代の日本の都市についてはここでは考えずに議論を展開した方がいいのかもしれません．そういう意味で，「里」を総論的に定義づけてしまうの

ではなく，この教科書では仮にここではこのように定義して考える，と言ったスタンスで定義づけてはどうか，と思います．そう考えるとき，この教科書では，現在の都市はやはり少し異なる存在として，隔離した状況で考えた方がいいように思います．都市の問題はそれだけで本が何冊も書けてしまうような内容を含んでいますし，これを語るためには今回の執筆メンバーではとてもカバーし切れていないと思います．残念ながら，都市をブラックボックスにしてしまわざるを得ないと思います．川の流れで考えると，都市の手前までは語れるが，その下流（海）に関しては都市というブラックボックスを通り抜けてきた結果のみを扱う，という捉え方しかないのではないでしょうか．サイエンティフィックにかつての日本の都市を巨大化した里として解析できない現状では，私は以上のように考えます．しかし，この視点も，森里海連環の中では将来的には重要な視点として持ち続ける必要があるようにも感じます．

山本民次：「里」はサウンドとして「郷」なので，都市に住んで忙しく働く人が盆・正月には「里帰り」しますが，これは「郷に帰る」が正しいと思います．そういう意味で「故郷」です．そこには小川があって，田んぼがあって，「うさぎ追いし……」の世界です．難しくいうとヒトと自然が共生しているところ．どなたかが述べておられましたが，産業の発展にともなって人間活動が都市部を中心に発達したので，郷から都市に働きに出てきたわけですよね．郷に帰るとホッとするのは生まれ故郷であるとともに，自然が残っているからだと思います．しかし，生まれた場所が都市という人も最近は増えていますし，「うさぎ追いし」もイメージできない人も多くなっていると思います．昔に戻ることは無理としても，そのような自然との共生の中での生活が望まれるようになってきていますし，難しく言えば，循環型社会を目指そうということで，「里山」やら「里海」がキーワードになってきた

と思います.

　ただ,「里山」はヒトと自然が共生した山ですし,「里海」はそれのアナロジー（海版）ですので（まだ里山ほどの知名度はありませんが）,そうすると, ヒトが住む都市が抜けてしまいます.「森里海連環学」と言い始めたのは, そういう意味で,「森」と「海」の間にヒトが住む「里」を入れないと「連環学」にならないからだと思ってました. 世間では「森―川―海」のほうが「流域圏の物質循環」的な発想としては普通なので（水, 土砂, 栄養分は川を伝って流れるので）,「森里海」としたのはちょっと異なる観点ということで, 面白い発想だと思ってました. また, その場合の「里」には当然,「都市」が含まれていると私は思っていましたので, ちょっと今回の議論では驚いています.

　私のように, 沿岸の海の物質循環を研究する者としては, 海に入ってくる淡水・土砂・窒素・リンなどはすべて計算に含めます. そうでないと研究になりません. そういう意味では, 都市からの負荷は当然含めて考えます. 言葉の定義の問題だと思いますので,「里」という言葉の中に「都市」を含めないということで結構ですが, 物質循環をきちんと扱うのであれば, 都市は無視できません. 私は, 自然生態系に対するヒトによるインパクトの大きさの違いで, レベルを分けることを試みました. 里山にはそれほど大きなヒトのインパクトがなくヒトが自然共生しているのに対して, 都市はヒトが占用している. もし里海をヒトが近づける藻場や干潟などの沿岸域と考えると, ヒトによるインパクトは里山よりも里海の方が大きいかもしれないし, 呼び方も「里浜」のほうが適切なように思います.

山下：私も, 都市を含めない「里」はあり得ないと思います. 里については, 吉岡さんの定義, "「人間活動」が行われている領域を「里」と考える", とほぼ同じことを考えています. 上記の定義で言う"領域"は"場"だと思います. また, 人間活動の程度で"里＝非都市"と"都市"

の間に線を引くことは不可能です．都市からの負荷を無視して，沿岸環境の管理はあり得ませんので，森と海をつなぐ鍵は連環のうまくいっていない（分断の原因である）都市にあると考えてもよいくらいです．ただし，都市でない場所においても，連環を分断する要素はたくさんありますので，都市と非都市を分ける意味はないと思います．先にも述べましたが，線すら引けない．

佐藤：「連環を分断する」という点についてですが，都市（および人の住むところ）は昔からの「自然な連環」を断ち切るものであるというのはよくわかります．ただ一方で，都市ができたことによって，下流域・沿岸域・海域（あるいは上流域にも）に悪影響が出るならば，そのこと自体が，「連環している」証拠に他ならないとも言えます．「都市が連環を分断する」というのは，「連環」ということばが「昔からの自然で健全な連環」を指すならば，まさにそのとおりだと思うのですが，言い方を変えて下流域（あるいは上流域）にも悪影響を伝播させて破壊せしめる都市も連環の一部といえると思いました．うまく表現できないのですが，都市が森林や海洋に影響を与える（与えうる）存在である限り，「よい連環」を分断するものではありますが，やはり連環の一部としてあり続けるものなのではないでしょうか．

徳地直子：里と都市を分けるのは，意味がないと思っています．ほぼ山下さんのご意見と同じです．しいていうならば，どこに依存しているか，で別れるかな？という程度です．つまり，里といった場合，流域，あるいは国までのレベルでの依存で，都市といった場合，依存が全球レベルになるでしょう．それなので，流域管理で森里海を考えるのであれば，「里」でいいかと思っていました．全体に小さい社会になっていくのが望ましい気がしているのですが，いかがでしょうか？

上野正博：里と都市を分けるのは，意味がないと思っています．ここらの問題は人の生活の影響を層化して里とか都市とか言うのですから，これ

に意味を与えるか与えないかというのは，我々が何を目指すのかってことになるのでは？　単にある条件下の物質循環の解明を目指すのであれば，都市を排除するって選択もOKですが，でもわざわざ森里海連環を言う以上それだけではすまされないのでは．重ねて申し上げれば，日本国憲法第二十五条「すべて国民は，健康で文化的な最低限度の生活を営む権利を有する」を実現するため，森里海連環学の提唱はそういう覚悟を要求しているのではないかと思います．で，生態系に優しく，森里海の連環を守りながら日本で暮らせる適正人口は何人か……ってことを科学者は真面目に考えてもよい頃ではないでしょうか．この狭い国に1億2千万人もいて，なお少子化でヒステリーを起こすって到底正気の沙汰とは思えない．一つの解は江戸時代ですね．閉鎖循環社会の極限（当時の技術では）まで進化したわけですから……それが3千万人，で，最大の都市，江戸の人口が百万人．もう一つの解が広島ですかね．明治になってから大陸侵略の拠点として発達し，太田川の本流は水路（発電用とか上下水道とか）の中を流れるとまで言われるほど徹底的に開発され，それでもケッコウ自然が残されていて流域人口が150万人．つまり，日本では一つの河川が支えられる人口はせいぜい200万程度らしい……というようなことをちゃんと調べた方が良いのではないですかね．

吉岡：「里」とは何かから外れますが，ご参考までに，日本でどれくらいの人口が養えるのかを議論したものがあります (http://www.es-inc.jp/lib/archives/051017_164712.html)．上野さんが示されている江戸時代の人口3千万人が目安になるようです．エネルギーが十分使えるなら8千万人とか．いずれにしても，1億2千万人はむずかしく，人口の8割以上が食料生産に関わらねばならないようです．5年以上前に書かれた文章ですが，カロリーベースでの計算のようですので，今も変わりはないのだろうと思います．執筆者の篠原信さんは，とてもユニークな

方で，お話しも大変おもしろいです．現在は，本職の傍ら，Geo-engineering に関わる活動もされています．

上野：ここでも述べられてますけど，日本の農業（ほとんど世界中が同じですけど）は大量のエネルギーを投入して営まれています．特に大きいのが肥料・農薬の製造に関わる分で，トラクターなど農業機械で田畑に直接投入されるより遙かにでかい．つまり，里と都市を分けることは意味がないほど，現在の里は大量のエネルギーを浪費しています．さらに，若狭の海岸に立ち並ぶ原発・火発の生み出す電気は，ほぼすべて京阪神の都市部で消費され，地元には大量の廃熱と放射能・大気汚染物質がばらまかれる．ずいぶん前に計算したので記憶が不確かですが，若狭の原発・火発から排出される廃熱量はこの地域に降り注ぐ太陽エネルギーの数パーセントに相当し，これは風を引き起こすエネルギー量に相当するほどです．また，舞鶴湾口にある石炭火発 (75 万キロワット) がフル操業すると，京都府下に登録されている自動車の半数くらいにあたる 100 万台ほどが空ぶかしするくらいの大気汚染物質が排出されます．その他，ダムなんかも考えると，見た目とは裏腹に，現在の里はすでに都市に飲み込まれていて，都市と里を分けて考えても仕方がない……というわけ．繰り返しになりますが，森里海連環学が健全な里の再生を目指す以上，都市の解体を語らざるをえないのでは．もちろん一足飛びにこんな大それたことができるわけではないので，地道な研究がまずは大事ですけど，視野の中に入れておく必要があるかと思う．

向井：みなさんからの議論を聞いていると，多くの人の認識はそう違っていないなあと思いました．一般的に言えば，「里」は，基本的に人間の行為を含むすべてを指すということですね．ただし，そこで気を付けなければいけないのは，徳地さんや上野さんが指摘したように，どのレベルで話をするか，どこに焦点をもって話をするかで，異なってく

ると言うことです．レベルや焦点を絞らなければ，最初のころに私が書いたように，文明論（人間いかに生きるべきか）にまで，広がってきます．最後の上野さんや吉岡さんの話のように，これはこれで面白いテーマなのです．中米の古代文明やメソポタミア文明が何故滅んだかという命題に，環境問題や複雑系の解析が関わってくるので，かならずしも森里海連環学と関係ないわけではないのですが．

議論が拡大，拡散しはじめたようですので，もう一度最初の議論に戻そうと思います．

森里海連環学で，私たちが主張しようとしている森—川—海の連環（自然科学的連環）と関係して考える必要があるという「里」とは，何か．森—川—海の連環に関わるのはまず，第一次産業です．狩猟採集文明であれば，それはまだ森—川—海の連環に入る形で「里」が組み込まれます．そのうち，定着型農業が始まり，連環と里との関係に少し変化が生じますが，「自然との共生」の範囲内で行われることが多い時代が続きました．海は狩猟採集時代がかなり近代まで続きます．田んぼと「里山」といわれる二次的自然が作られました．

それと平行して，都市が建設されるようになって，森—川—海の連環が都市からの汚染物質の流入，ダムの建設，河川改修，など徐々に連環を分断し循環を阻害する要因が増えてくるようになりました．しかし，しばらくは都市と農村の共存が続きます．里山はまだ存続できました．海でも，徐々に養殖などが始まり，海に負荷を加え始めるようになってきました．そして，資本主義の発展と都市における工業の興隆が安い労働力を求め，それを進める政治勢力が農村から都市へ人口の集中化を進めるような政策を実行し，農村が疲弊していきます．科学技術の発展が，その人口集中化を促進します．里山は放棄され，海では汚染が極端に進みました．技術の進歩は水産業における乱獲を推し進めました．森—川—海の連環は，あらゆる面で無くなり，縮小

し，循環ができないようになっていきました．

　いま，その来た道が反省されるべきだというのが，森里海連環学が提唱された理由だと思います．その基礎には，科学の上でも，それぞれの生態系の研究が，閉鎖系であることを前提に行われ，フラックスはその生態系の外側のブラックボックスとのやりとりに過ぎなかったという事実があります．外側の生態系と密に連環していることを認め，その連環を考えるということさえも，せいぜい20年前くらいからPolisらの研究で主張され始めたばかりです．

　そこで，森里海連環学があらゆるレベルの問題と関係していることはたしかですし，それはいずれは問題にされなければならないでしょうが，ここで教科書でまずわれわれが記述し，教育したいと思う「森里海連環学」では，「里」の意味をどう考えればいいか，という問題を私は提起したつもりでした．そのときに，徳地さんが書いていたように，流域レベルで考えるとすると，問題は，連環学の「里」は，「里山」をつくる「里」なのか，下流を汚し上流にダムを造り分断する「都市」のような「里」なのか，でしょう．そういう意味で私は「里」と「都市」を分けて考えた方が良いと言いました．その間に線を引くことはできないというのは，その通りかもしれませんが，でも両者の間にははっきりとした違いがあります．昔，半閉鎖的と考えられていた生態系の間にどこに線を引くかという論争が続いていたことがありました．線を引くのは難しいという議論が中心にありましたが，その議論が曖昧なまま終わった後は，みんな○○生態系，△△生態系，××生態系とそれぞれ違いを認識して使っています．間に線を引けるかどうかは，もう議論されなくなりました．それと同じ議論になりそうなので，「里」と「都市」の間に線が引けるかどうかという議論は，あまり意味がありません．

　長くなりましたが，結局のところ，森里海連環学のこの教科書では，

都市は上手く扱えていません．そこで，ここで書かれている「里」は，「都市」とは別の概念だと考えて書いた方が良いと思った次第です．将来的に「都市」をどう森里海連環学に組み込んでいくかは，大きいテーマでしょう．最初は，ここになんとか切り込めないかと，2〜3人に声をかけて「都市における連環」の章を作ったのですが，結局，断られたり，原稿をもらえなかったりしました．連環における「都市」の問題を自然科学だけでやろうとしても難しいようです．そこはもっとしっかりと文理融合で議論をする必要があるのでしょう．将来．

田中　克：皆さんの議論を聞いていて，森里海連環学を創生した当時私が，里についてどのように考えていたかを参考までにお話ししておきます．自然のつながりとしては，森—川—海が最もわかりやすいにもかかわらず，あえて森里海連環としたのは，一つには21世紀型の新たな統合学問として，これまでの学問が科学の狭い枠内に閉じこもり，あまりに専門分化し過ぎ，極めて複合的な現実の諸問題の解決に効果的に機能していないとの反省から，科学的知見が現実の諸問題の解決に貢献し得る方向への転換を指向したからに他ならない．つまり，森川海のつながりの自然科学的なメカニズムが解明されても，必ずしも森—川—海やそれらのつながりが回復されることにはなり得ないとの思いからである．これまで，森川海のつながりを壊してきたのはほかならぬ人間であり，それを修復できる（修復して次世代に送り届ける責務を負う）のも人間に違いないとの考えに基づいている．つながりの修復を最終目的におく時，人々の在り方（価値観やライフスタイル）が最も問われることは間違いなく，その人間が住む場として"里"（適当な英訳が無いので，とりあえずHuman Habitationとして紹介）を位置づけ，森里海連環学とした．この考えによれば，圧倒的多数の人間が暮らす都市も含めた人間の生活空間として里を捉えていることになるわけです．都市に住む多くの人々の考えが変わらなければ，森と海の本来の

つながりは回復しないと言うメッセージとして森里海連環学を提唱したものです.

次にアブラヤシのプランテーションについて考えたことを少しお話ししておきます. マレーシアの基幹産業の一つはアブラヤシ (oil palm) のプランテーションによる植物油やバイオエタノールの生産です. 私たちが日常食べる加工食品の50%以上にはこのパームオイルが含まれています. これらのアブラヤシのプランテーションは熱帯雨林を含む森林を伐採して拡大し続けています. 生物多様性豊かな熱帯雨林をモノカルチャーの"無生物の世界"に変え, 大量の農薬や肥料を使用し, それらは雨の度に川に流れ込み, マングローブ河口域やその先のサンゴ礁域の生態系に大きな影響を与えていることが大いに危惧されています. これらの植物油やバイオエタノールは植物性の再生産資源・エネルギーであるためにそれは環境にやさしいとして都市の人々は日々その恩恵にあずかっています. しかし, 遠目には緑の絨毯のように見えるこのアブラヤシの林は, タイなどのゴム園, フィリピンのバナナ園などと同様にその成り立ちやその維持管理の在り方を見れば, とてもそのようには言えない存在です. それにもかかわらず, 今も拡大し続けるのは都市に住む圧倒的多数の人々がそれを求めるからにほかなりません. 人の気配がまったく見えないアブラヤシのプランテーションは紛れもなく都市と深くかかわった里といえます.

さらに, 環境認証制度と里の関わりについてお話しします. 森林認証制度に続いて漁業資源についても認証制度が導入され, 今後の広がりが期待されています. 海の漁業資源の8割はすでに乱獲傾向にあり, 漁業活動の停止も含めた抜本的な対策を講じない限り, その再生は極めて厳しい状況にあります. このような漁業資源に関して, いろいろな国際的規則が制定されていますが, 各国の足並みの不揃いや違法操業によって事態は深刻化しています. このような状況を打開するには,

もはや漁業者だけの管理に任せるのではなく，消費者がそのイニシアチブを取ろうとの考えが認証制度導入の背景といえるでしょう．すなわち，資源の管理や生物多様性に配慮しない漁業者からは魚介類を購入しないという考えです．世界最大手のスーパーマーケットであるウォルマートは数年前に，5年後には認証を取得しない業者の魚介類は取り扱わないことを決めました．資源の管理を都市に住む消費者が進めようとの動きです．これは一種の価値観の転換やライフスタイルの転換にもつながる動きといえるでしょう．都市に住む人々が海の漁業資源の将来を握るという点で，里の意味を考える上で一つの示唆を与えるものと思われます．

　以上は，いずれも里の捉え方には当然都市が含まれる，むしろ都市を抜きにしては考えられないとの見方です．一方，かかる説明に対して，都市までも里に含めるのはなかなか理解しがたいとの指摘も受けます．この場合には里イコール田舎というイメージがあるからではないかと思われます．里論議は，抽象的に進めてもあまり生産的でないように思われます．ここで，里の意味を問い直そうとしているのは，あくまでも森里海連環学が動きだし，その展開の過程で常にその意味を問い直す必要があるためと考えられます．森里海連環学がイメージする里とは何かを，折々に確認し，必要に応じて問題提起し，深めていけばよいと思われます．

⑩ 生命（いのち）の里

それではここで久保田さんが作った詩を歌っていただきましょう．「生命（いのち）の里　〜森と海と里のつながり〜」という，森里海連環学を唄った歌です．この歌はCDにもなり，販売されていますし，ホームページに入

手方法などが載っていますので，参考にしてください．http://www.benikurage.com/

「生命（いのち）の星　―森と海と里のつながり―」
　　　　　作詞・唄　久保田　信　　作曲・編曲　中北　利男

1. 森の緑，木漏れ日，谷わたる風，せせらぎ
　　色とりどりの　草花，きのこ，コケ，シダ
　　虫は息づき，カエルが憩い，鳥がさえずる
　　森は　酸素を産み出し　土を耕す
　　雨水は　滋養を川へ恵み　里や海を潤す

2. 海の青，海岸，無名の　あまたの生命（いのち）
　　光と滋養は　植物プランクトンの素（もと）
　　動物幼生（ようせい），ジェリーフィッシュは　浮かび漂う
　　貝，ゴカイ，カニ，サンゴ，海底ぐらし
　　海原の　魚（さかな），カメ，クジラまで　生命（いのち）をつなぎあう

3. 森の生命（いのち）に　海の生命（いのち）はつながり
　　里の生命（いのち）も息づく

生かされ生かし　あまたの生命（いのち）のバランスが
里のくらしの支え
野菜，果物，米も麦も，豊かに実る
汚染なき空気・水・土が　すべての生命（いのち）を生かす
明日の生命（いのち）をのせて　今日も　生命（いのち）の星は
まわる・・・・・・・・・・
明日の生命（いのち）をのせて　今日も　生命（いのち）の星は
まわる・・・・・・・・
明日の生命（いのち）をのせて　今日も　生命（いのち）の星は
まわる・・・

討論参加者（メール参加も含む）

| 白山義久，山下　洋，吉岡崇仁，柴田昌三， |
| 向井　宏，佐藤真行，中島　皇，久保田信， |
| 山本民次，上野正博，徳地直子，田中　克 |

用語解説

BOD（Biochemical Oxygen Demand; 生物化学的酸素要求量）
　有機物による水質汚濁の指標．水中に含まれている有機物を微生物に分解させたときに消費される酸素の量で表される．通常は，25℃で5日間分解させたときに低下する酸素濃度で表す．BODの値が高いほど，有機物汚濁が高いことを示す．一般に河川の有機物汚濁の指標として使用される．

COD（Chemical Oxygen Demand; 化学的酸素要求量）
　有機物による水質汚濁の指標．水中に含まれている有機物を酸化剤（過マンガン酸カリウムや重クロム酸カリウム）で分解させたときに消費される酸化剤の量を酸素の量に換算して表したもの．CODの値が高いほど，有機物汚濁が高いことを示す．一般に海洋や湖沼の有機物汚濁の指標として使用される．

大橋式林道
　一般に「作業道」とは林業における木材搬出用道路であり，一般車両の通行は考慮されない．従来，日本で多く認められる急斜面では，ワイヤーを用いる架線集材が一般的であったが，高密度に作業道を作設することにより，ハーベスタなどの車両系機械が導入でき，低コストでの間伐が可能となることから路網整備の重要性が認識されるようになっている．旧来は搬出時の一時的な利用のみを考慮していたが，近年では繰り返して継続的に利用できるものを「作業道」とし，一時的な路網は「搬出路」として区別される．大橋式作業道は大阪府の指導林業家である大橋慶三郎氏によって考案，普及された作業道の作設方式で，2tトラックが常時通行できるように工夫されたものである．通常の安価な作業と異なり，法面，路肩および路面を間伐材を用いた木製構造物と砂利などで補強し，バックホウなどのクローラ式車両だけでなく，乗用車などのホイール式車両が常時通行できるようにした点が特徴的である．ただし，やがて腐朽する木製構造物はあくまでも仮押さえの役割しか持っておらず，最終的には植生の根系支持力により路体を維持することを期待している．簡易な作業道の10倍程度の作設費用がかかるが，急峻な斜面においても崩壊の危険性が少なく，補修もほとんど必要としないことが特徴である．乗用車が通行できることから，作業者の通勤道となり，低コストの森林管理が可能になるほか，土壌流出など周辺環境への負荷低減や森林所有者が所有林に行きやすくなるなどの効果が考えられること，および地元の

| 用語解説

関心や愛着が湧くこと，工務店や施主が直接山に入る売買形態が成立すること，などの効果が注目されている．

鍵種（キー種）

ある生態系の食物連鎖構造の中で，捕食―被捕食関係の中心的な位置にあり，その種の個体群の増減がその生態系の生物群集構造に大きく影響を与える種を指す．

錯体

電気的に結合した分子性化合物の総称．金属原子である鉄と腐植物質であるフルボ酸が結合したフルボ酸鉄は，植物プランクトンの生育に大きな役割を果たすことが指摘されている．

硝化反応

有機物の分解によって生成するアンモニア（NH_3）が，硝化細菌と呼ばれる細菌によって，亜硝酸イオン（NO_2^-）を経て，硝酸イオン（NO_3^-）に酸化される反応．硝化細菌には，NH_3 を NO_2^- に酸化するアンモニア酸化細菌と，NO_2^- を NO_3^- に酸化する亜硝酸酸化細菌という異なる二つの細菌群があり，それぞれ数種類の細菌が知られている．

シンクハビタット

隔離された複数の生息場所（ハビタット）の中で，個体群の再生産が行われず，他の生息場所からの浮遊幼生や種子，胞子などの分散子が定着することによって個体群を維持している生息場所．

ステークホルダー（Stakeholder）

当事者，利害関係者．含まれる範囲はさまざまであるが，環境問題におけるステークホルダーには，地方自治体，関係する事業体，地域住民のように，直接関係する利害関係者に加えて，環境NGO・NPO，研究者や広く国民全体も間接的な利害関係者となる場合がある．

西岸境界流

海盆の西側にできる強い海流のこと．黒潮やメキシコ湾流がその例．球体の地球が極から見て時計回りに自転することによって生じる現象．

用語解説

石炭灰造粒物
　石炭火力発電の副産物として灰がでる．灰には2種類あり，一つはクリンカ・アッシュ（ボトム・アッシュ），もう一つはフライ・アッシュ（飛灰）である．前者はごつごつとした石ころ状なので，そのまま土木資材として使われている．後者は粉末なので，これにセメントを加えて造粒したうえで，土木資材として使われている．後者はセメントを加えるためカルシウム含量が高く，アルカリ性を示すので，酸性土壌の中和に適しているうえ，微粉末であることから極めて多孔質で吸着機能に優れている．いずれもすでにリサイクル材として製品化され，土壌汚染対策防止法や海域に適用する際の環境基準などをクリアーしていることから，陸上での使用だけでなく海域での環境修復資材として使われるようになってきている．

選択取水方式
　ダム湖の表面から深層まで，可動式の取水口により，取水水深を選択できる方式．例えば，水温は夏季には表層で高く，底層で低いので，下流域の水温と同じくらいの水深の水を選択的に放流することで，放流水による下流域の生態系に対する影響を軽減することができる．

ソースハビタット
　隔離された複数の生息場所（ハビタット）の中で，個体群の再生産が行われ，さらに浮遊幼生や種子，胞子などの分散子をそのハビタット外へも分散させている生息場所．

窒素の不動化
　土壌中の無機態窒素，とくに硝酸イオンは，土壌から流出しやすい．これに対して，植物や微生物がこれら無機態窒素を取り込んで有機態窒素に変換されると植生や土壌中に窒素が保持されるようになる．このプロセスを窒素の不動化と呼んでいる．

点源負荷，面源負荷
　水系への栄養塩類や汚染物質等の負荷には，工場や下水処理場など地図上の点として特定できる場所「点源」から流出するものと，水田や果樹園といった農地，森林や湿原などの土地利用・土地被覆全体「面源」から流出するものとがある．水質汚濁防止対策として，今までは点源負荷の特定と負荷削減が中心であった．面源負荷の削減は点源負荷と比較して対策が難しいとされるが，面源からの負荷の重要性が認識されるようになってきた．

| 用語解説

熱塩循環
　海水の冷却やブライン水の形成によって密度が高くなった海水が鉛直に沈みこむことによって生じる海洋循環．風による海洋循環と共に海洋大循環の主たる駆動力となっている．

腐植物質
　植物などが微生物的・化学的作用を受けて形成される難分解性の有機物．土壌，水圏，堆積物の中に普遍的に存在する．

ブライン水
　高濃度塩水のこと．海氷が成長する際に，海水の塩分は氷から排出される．排出された塩分を含む海水は，低温で塩分が高いことにより，周囲の海水よりも密度が大きく，鉛直に沈降する．

閉鎖度指標
　閉鎖度指標＝($\sqrt{海域面積}$×湾内最大水深)／(湾口部幅×湾口部最大水深)．水質汚濁防止法では，閉鎖度指標が1以上の海域を閉鎖性海域として排水規制の対象としている．実際に計算された数値は「閉鎖性指数」とも呼ばれる．

溶存無機態炭素（DIC）
　水に溶けた二酸化炭素（CO_2）は，ヘンリーの法則に従う濃度で気体（CO_2）のまま存在しているが，残りは水分子と結合して炭酸（H_2CO_3）を形成し，これが解離して炭酸水素イオン（HCO_3^-），炭酸イオン（CO_3^{2-}）となって存在している．これらの形態をあわせて，溶存無機態炭素と呼んでいる．これらの形態の存在割合は，水のpHによって大きく変化し，海水（pH約8.3）では，ほとんどが炭酸水素イオンとして存在している．

予防原則
　環境に重大かつ不可逆的な影響を及ぼす仮説上の恐れがある場合，科学的に因果関係が十分証明されない状況でも，規制措置を可能にする制度や考え方のこと

引用文献

第1章1節

Coble, P. G. (1996) Characterization of marine and terrestrial DOM in seawater using excitation-emission matrix spectroscopy. *Marine Chemistry*, 51: 325-346.

遠藤郁子・柴田英昭・小宮圭示・高畠　守・佐々木倫子・石川尚子・佐藤冬樹 (2008)「人間活動が河川水質に及ぼす影響：天塩川プロジェクト」『北方森林保全技術』26: 27-30.

Ileva, N. Y., Shibata, H., Satoh, F., Sasa, K. and Ueda, H. (2009) Relationship between the riverine nitrate-nitrogen concentration and the land use in the Teshio River watershed, North Japan. *Sustainability Science* 4: 189-198.

門谷茂 (2006)「天塩川河口域における生物生産と環境因子の関係」『水産学術研究・改良補助事業報告』(平成17年度)，財団法人北水協会，pp. 105-116.

Nagao, S., Matsunaga, T., Suzuki, Y., Ueno, T., Amano, H. (2003) Characterization of humic substances in the Kuji River waters as determined by high-performance size exclusion chromatography with fluorescence detection. *Water Research*, 37: 4159-4170.

長尾誠也 (2008)「水中の腐植物質」『環境中の腐植物質　その特徴と研究法』石渡良志・米林甲陽・宮島徹 (編)，三共出版，pp30-48，東京.

Ogawa, A., Shibata, H., Suzuki, K., Mitchell, M. J. and Ikegami, Y. (2006) Relationship of topography to surface water chemistry with particular focus on nitrogen and organic carbon solutes within a forested watershed in Hokkaido, Japan. *Hydrological Processes*, 20: 251-265.

Park, J. -H., Duan, L., Kim, B, Mitchell, M. J. and Shibata, H. (2009) Potential Effects of Climate Change and Variability on Watershed Biogeochemical Processes and Water Quality in Northeast Asia. *Environment International* (In press)

請川知彦・佐藤尚哉・柴沼成一郎・門谷　茂 (2008)「天塩川河口域の鉛直断面構造と物質輸送過程」『第7回海環境と生物および沿岸環境修復技術に関するシンポジウム発表論文集』，pp. 17-20.

佐藤尚哉・柴沼成一郎・門谷　茂 (2008)「天塩川河川水の低次生産能力の評価とシジミ生産」『第7回海環境と生物および沿岸環境修復技術に関するシンポジウム発表論文集』，

pp. 81-86.

Senesi, N. (1990) Molecular and quantitative aspects of the chemistry of fulvic acids and its interacitions with metal ions and organic chemicals. Part 2. The fluorescence spectroscopy approach. *Analytica Chimica Acta*, 232: 77-106

柴田英昭・青栁陽子・石川尚子・小宮圭示・杉下義幸・佐藤冬樹・池上佳志・笹賀一郎・上田宏・傳法隆 (2004)「天塩川流域における環境変化と水棲生物群集の関係:森から海への研究を目指して」『北方森林保全技術』, 22: 6-9.

Shibata, H., Konohira, E., Satoh, F., Sasa, K. (2004) Export of dissolved iron and the related solutes from terrestrial to stream ecosystems in northern part of Hokkaido, northern Japan. Report on Amur-Okhotsk Project No. 2. RIHN, pp. 87-92.

柴田英昭・戸田浩人・福島慶太郎・谷尾陽一・高橋輝昌・吉田俊也 (2009)「日本における森林生態系の物質循環と森林施業との関わり」『日本森林学会誌』, 91 (印刷中)

Thurman, E. M. (1985) Organic Geochemistry of Natural Waters, Martinus Nijhoff / Dr W, Junk Publishers, p. 497

上田　宏・柴田英昭・門谷　茂 (2008)「流域環境と水産資源の関係:天塩川プロジェクト」『森川海のつながりと河口・沿岸域の生物生産』山下　洋・田中　克 (編), 水産学シリーズ 157 巻, 恒星社厚生閣, pp89-98, 東京.

第2章2節

赤羽敬子・岸　道郎・向井　宏・飯泉　仁 (2003)「陸域からの栄養塩負荷量に対する北海道厚岸湖の生態系の応答」『沿岸海洋研究』, 40(2): 171-179.

厚岸町 (2009)『厚岸　とわの森から,とこしえの海へ』厚岸町, 143pp.

北海道環境科学研究センター (2005)『北海道の湖沼　改訂版』, 314pp.

川辺みどり (2006)「沿岸域管理の視点から見た厚岸青年漁民の植樹活動」『地域漁業研究』, 46(2): 219-240.

向井　宏・飯泉　仁・岸　道郎 (2002)「厚岸水系における定常時と非定常時における陸からの物質流入:森と海を結ぶケーススタディ」月刊『海洋』, 2002 年 6 月号, 34: 449-457.

大島ゆう子・岸　道郎・向井　宏 (2006)「厚岸湖における有用二枚貝を取り巻く物質循環モデル」『日本ベントス学会誌』61: 66-76.

帯広営林支局 (1997)「よみがえる大地から　うるわしい大地へ」『パイロットフォレスト造成 40 周年記念誌』p. 72.

Watanabe, K., Minami, T., Iizumi, H. and S. Imamura 1996. Interspecific relationship by composition of stomach contents of fish at Akkeshi-ko, an estuary at eastern Hokkaido, Japan. *Bulletin of Hokkaido National Fisheries Research Institute*, 60, (In Japanese, with English Abstr).

Woli, K. P., T. Nagumo, K. Kuramochi and R. Hatano 2004 Evaluating water quality through land use analysis and N budget approaches in livestock farming areas. *Science of the Total Environment*, 329: 61–74

第 1 章 3 節

青田昌秋（1993）『白い海，凍る海：オホーツク海のふしぎ』東海大学出版会，62pp.

Ermoshin, V. V., Ganzey, S. S., Murzin, A. V., Mishina, N. V. and Kudryavtzeva, E. P. (2007) Creation of GIS for Amur River basin: the basic geographical information. In Shiraiwa, T. (ed.) *Report of Amur Okhotsk Project*, 4: 151–159.

Ganzey, S. S., Ermoshin, V. V. and Mishina, N. V. (2010) The landscape changes after 1930 using two kinds of land use maps (1930 and 2000). In Shiraiwa, T. (ed.) *Report of Amur Okhotsk Project*, 4: 251–262.

Hanamatsu, Y., Horiguchi, T., Endo, T. and Abe, K. (2010) The legal, political situations and a future conservation strategy of the giant fish-breeding forest. In Shiraiwa, T. (ed.) *Report on Amur-Okhotsk Project*, 6: 87–104.

北海道（2008）『北海道水産業・漁村のすがた 2009　北海道水産白書』北海道，125pp.

柿澤宏昭・山根正伸（2003）『ロシア　森林大国の内実』日本林業調査会，237pp.

Martin, J. H., Gordon, R. M., Fitzwater, S. and Broenkow, W. W. (1989) VERTEX: phytoplankton/iron studies in the Gulf of Alaska. *Deep-Sea Research*, 36: 649–680.

松永勝彦（1993）『森が消えれば海も死ぬ：陸と海を結ぶ生態学』講談社，ブルーバックス，190pp.

村上　隆（2003）「サハリン大陸棚の石油・天然ガス開発」『サハリン大陸棚石油・ガス開発と環境保全』（村上隆編著），北海道大学図書刊行会，pp. 3–40.

Nagao, S., Terashima, M., Seki, O., Takata, H., Kawahigashi, M., Kodama, H., Kim, V. I., Shesterkim, V. P., Levshina, V. P. and Makhinov, A. N. (2010) Biogeochemical behavior of iron in the Lower Amur River and Amur Liman. In Shiraiwa, T. (ed.) *Report on Amur-Okhotsk Project*, 6: 41–50.

Nakanowatari, T., Ohshima, K. I., Wakatsuchi, M. (2007) Warming and oxygen decrease of intermediate water in the northwestern North Pacific, originating from the Sea of Okhotsk,

引用文献

1955-2004. *Geophysical Research Letters*, 34, L04602, doi: 10.1029/2006GL028243.

Nakatsuka, T., Yoshikawa, C., Toda, M., Kawamura, K. and Wakatsuchi, M. (2002) An extremely turbid intermediate water in the Sea of Okhotsk: Implication for the transport of particulate organic matter in a seasonally ice-bound sea. *Geophys. Res. Lett.*, 29, 16, 1757, 10.1029/2001GL014029.

Nakatsuka, T., Toda, M., Kawamura, K. and Wakatsuchi, M. (2004a) Dissolved and particulate organic carbon in the Sea of Okhotsk: Transport from continental shelf to ocean interior, *J. Geophys. Res.* 109: C09S14. doi: 10.1029/2003JC001909.

Nakatsuka, T., Fujimune, T., Yoshikawa, C., Noriki, S., Kawamura, K., Fukamachi, Y., Mizuta, G. and Wakatsuchi, M. (2004b) Biogenic and lithogenic particle flux in the western region of the Sea of Okhotsk: Implications for lateral material transport and biological productivity. *J. Geophys. Res.*, 109: C09S13, doi: 10.1029/2003JC001908.

中塚　武・西岡　純・白岩孝行（2008）「内陸と外洋の生態系の河川・陸棚・中層を介した物質輸送による結びつき」『月刊海洋』号外，50: 68-76.

Nishioka, J., Ono, T., Saito, H., Nakatsuka, T., Takeda, S., Yoshimura, T., Suzuki, K., Kuma, K., Nakabayashi, S., Tsumune, D., Mitsudera, H., Johnson, Wm. K. and Tsuda, A. (2007) Iron supply to the western subarctic Pacific: Importance of iron export from the Sea of Okhotsk. *J. Geophys. Res.* 112: C10012 doi: 10.1029/2006JC004055.

Ohshima, K. I., Wakatsuchi, M., Fukamachi, Y. and Mizuta, G. (2002) Near-surface circulation and tidal currents of the Okhotsk Sea observed with satellite-tracked drifters. *J. Geophys. Res.* 107(C11): 3195, doi: 10.1029/2001JC001005.

Ohshima, K. I., Shimizu, D., Itoh, M., Mizuta, G., Fukamachi, Y., Riser, S. C. and Wakatsuchi, M. (2004) Sverdrup balance and the cyclonic gyre in the Sea of Okhotsk. *J. Physical Oceanography*, 34: 513-525.

白岩孝行（2006）「巨大魚付林：アムール川・オホーツク海・知床を守るための日中ロの協力」『外交フォーラム』2006-8, 40-43.

白岩孝行（2011）『魚附林の地球環境学』昭和堂，226pp.

白岩孝行（2012）『アムール・オホーツクプロジェクト：概要と成果』『海洋と生物』198: 3-9.

Song, K. S., Liu, D. W., Wang, Z. M., Khan, S., Hafeez, M. and Mu, J. X. (2007) A study on the wetland dynamic and its relation with cropland reclamation in Sanjiang Plain, China. *Proceedings of International Congress on Modelling and Simulation 2007 (MODSIM07)*, 2569-2575.

Tsuda, A. and 25 others (2003) A mesoscale iron enrichment in the western subarctic Pacific

induces a large centric diatom bloom. *Science*, 300 (5621): 958-961.
若菜　博（2001）日本における現代魚附林思想の展開．水資源・環境研究，14: 1-9．
若菜　博（2004）近世日本における魚附林と物質循環．水資源・環境研究，17: 53-62．
若土正暁（2003）『オホーツク海氷の実態と気候システムにおける役割の解明：研究終了報告書』，科学技術振興事業団，71pp．
Yoh, M., Guo, Y., Wang, D. and Yan, B. (2007) Dissolved iron concentration in soil water with and without land use change in Sanjiang Plain, China. In Shiraiwa, T. (ed.) *Report on Amur-Okhotsk Project*, 4: 85-90.

第2章1節

池川町（2002）『新池川町町史』

Inagaki, Y., S. Kuramoto, A. Torii, Y. Shinomiya and H. Fukata (2008) Effects of thinning on leaf-fall and leaf-litter nitrogen concentration in hinoki cypress (*Chamaecyparis obtusa* Endlicher) plantation stands in Japan. *For. Ecol. Manage.*, 255: 1859-1867

高知県（1971）『民有林適地適木調査　高知県嶺北区域』，68pp

高知県（1991）『高知県温泉水脈推定基礎地質図』

京都大学フィールド科学教育研究センター（2010）『概算要求事業「森里海連環学による地域循環木文化社会創出事業（木文化プロジェクト）」2009年度報告書』，257pp．

Lanponite, B., R. L. Bradley and B. Shipley (2005) Mineral nitrogen and microbial dynamics in the forest floor of clearcut or partially harvested successional boreal forest stands. *Plant Soil*, 271: 27-37.

Parsons, W. F., D. H. Knight and S. L. Miller (1994) Root gap dynamics in lodgepole pine forest: nitrogen transformations in gaps of different size. *Ecol. Appl.*, 4: 354-362

Prescott, C. E. (1997) Effects of clearcutting and alternative silvicultural systems on rates of decomposition and nitrogen mineralization in a coastal montane coniferous forest. *For. Ecol. Manage.*, 95: 253-260.

Prescott, C. E., G. D. Hope and L. L. Blevins (2003) Effect of gap size on litter decomposition and soil nitrate concentrations in a high-elevation spruce-fir forest. *Can. J. For. Res.*, 33: 2 210-2220.

第2章2節

Antonio, M. S., A. Kasai, M., Ueno, Won, N., Y. Ishihi, H. Yokoyama and Y. Yamashita (2010) Spatial variation in organic matter utilization by benthic communities from Yura River-Estuary to offshore of Tango Sea. Estuarine, *Coastal and Shelf Science*, 86: 107-117.

Antonio M. S., M. Ueno, Y. Kurikawa, K. Tsuchiya, A. Kasai, H. Toyohara, Y. Ishihi, H. Yokoyama and Y. Yamashita (2010) Consumption of terrestrial organic matter by estuarine molluscs determined by analysis of their stable isotopes and cellulase activity. Estuarine, *Coastal and Shelf Science*, 86: 401-407.

今井章雄・松重一夫（2000）「湖沼において増大する難分解性有機物の発生原因と影響評価に関する研究（特別研究）．平成9～11年度 報告書」『国立環境研究所特別研究報告』，38pp.

Kasai, A., Y. Kurikawa, M. Ueno, D. Robert and Y. Yamashita (2010) Hydrodynamics and primary production in the Yura Estuary, Japan. Estuarine, *Coastal and Shelf Science*, 86: 408-414.

中村幹雄・品川 明・戸田顕史・中尾 繁（1997）「宍道湖および中海産二枚貝4種の環境耐性」『水産増殖』，45(2): 179-185.

Sakamoto, K., K. Touhata, M. Yamashita, A. Kasai and H. Toyohara (2007) Cellulose digestion by common Japanese freshwater clam *Corbicula japonica*. *Fisheries Science*, 73: 675-683.

桜井 泉・柳井清治（2008）「カレイ類未成魚による森林有機物の利用」『森川海のつながりと河口・沿岸域の生物生産』，山下 洋・田中 克（編），水産学シリーズ157，恒星社厚生閣，pp. 74-88.

白岩孝行（2009）「オホーツク海・親潮の"巨大"魚附林としてのアムール川流域」『地理』，54(12): 22-30.

武田重信（2007）「鉄による海洋一次生産の制限機構」『日本水産学会誌』，73: 429-432.

富永・牧田（2008）「沿岸域の底生生物生産への陸上有機物の貢献」『森川海のつながりと河口・沿岸域の生物生産』，山下 洋・田中 克（編），水産学シリーズ157，恒星社厚生閣，pp. 46-58.

財団法人琵琶湖・淀川水質保全機構（2008, 2009）『BYQ水環境レポート』，平成19年度版，平成20年度版．

第2章3節

琵琶湖ハンドブック編集委員会（編），内藤正明（監修）（2007）「琵琶湖ハンドブック」，

http://www.pref.shiga.jp/biwako/koai/handbook/

浜端悦治（2005）「森林伐採と渓流水：朽木における森林伐採実験から」『琵琶湖研究所所報』，22: 31-39.

早川和秀・高橋幹夫（2002）「琵琶湖北湖における溶存態有機物の動態と COD 増加をとりまく現状」『琵琶湖研究所所報』，19: 42-49.

Hope, D., M. F. Billett and M. S. Cresser (1994) A review of the export of carbon in river water: Fluxes and processes. *Environmental Pollution*, 84: 301-324.

小林　純（1961）「日本の河川の平均水質とその特徴に関する研究」『農学研究』，48: 63-106.

木平英一・新藤純子・吉岡崇仁・戸田任重（2006）「わが国の渓流水質の広域調査」『日本水文科学会誌』，36: 145-149.

Konohira, E. and T. Yoshioka (2005) Stream dissolved organic carbon and nitrate concentrations: an useful index indicating carbon and nitrogen availability in catchments. *Ecological Research*, 20: 359-365.

國松孝男・肥田嘉文・金子有子・浜端悦治（2002）「森林伐採と栄養塩類の挙動と流出」『滋賀県琵琶湖研究所所報』，19: 50-53.

農林水産省（2008）「2005 年農林業センサス第 2 巻農林業経営体調査報告書」，http://www.e-stat.go.jp/SG1/estat/List.do?bid=000001009062&cycode=0

大手信人・川崎雅俊・木平英一・吉岡崇仁（2006）「森林から河川への炭素と窒素の流出」『地球環境と生態系：陸域生態系の科学』，武田博清・占部城太郎編著，共立出版，pp. 138-155.

大塚恵教（2003）「滋賀県・野洲川における河川水質と流域土地利用の関係」名古屋大学大学院環境学研究科修士学位論文，113pp.

新藤純子・木平英一・吉岡崇仁・岡本勝男・川島博之（2005）「我が国の窒素負荷量分布と全国渓流水水質の推定」『環境科学会誌』，18: 455-463.

占部城太郎・吉岡崇仁（2006）「炭素代謝から見た湖沼生態系の機能」『地球環境と生態系：陸域生態系の科学』，武田博清・占部城太郎編著，共立出版，pp. 156-185.

脇田健一（2009）「第 2 章 1 農業濁水問題と流域管理」『流域環境学　流域ガバナンスの理論と実践』，谷内茂雄・脇田健一・原雄一・中野孝教・陀安一郎・田中拓弥編，和田英太郎監修，京都大学学術出版会，pp. 69-83.

谷内茂雄（2009）「第 4 章 1. コミュニケーションのためのモデルとシナリオ」『流域環境学　流域ガバナンスの理論と実践』谷内茂雄・脇田健一・原雄一・中野孝教・陀安一郎・田中拓弥編，和田英太郎監修，京都大学学術出版会，pp. 361-365.

谷内茂雄・脇田健一・原雄一・中野孝教・陀安一郎・田中拓弥編，和田英太郎監修（2009）

| 引用文献

『流域環境学 流域ガバナンスの理論と実践』, 京都大学学術出版会, 564pp.
山田佳裕・井桁明丈・中島沙知・三戸勇吾・小笠原貴子・和田彩香・大野智彦・上田篤史・兵藤不二夫・今田美穂・谷内茂雄・陀安一郎・福原昭一・田中拓弥・和田英太郎 (2006)「しろかき期の強制落水による懸濁物, 窒素とリンの流出：圃場における流出実験」『陸水学雑誌』, 67: 105-112.
吉岡崇仁・K. M. G. Mostofa (2010)「琵琶湖およびバイカル湖とその集水域における溶存有機物の動態」『日本腐植物質学会誌』, 7: 5-14.
吉岡崇仁編, 総合地球環境学研究所環境意識プロジェクト監修 (2009)『環境意識調査法』, 勁草書房, 196pp.
吉岡龍馬 (1985)「琵琶湖流入河川の水質に関する地球科学的研究」『水資源研究センター研究報告』, 5: 33-61.

第2章4節

Christopher, S. F., B. D. Page, J. L. Cambell and M. J. Mitchell (2006) Contrasting stream water NO_3^- and Ca^{2+} in two nearly adjacent catchments: the role of soil Ca and forest vegetation. *Global Change BiolOGY*, 12: 364-381.

Dahlgren, R. A. and C. T. Driscoll (1994) The effects of whole-tree clear-cutting on soil processes at the Hubbard Brook Experimental Forest, New Hampshire, USA. *Plant and Soil*, 158: 239-262.

Feller, M. C. (2010) Forest harvesting and stream chemistry. In: Richardson JS, Feller MC, Kiffney PM, Moore D, Mitchell S, Hinch SG Riparian management of small streams: An experimental trial at the Malcolm Knapp Research Forest. *Streamline*, 13: 1-16.

Fukushima, K. and N. Tokuchi (2008) Factors controlling acid neutrailizing capacity of Japanese cedar forest watersheds in stands of various ages and topographic characterisctics. *Hydrological Processes*, 23: 259-271.

Goodale, C. L., J. D. Aber and W. H. McDowell (2000) The long-term effects of disturbance on organic and inorganic nitrogen export in the White Mountains, *New Hampshire. Ecosystems*, 3: 433-50.

平井敬三・阪田匡司・森下智陽・高橋正通 (2006)「スギ林土壌の窒素無機化特性とそれに及ぼす環境変動や施業の影響」『日本森林学会誌』, 88: 302-311.

Hirobe, M., K. Koba and N. Tokuchi (2003) Dynamics of the internal soil nitrogen cycles under moder and mull forest floor types on a slope in a *Cryptomeria japonica* D. Don plantation.

Ecological Research, 18: 53-64.

Likens, G. E., F. H. Bormann, R. S. Pierce, J. S. Eaton and N. M. Johnson (1977) *Biogeochemistry of a Forested Ecosystem*. Springer-Verlag. New York.

Lovett, G M., K. C. Weathers and W. Sobczak (2000) Nitrogen saturation and retention in forested watersheds of the Catskill Mountains, NY. *Ecological Applications*, 10: 73-84.

Lovett, G. M, K. C. Weathers and M. A. Arthur (2002) Control of nitrogen loss from forested watersheds by soil carbon: nitrogen ratio and tree species composition. *Ecosystems*, 5: 712-718.

林野庁編 (2010)『森林・林業白書』(平成 21 年度版).

坂本朋美・芝正巳 (2010)「日本における RZM (Riparian Management Zone) 管理：FSC 認証森林事例からの提言」『日本森林学会誌』, 92: 8-15.

柴田英明・戸田浩人・福島慶太郎・谷尾陽一・高橋輝昌・吉田俊也 (2009)「日本における森林生態系の物質循環と森林施業の関わり」『日本森林学会誌』, 91: 408-420.

Swank, W. T., J. M. Vose and K. J. Elliott (2001) Long-term hydrologic and water quality responses following commercial clear cutting of mixed hardwoods on a southern Appalachian catchment. *Forest Ecology and Management*, 143: 163-178.

Tateno, R., K. Fukushima, R. Fujimaki, T. Shimamura, M. Ohgi, H. Arai, N. Ohte, N. Tokuchi and T. Yoshioka (2009) Biomass allocation and nitrogen limitation in a *Cryptomeria japonica* plantation chronosequence. *Journal of Forest Research*, 14: 276-285.

Tokuchi, N., M. Hirobe and K. Koba (2000) Topographical differences in soil N transformation using ^{15}N dilution method along a slope on a conifer plantation forest in Japan. Journal of Forest Research 5, 13-20.

Tokuchi, N. and K. Fukushima (2009) Long-term influence of stream water chemistry in Japanese cedar plantation after clear-cutting using the forest rotation in central Japan. *Forest Ecology and Management*, 257: 1768-1775.

Vitousek, P. M. and W. A. Reiners (1975) Ecosystem succession and nutrient retention: a hypothesis. *BioScience*, 25 376-381

Vitousek, P. M. (1977) The regulation of element concentrations in mountain streams in the northeastern United States. *Ecological Monograph*, 47 65-87.

第 3 章 1 節

浅岡　聡・山本民次 (2009)「石炭灰造粒物による有機質底泥の改善」『用水と廃水』, 51: 157-163.

引用文献

浅岡　聡・山本民次・早川慎二郎 (2009)「石炭灰造粒物による硫化物イオンの除去」『水環境学会誌』, 31: 363-368.

Asaoka, S., T. Yamamoto, S. Kondo and S. Hayakawa (2009a) Removal of hydrogen sulfide using crushed oyster shell from pore water to remediate organically enriched coastal marine sediments, *Biores. Technol.*, 100: 4127-4132.

Asaoka, S., T. Yamamoto, I. Yoshioka, H. Tanaka (2009b) Remediation of coastal marine sediments using granulated coal ash. *J. Hazard. Mater.*, 172: 92-98.

橋本俊也・松田　治・山本民次・米井好美 (1994)「広島湾の海況特性：1989〜1993年の変動と平均像」『広大生物生産学部紀要』, 33: 9-19.

橋本俊也・青野　豊・山本民次 (2007)「広島湾生態系の保全と管理」『閉鎖性海域の環境再生』(山本民次・古谷　研編), 恒星社厚生閣, pp. 57-68.

広島県 (2004)「水産基盤整備調査事業報告書」, 125 pp. ＋資料 27 pp.

広島湾再生推進会議 (2007)「広島湾再生行動計画」, 55 pp. ＋巻末資料 9 pp.

Kittiwanich, J., T. Yamamoto, T. Hashimoto, K. Tsuji and O. Kawaguchi (2006) Phosphorus and nitrogen cyclings in the pelagic system of Hiroshima Bay: Results from numerical model simulation. *J. Oceanogr.*, 62: 493-509.

Kittiwanich, J., T. Yamamoto, O. Kawaguchi and T. Hashimoto (2007) Analyses of phosphorus and nitrogen cyclings in the estuarine ecosystem of Hiroshima Bay by a pelagic and benthic coupled model. *Est. Coast. Shelf Sci.*, 75: 189-204.

松山幸彦 (2003)「有害渦鞭毛藻 *Heterocapsa circularisquama* に関する生理生態学的研究-Ⅰ：*H. circularisquama* 赤潮の発生及び分布拡大機構に影響する環境要因等の解明」『水産総合研究センター研究報告』, 7: 24-105.

日本水産資源保護協会 (2006)「水産用水基準 (2005年版)」, 95 pp.

呉　碩津・松山幸彦・山本民次・中嶋昌紀・高辻英之・藤澤邦康 (2005)「近年の瀬戸内海における有害・有毒渦鞭毛藻の分布拡大とその原因：溶存態有機リンの生態学的重要性」『沿岸海洋研究』, 43: 85-95.

Songsangjinda, P., O. Matsuda, T. Yamamoto, N. Rajendran, and H. Maeda (2000) The role of suspended oyster culture on nitrogen cycle in Hiroshima Bay. *J. Oceanogr.*, 56: 223-231.

宇野木早苗・山本民次・清野聡子 (編) (2008)『川と海—流域圏の科学』, 築地書館, 東京, 297 pp.

Yamaguchi, M., S. Itakura, T. Uchida (2001) Nutrition and growth kinetics in nitrogen- or phosphorus-limited cultures of the 'novel red tide' dinoflagellate *Heterocapsa circularisquama* (Dinophyceae), *Phycologia*, 40: 313-318.

山本民次・石田愛美・清木　徹 (2002)「太田川河川水中のリンおよび窒素濃度の長期変

動：植物プランクトン種の変化を引き起こす主要因として」『水産海洋研究』，66: 102-109．
山本民次・笹田尚平・原口浩一（2009）「人工中層海底によるカキ養殖場沈降物量の軽減能評価：設置後半年間の調査から」『日本水産学会誌』，75: 834-843．

第3章2節

江刺洋司（2003）『有明海はなぜ荒廃したのか　諫早干拓かノリ養殖か』，藤原書店．
浜辺誠司（2010）「有明海の再生に挑む」『水産の21世紀：海から拓く食料自給』，田中　克，川合真一郎，谷口順彦，坂田泰造編，575-581，京都大学学術出版会．
畠山重篤（2002）『リアスの海辺から』，文藝春秋社．
畠山重篤（2006）『森は海の恋人』，文春文庫．
Hibino, M., T. Ohta, T. Isoda, K. Nakayama, M. Tanaka (2007) Distribution of Japanese temperate bass, *Lateolabarax japonicus*, eggs and pelagic larvae in Ariake Bay. *Ichthyological Research*, 54: 367-373.
平井慈恵（2002）「浸透圧調節生理」『スズキの生物多様性：水産資源生物学の新展開　水産学シリーズ131』，田中　克・木下　泉編，pp. 103-113，恒星社厚生閣．
Hiromi, J. and H. Ueda (1987) Plank tonic calanoid copepod *Sincalanus sinensis* (Centropagidae) from estuaries of Ariake-kai, Japan, with a preliminary note on the mode of introduction from China. Proceedings of the Japanese Society of Systematic Zoology, 35: 19-26
Houde, E. D. (2008) Emerging from Hjort's shadow. *J. Northw. Atl. Fish. Sci.*, 41: 53-70.
Islam, Md. S., M. Tanaka (2006) Spatial and variability in nursery functions along a temperate estuarine gradient: role of detrital versus algal trophic pathways. *Can. J. Fish. Aquat. Sci.*, 63: 1848-1864.
松永勝彦（1993）『森が消えれば海も死ぬ：陸と海を結ぶ生態学』，講談社．
中坊徹次（2000）『日本産魚類検索　全種の同定（第2版）』，東海大学出版会．
中山耕至（2002）「有明海個体群の内部構造」『スズキの生物多様性：水産資源生物学の新展開　水産学シリーズ131』，田中　克・木下　泉編，pp. 127-139，恒星社厚生閣．
太田太郎（2007）「稚魚期を有明海湾奥部河口域で過ごしたスズキの成長」『海洋と生物』168: 33-39．
Perez, R., M. Tagawa, T. Seikai, N. Hirai, Y. Takahashi, M. Tanaka (1999) Developmental Changes in Tissue Thyroid Hormones and Cortisol in Japanese Sea Bass *Lateolabarax japonicus* Larvae and Juveniles. *Fish. Sci.*, 65: 91-97.

引用文献

佐藤正典（2000）『有明海の生きものたち：干潟・河口域の生物多様性』，海游舎．
下山正一（2000）「有明海の地史と特産種の成立」『有明海の生きものたち』，佐藤正典編，ページ数，海游舎．
代田昭彦（1998）『ニゴリの生成機構と生態的意義（総説）』，海洋生物環境研究所．
庄司紀彦・佐藤圭介・尾崎真澄（2002）「資源の分布と利用実態」『スズキと生物多様性：水産資源生物学の新展開　水産学シリーズ131』，田中　克・木下　泉編，pp. 9-20，恒星社厚生閣．
鈴木啓太（2007）「安定同位体比より見た筑後川河口域におけるスズキ当歳魚の回遊」『海洋と生物』，168: 40-46．
田北　徹，山口敦子（責任編集）（2009）『干潟の海に生きる魚たち』，東海大学出版会．
田中　克（1991）「接岸回遊の機構とその意義」『魚類の初期発育　水産学シリーズ83』，田中　克編，119-132，恒星社厚生閣．
田中　克（2008）『森里海連環学への道』旬報社．
田中　克（2009a）「有明海特産魚：氷河期の大陸からの贈りもの」『干潟の海に生きる魚たち』，田北　徹，山口敦子責任編集，pp. 107-122，東海大学出版会．
田中　克（2009b）「河川の感潮域で育つ有明海の魚たち」『干潟の海に生きる魚たち』，田北　徹・山口敦子責任編集，pp. 189-206，東海大学出版会．
田中　克（2010）「沿岸漁業再生と森里海連環学」『水産の21世紀：海から拓く食料自給』，田中　克，川合真一郎，谷口順彦，坂田泰造編，pp. 505-524，京都大学学術出版会．
田中　克，田川正朋，中山耕至（2008）『稚魚学——多様な生理生態を探る』生物研究社．
田中　克，田川正朋，中山耕至（2009）『稚魚　生残と変態の生理生態学』，京都大学学術出版会．
横川浩治（2002）「東アジアのスズキ属」『スズキの生物多様性：水産資源生物学の新展開　水産学シリーズ131』，田中　克・木下　泉編，pp. 114-126，恒星社厚生閣．
横山勝英（2003）「河川の土砂動態が沿岸域に及ぼす影響について：白川と筑後川の事例」『応用生態工学会第7回研究発表講演集』，248-252．

第4章1節

Bateman, I. J, R. T. Carson, B. Day, M. Hanemann, N. Hanley, T. Hett, M. Jones-Lee, G. Loomes, S. Mourato, E. Özdemiroĝlu, D. W. Pearce, R. Sugden and J. Swanson (2002), *Economic Valuation with Stated Preference Techniques*, Edward Elgar.
Hausman, J. A. (1993), *Contingent Valuation: A Critical Assessment*, North-Holland.

Kontleon, A, U. Pascual and T. Swanson (2007) *Biodiversity Economics*, Cambridge University Press.
蔵治光一郎，保屋野初子（2004）『緑のダム』，築地書館．
栗山浩一（1997）『公共事業と環境の価値』，築地書館．
栗山浩一・庄子康（2005）『環境と観光の経済評価』，勁草書房．
Loomis, J. B. (1996) "Measuring the Economic Benefits of Removing Dams and Restoring the Elwha River: Results of a Contingent Valuation Survey," *Water Resource Research*, 32, 2, pp. 441-447.
Mäler, K. G. (1974), *Environmental Economics: A theoretical inquiry*, Johns Hopkins University Press for Resources for the Future.
岡　敏弘（2002）「政策評価における費用便益分析の意義と限界」『会計検査研究』，No. 25, pp. 31-42.
岡　敏弘（2004）「環境リスク管理と経済分析」『思想』，No. 963, pp. 36-59.
Rosen, S. (1974), "Hedonic Prices and Implicit Markets: Product Differentiation in Pure Competition", *Journal of Political Economy*, 82, 1, pp. 34-55.
坂上雅治・栗山浩一（2009）『エコシステムサービスの環境価値』，晃洋書房
城山三郎（1960）『黄金峡』，中央公論社．
Turner, K., D. Pearce, and I. Bateman (1994), *Environmental Economics*, Harvester Wheatsheaf. （大沼あゆみ訳，『環境経済学入門』，東洋経済新報社，2010 年）
植田和弘（1992）『廃棄物とリサイクルの経済学』，有斐閣．
植田和弘（1996）『環境経済学』，岩波書店
World Resource Institute (2005) Millennium Ecosystem Assessment: Ecosystems and Human Well-Being.（横浜国立大学 21 世紀 COE 翻訳委員会責任翻訳『生態系サービスと人類の将来』，オーム社，2007 年）
吉岡崇仁（2009）『環境意識調査法』，勁草書房．

第 4 章 2 節

加藤　真（1999）『日本の渚：失われゆく海辺の自然』岩波書店，東京，220pp.
松永勝彦（1993）『森が消えれば海も死ぬ：陸と海を結ぶ生態学』講談社，東京，194pp.
総務省統計局（2005）『国勢調査』日本国．
地質調査所（1982）『20 万分の 1 地質図　田辺』日本国．
Wu, Jianguo., Jianhui Huang, Xingguo Han, Zongqiang Xie, and Xianming Gao, (2003) Three-

| 引用文献

Gorges Dam: Experiment in Habitat Fragmentation?' *Science*, 300: 1239-1240.

第5章

畠山重篤（1994）『森は海の恋人』，北斗出版．
前川聡・山本朋範（2009）『日本における海洋保護区の設定状況（2009）：CBD2012年海洋保護区目標の達成度評価と今後の課題』，WWF-Report.
松川康夫・張成年・片山知史・神尾光一郎（2008）「我が国のアサリ漁獲量激減の要因について」『日本水産学会誌』，74: 137-143.
向井　宏（2009a）「海域・海洋保護区の効果と現状」『環境情報科学』，38(2): 20-24.
向井　宏（2009b）「瀬戸内海の干潟再生事業とその問題点」『*Ebucheb*』，37: 2-6.
田中則夫（2008）「海洋の生物多様性の保全と海洋保護区」『ジュリスト』，1365: 26-35.
宇野木早苗（2005）『河川事業は海をどう変えたか』，生物研究社．
柳沼武彦（1999）『森はすべて魚つき林』，北斗出版．
山下　洋（監修）（2007）『森里海連環学：森から海までの総合的管理を目指して』，京都大学学術出版会．
和田英太郎（監修）（2009）『流域環境学　流域ガバナンスの理論と実践』，京都大学学術出版会．

おわりに

　本書の編集を終える直前に，東日本大震災とそれに伴う大津波が東北や関東の東太平洋岸を襲った．地震，津波とそれにともなう福島第一原子力発電所の事故によって亡くなられた方々に深く哀悼の意を表します．また，被災した方々には心からお見舞い申し上げます．一日も早い復旧・復興がなされますよう，お祈りします．

　この津波で「森里海連環学」に基づく「森は海の恋人」運動を展開していた畠山重篤さん（『森里海連環学』［京都大学学術出版会，2007年］の共著者）もご家族を亡くした上に，この運動の拠点でもあった水山養殖場が津波で全壊した．しかし，それにもめげずに復興に取り組み，復旧が進まぬ中，早くも植林事業を再開されている．私たちは，東北地方の復興を進める上で，森里海連環学の考え方が復興デザインに取り入れられ，これまで断ち切られてきた川を介した森と海のつながりを取り戻すことができればと願っている．

　昨年（2010年）名古屋で開かれた生物多様性条約（CBD）の第10回締約国会議（COP10）において，沿岸海洋の生物多様性が危機的な状況に陥っており，その回復のために保護区を広げることが目標として掲げられた．沿岸域の生物多様性を保全するためには，陸と海の健全なつながりを保護することが必要なことが，ようやく世界的な合意になりつつある．

　本書は，森と海をつなぐ河川の状況を，日本各地の代表的な河川について現状を紹介することによって，森里海連環学の役割を明確にするという目的で書かれた．この目的が十分果たせたとは思えないのは，里をどうとらえ，人間活動のインパクトをどう評価するかという点において，著者の間で十分な合意がないままであったことが大きい原因でもある．その点を少しでも議論すべきであると考えて，著者たちに集まっていただき，討論会を行って，第6章の原稿を仕上げ，それに基づき，討論会に参加できなかった京都大学

おわりに

　フィールド科学教育研究センターのスタッフにも紙上で討論に参加いただいた．それによって，いくつかの課題点が明らかになってきたと思う．

　森里海連環学をどう進めるか，そもそも森里海連環学は何を目指しているか，などの重要な点が，すべて解決できたわけではなく，むしろその困難性が明瞭に姿を現してきたとさえいえる．その議論から，森里海連環学は，単なる森と海の生態系のつながりを明らかにする自然科学だけではなく，私たちの生活様式さえも見直すことにつながる社会科学，さらにもっと深い文明論にまでその領域が広がっていることもほの見えてきた．しかし，とりあえず地域的な沿岸環境の改善を目標とする森里海連環学と，人間の生き様までも問題にする哲学としての森里海連環学には，いくつかの段階が存在する．そしてそれを解明して行くには，現在の森里海連環学の研究体制は，きわめて不十分でもある．京都大学フィールド科学教育研究センターが2004年に森里海連環学を提唱したが，その遂行には，多くの領域の研究者たちが，さまざまな分野や地域で研究と提言を行っていく必要があり，日本いや世界の中で，このような人材を学術分野に限らず，行政や産業界や市民の中で育成していく必要がある．私たちは，今後も森里海連環学研究のみならず，そのような人材育成にも努力していきたいと考えている．本書の出版に助成いただいた㈶日本財団との協力で，その事業が計画されている．人材育成という事業は，ただちに効果が現れるというものではないが，それだからこそ，地道ではあるが先駆的な事業を計画して実施していくことが，将来の環境を良くし，これから先の時代を生きる若者がより幸福になることを保証すると信じている．

　森里海連環学を駆使して，よりよい環境を作って行く人々のために，この本が少しでも役に立つことを心から祈っている．

2011年5月10日　京都にて　　向井　宏

索　引

*太字の項目は，巻末の用語解説にも収録されていることを示す．

[A-Z]

BOD（生物化学的酸素要求量）　68, 88-90, 108, 275, 305
CBD（生物多様性条約）　228-230, 235
C/N 比　93 →炭素・窒素比
COD（化学的酸素要求量）　108, 109, 132, 135, 136, 139, 275, 276, 305
CPUE　274
CVM　196, 197 →仮想評価法
DOC　102-107, 109 →有機態炭素濃度
GDP　261
HNLC 海域　53-55 →高栄養低クロロフィル海域
MPA　227-229, 236, 236 →海洋保護区
NO_3^-　54, 99, 100-106, 108, 109, 114, 115, 117-123, 125, 126, 306 →硝酸態窒素
WTA　190 →受入意思額
WTP　190, 196 →支払意思額

[あ行]

アイスアルジー　50, 52
アオコ　18, 99, 108
赤潮　42, 98, 132, 136-138, 174
明智藪　83
厚岸湖　22, 26-31, 33-37, 39-46, 246, 247
厚岸水系　22, 23
厚岸湾　22, 28, 33, 34, 36, 42, 44, 278
アブラヤシ　302
アマモ　28-30, 34, 36, 39, 40, 143-145, 154, 246, 247, 275
アミ類　30, 31, 36, 40, 166, 172
アムール・オホーツクコンソーシアム　64, 65
アムール・オホーツクプロジェクト　54, 56, 57, 58, 63, 64
アムール川　54
有明海　151-153, 156-162, 165-167, 170-180, 222, 231
安定同位体　90-92, 94, 95, 107, 149, 163

諫早湾　152, 159, 171, 174, 180, 223
イシマキガイ　94, 95
磯焼け　56, 280
イトウ　25, 32, 47, 267
易分解性有機物　88, 89, 90
違法操業　301
魚つき保安林　56
魚附林　49, 56, 58, 63, 64, 65
受入意思額　190 → WTA
栄養塩　3, 14, 17, 19, 21, 29, 31-37, 39, 40, 46, 52-54, 56, 64, 97-100, 104, 108, 129, 133, 145, 155, 175-178, 198, 217, 218, 222, 237, 257, 278, 279, 286, 307
エコトーン　219
エスチュアリー循環　277
江田島湾　134-136, 138-145
エチゼンクラゲ　277
沿岸（域）管理　67, 127, 227, 228, 237, 239, 240, 242, 243, 245, 249, 251, 252, 255, 266, 283
塩水楔　14, 15, 20, 21
塩分　14, 15, 19, 20, 28, 52, 84, 85, 87, 132, 133, 158, 162-164, 204, 206, 207, 308
太田川　127-130, 132, 133, 135, 137, 145-147, 149, 150, 179, 276, 296
オオタニシ　94
オオハクチョウ　29
大橋式林道　74, 305
落ちガキ　139, 142, 143
オホーツク海　48-52, 54-56, 58, 60-65, 265
親潮　48, 49, 52, 54-58, 62-65

[か行]

カイアシ類　164, 166-169
海岸法　231, 235
海水交換　134, 136, 138, 140, 144
海水溯上　84
階層化された流域管理　226

索引

海中公園地区　232
海中特別地区　232, 233
海氷　50-52, 62, 308
外部不経済　187, 192
海霧　27, 31
海洋基本法　229-231
海洋法条約　228
海洋保護区　215, 227-238, 281-284 → MPA
カキ殻　46, 131, 139, 144, 147, 148
鍵種　36, 306
カキ礁　28, 34, 41, 43
カキ養殖　131, 132, 134-138, 142-144, 146
拡大造林　113, 114, 123, 126, 223, 263
拡大造林期　112, 113, 122, 125, 222, 262
攪乱　75, 218, 219
河口域　13, 14, 16, 19-22, 29, 30, 55, 57, 81, 83-87, 90, 94-96, 129, 132, 147, 150, 152-154, 156-160, 162-174, 176, 177, 180, 201, 203, 204, 206, 207, 210, 214, 219, 220, 254, 257, 301
河床勾配　81, 82, 84, 86, 268
河川改修　2, 22, 84, 219, 239, 241, 242, 251, 261, 266, 298
河川水質　1-4, 46, 78, 106, 112, 113, 122
河川流量　4, 14-17, 84, 207
仮想評価法　196 → CVM
価値観　153, 174, 189, 244, 262, 267, 300, 302
下流　1-13, 17, 19-22, 26, 27, 33, 35, 45, 46, 56, 61, 64, 67, 69-71, 76-78, 81, 83, 84, 87-94, 98, 99, 106, 107, 120, 122, 129, 145, 152, 158, 166-168, 176, 178, 200-203, 217, 219, 221, 224, 257, 265, 270-272, 291-293, 295, 299, 307
カワニナ　94, 178
雁木　130
環境アセスメント法　184
環境影響評価法　184
環境経済学　71, 78, 147, 193
環境再生　138, 143-147, 149, 180
環境修復　84, 129, 143, 307
環境保全　21, 45, 63-65, 110, 143, 192, 199, 215, 217, 220, 221, 223, 229, 231, 232, 234, 238

間伐　68, 69, 71-75, 77, 111, 117, 223, 241, 242, 244, 249, 263, 266, 270, 289, 305
間伐施業　72-74, 111
汽水域　28, 30, 54, 86, 152, 153, 156, 158, 163-167, 170-172
基礎生産　17, 19, 20, 29, 30, 52, 55, 62, 155, 173, 174, 177
北太平洋中層水　52
木文化プロジェクト　97, 239, 241, 249, 263
逆水灌漑　109, 258, 276
凝集　54, 55, 57, 159, 170, 172
漁業規制　234, 236, 284
漁業権　41, 233, 234, 236, 281
巨大魚附林　56
禁漁区　233, 283
空間的階層性　226
串本湾　201-203, 207, 208, 255
グローバル・コモンズ　224
クロロフィルa　14, 168, 169, 173
クロロフィル量　77
群集構造　209, 211-213
景観　232, 251, 263, 269, 289
景観砂防　269
珪藻　18, 30, 137, 177
渓畔林　45
渓流　32, 72, 75, 76, 77, 99, 100, 102-105, 109, 113-123, 125, 126, 217
下水道　33, 89, 90, 98, 108, 296
嫌気的　129
顕示選好法　194, 195, 196
懸濁態有機物　93
懸濁物食者　29, 30
コアマモ　28, 29
高栄養低クロロフィル海域　53 → HNCL海域
黄河　158, 265, 277
公共財　189
公共事業　146, 183-186, 188, 190-200
光合成　29, 52, 53
高層湿原　25, 26, 27
高知県森の工場活性化対策事業地　70
効率的な森林管理施業　73
小川　201-204
谷中分水界　83

索　引

国定公園　232
国立公園　229, 230, 232
古座川　201-208, 214, 254, 255
コモンズ　224, 226
コンジョイント分析　196-198

[さ行]
採泥器　86
最適化　260, 261, 272
錯体　8, 56, 58, 60, 306
里　1145, 174, 176, 215, 239, 259, 264, 284-302
里山　69, 178, 218, 222, 223, 226, 248-250, 252, 256, 266, 270, 287, 290, 291, 293, 294, 298, 299
砂防ダム　46, 47, 250, 251, 267-269
サロベツ川　13-16, 19, 20
酸揮発性硫化物　139, 140
三江平原　57, 60, 61
サンゴ礁　151, 154, 220, 236, 301
三次元蛍光スペクトル　8, 9
三面張り　96
潮位差　86
塩性湿地　29, 59
自浄作用　89, 90, 149
市場の外部性　187
市場の失敗　185, 187
止水域　43, 89, 92, 93
歯舌　94, 95
自然公園法　230-233
自然再生　231, 235, 264
七川ダム　201-206
湿性林　26
支払意思額　190 → WTP
社会的費用便益分析　194, 197
集水域　31, 33, 98-100, 102-111, 113, 114, 116-119, 121-125, 203, 205, 285
住民意識　78, 149
浚渫　131
順応管理　179, 225, 226
硝化(反応)　73, 105, 115, 124-126, 306
浄化能力　219, 220, 222
硝酸態窒素　3-7, 16-18, 21, 76, 114, 115, 118, 121, 123 → NO_3^-

硝酸濃度　4, 7, 34
上流　2-14, 20-22, 26, 33, 44-47, 61-64, 69, 77, 81, 84-87, 89, 92, 93, 94, 99, 106, 127, 129, 145, 150, 152, 157, 158, 162, 165-168, 173, 176, 200, 202, 219, 221, 241, 265, 267, 270, 272, 295, 299
植生管理　71, 78, 239, 241
植物プランクトン　18, 29, 30, 39, 42, 52-55, 63, 92, 93, 95, 97, 109, 129, 133, 136-138, 168-170, 178, 246, 303, 306
食物網解析　94
食物連鎖(構造)　29-31, 149, 168, 170, 174
知床世界自然遺産　49
シロザケ　4
シンクハビタット　236, 306
針広混交林　24-26, 126
人工林　69, 70, 72, 73, 75, 76, 112, 113, 115-126, 179, 217, 222, 223, 256, 257, 259, 262-265, 289
人工林率　70, 123, 125, 126, 222, 259
新生産システム推進対策事業　74, 77
親生物元素　13, 16
森林税　271
森林認証制度　301
森林率　69, 78, 222
水温　14, 41, 42, 43, 56, 62, 134, 170, 204-207, 280, 307
水害　81, 83, 84, 193, 201
水質　1, 3, 4, 7, 20, 27, 33, 42-46, 67, 68, 70, 71, 74-77, 87-90, 99, 102, 104-106, 108-110, 113-116, 118-123, 125, 126, 129, 130, 132, 134, 137, 138, 178, 201, 203, 206, 208, 221, 227, 231, 232, 239, 255, 257, 276, 283, 305, 308
水質調査　70, 76, 208
水田　1, 3, 27, 31, 41, 58-61, 64, 92, 93, 106, 109, 110, 218, 223, 247, 248, 258, 259, 272, 273, 280, 286, 307
数値計算　136
スクリーンダム　269
ステークホルダー　110, 187, 221, 259, 282-284, 306
砂　28, 131, 132, 159, 175, 219, 220, 231, 251

索引

砂浜　154, 155, 175, 230, 244, 250, 251, 257
生活・産業排水　92, 93
西岸境界流　52, 306
制御管理工学　246
生息場所　167, 220, 227, 236
生態系管理　21, 226, 283, 284
生態系機能　113, 119, 120, 121, 125, 228
生態系サービス　21, 150, 197, 198, 227, 228
生物相　32, 33, 71, 73, 74, 77, 78
生物多様性　48, 49, 125, 126, 151, 152, 159, 175, 177, 180, 198, 216-219, 221, 228, 230, 235, 236, 245-249, 263, 265, 273, 282, 286, 301, 302
政府の失敗　185
石炭灰（造粒物）　131, 137, 147, 148, 307
石灰岩地形　68
絶滅　25, 27, 34, 40, 41, 226-228, 232
瀬戸内環境保全特別措置法　136, 231
瀬戸内環境保全臨時措置法　136
セルラーゼ　95, 96, 275
セルロース　95, 275
潜在的パレート基準（カルドア基準）　190
選択取水（方式）　128, 307
戦略的環境アセスメント　184
総経済価値　193
総合地球環境学研究所　54, 110
ソースハビタット　236, 307
遡及的アプローチ　88, 96
底曳き網　86

[た行]

ダイオキシン　273, 274
大気窒素負荷　109
堆積物　18, 19, 30, 52, 95, 96, 209-213, 308
大陸沿岸遺存生態系　171, 172
濁度　52, 158, 159, 165-167, 170, 172, 173, 204-207
濁度極大域　158
棚田　69, 70, 264
ダム　2, 6, 7, 20, 47, 61, 69, 77, 89, 92, 93, 128, 129, 159, 162, 174, 179, 186, 187, 191, 197, 200-205, 207-209, 214, 219, 220, 224, 227, 237, 242, 250-255, 257, 265-270, 277, 280, 298, 299, 307
多様性　31, 217, 220, 228, 230, 245, 247, 248, 290
探検的アプローチ　90
湛水　247, 248
炭素・窒素比　209, 213 → C/N 比
地域固有性　226
地域伝統文化　78
稚魚成育場　154, 156
筑後大堰　158, 176
筑後川　153, 156-159, 162-173, 176
竹林　112, 222
治山ダム　269
治水経済調査マニュアル　190
治水ダム　201
窒素　3-8, 13, 16-21, 31, 32, 52-54, 73, 75, 76, 90-95, 97, 99, 100, 102, 104-109, 115, 124, 132, 133, 135, 137, 144, 209, 211, 213, 214, 259, 294, 307
窒素濃度　3-7, 16, 21, 31, 32, 73, 108, 109, 115, 118, 121, 123, 209, 213
窒素の不動化　105, 307
窒素肥料　4
窒素飽和　99, 102
中央粒径　209, 211, 212, 214
中間攪乱説　218
潮汐混合　52, 55
鳥類相　71, 73
低次生態系モデル　135
底質改善　132, 137, 143, 148, 149, 150
底質調査　208, 209
定常　36
底生生態系　136, 138, 149
底生生物　20, 50, 86, 94, 129, 134, 142, 148, 208-210, 214, 254
底生生物調査　208, 209
底生藻類　30, 42
底生微細藻類　36
低層湿原　27
鉄欠乏　279
デッド・ゾーン　143
デトリタス　169, 170, 172
点源負荷　219, 307 →面源負荷

328

天然林　24, 26, 112, 113, 122, 217, 222, 223, 262-265
統合的沿岸域管理　221
動物プランクトン　29, 50, 155, 170
特産種　152, 159-162, 165-168, 170-172, 175
土地利用　1-3, 5, 7, 8, 11, 13, 21, 22, 46, 58, 59, 63, 64, 68-70, 77, 87, 88, 105, 106, 217, 222-224, 237-239, 249, 257, 259, 264, 266, 307
土地利用変化　3, 64
トラベルコスト法　195, 196
トンガリキタヨコエビ　96

[な行]
内部生産　129, 131, 133
難分解性有機物　89, 90, 96
2012年目標　229
ニスキン採水　208
熱塩循環　52, 53, 308
農業　1, 27, 31, 42, 45, 93, 98, 181, 218, 220, 224, 240-242, 248, 258, 266, 273, 297
農業濁水　109, 110, 266
農業用水堰　93
農地率　31, 32

[は行]
パイロットフォレスト　26, 44
伐採　1, 25, 43, 44, 59, 60, 72, 100, 102, 109, 112-117, 119-122, 222, 301
パンケ沼　13, 14, 17-20
氾濫原　22, 218, 223
東樺太海流　48, 51, 52, 55, 62
干潟　28, 29, 34, 41, 137, 143, 144, 148, 151, 152, 154, 157, 159, 160, 171, 173-175, 177-179, 220, 222, 227, 230, 231, 238, 244, 276, 294
非線形　136
非定常　35, 36, 39
氷河期の遺産　170, 171
費用便益分析　186-188, 191, 192, 194, 197
表明選好法　194, 196, 197
非利用価値　193, 194, 196, 197
広島湾　127-129, 132-138, 145-149
広島湾再生行動計画　137
広島湾再生推進会議　132, 137, 146
琵琶湖　61, 90, 98, 99, 100, 102, 103, 105-111, 152, 258, 266, 273, 276
貧酸素　64, 96, 134-137, 140, 142-144, 174, 277
貧酸素状態　276
富栄養化　3, 7, 31, 35, 64, 98, 99, 108, 122, 132, 219, 286
負荷　39, 71, 93, 99, 100, 102, 108, 110, 127, 129, 131-138, 140, 144, 179, 185, 210, 218, 219, 222, 258, 276, 294, 298, 305, 307
覆砂　131
腐食物連鎖　30
腐植物質　3, 7, 8, 12, 20, 56-58, 60, 63, 97, 109, 308
付着藻類　30, 36, 42, 71, 77, 92
物質循環　1, 3, 52, 61, 102, 105, 114, 137, 144, 149, 217, 294, 295
浮遊生態系　138
ブライン水　52, 308
フルボ酸　7-13, 56, 173, 306
閉鎖性海域　132, 136, 138, 308
閉鎖度指数　138
閉鎖度指標　132, 134, 308
別寒辺牛湿原　22, 24, 25, 26, 29, 34
ヘドニック法　195
ヘルシンキ委員会　64
鞭毛藻　137
放水　201, 203-209, 214, 254, 255
放流　6, 7, 40, 129, 203, 205-307
保護水面　233
保水機能　34

[ま行]
マーチン，ジョン　53
水俣病　287
面源負荷　109, 218, 219, 307 →点源負荷
木材の流通　77
モニタリング　2, 62, 88, 122, 137, 144, 148, 149, 208, 226, 274
藻場　137, 143, 145, 154, 155, 179, 220, 222, 227, 231, 244, 294
森里海連環学　69, 80, 81, 84, 97, 151, 153, 176,

329

179, 180, 215, 240-243, 249, 252, 253, 257-262, 265, 274, 277, 282, 285-288, 291, 294, 296-300, 302

[や行]
焼畑　69, 78
ヤマトシジミ　3, 13, 14, 86, 87, 94
有機汚染　42, 219
有機酸　8, 35, 278
有機態炭素　90, 91, 102, 104, 106, 107, 109
有機態窒素濃度　91
有機炭素濃度　8, 9, 12, 209, 212 → DOC
有機窒素　14
有機物　7-9, 12, 13, 19, 20, 30, 35, 36, 42, 56, 75, 88-97, 102, 104, 105, 107-109, 129, 130, 131, 135, 136, 140, 144, 179, 210, 211, 214, 217, 237, 259, 271, 275, 276, 305-308
有機物生産　217
融雪水　3, 4, 7
養殖漁業　41, 207
溶存酸素　62, 86, 135, 135, 141
溶存鉄　54-58, 60-63, 97, 173, 178, 179, 252, 278
溶存無機態炭素（DIC）　107, 308
溶存有機炭素　8, 9, 12, 14
溶存有機物　7, 108, 109, 259

予防原則　58, 225, 226, 308

[ら行]
落葉広葉樹　26, 73, 218
ラムサール条約　26, 29
藍藻類　17, 18, 99
陸上植物起源有機物　93
リサイクル材　131, 307
流域ガバナンス　111, 225, 226, 266
流域管理　108, 110, 111, 122, 215-217, 220-226, 238, 243, 295
流域診断　225
硫化水素　129, 132, 142, 148
粒子状有機物　30, 35, 36
流入負荷　89, 136, 137
利用価値　193-197
緑化　263, 291
リン　16-18, 52, 53, 94, 97, 99, 106, 110, 132, 135-137, 144, 294
リン濃度　42
レッドデータリスト　228
ローカル・コモンズ　224, 226

[わ行]
割引率　190, 192

著者紹介

浅岡　聡（あさおか　さとし）［第3章1節］
広島大学環境安全センター研究員
　専門は，環境分析化学，水圏環境化学，環境修復学など．

Ileva, Nina Yordanova（いれば　にーな　よるだのば）［第1章1節］
北海道大学大学院環境科学院・大学院生（現所属：（株）エコニクス・研究員）
　専門は，環境科学．河川の水質化学（栄養塩類・溶存遊離アミノ酸など）を環境科学的に研究している．

上田　宏（うえだ　ひろし）［第1章1節］
北海道大学北方生物圏フィールド科学センター・教授
　専門は，魚類生理学．サケの嗅覚による母川記銘・回帰機構を，動物行動学的・生殖内分泌学的・神経生理学的に研究している．
　主な著書に，『水産海洋ハンドブック』（共著，生物研究者，2004年），『魚類のニューロサイエンス』（分担執筆，恒星社厚生閣，2002年）など．

上野　正博（うえの　まさひろ）［第2章2節］
京都大学フィールド科学教育研究センター舞鶴水産実験所・助教
　専門は，水産海洋学，日本海学，森里海連環学など．
　主な著書に，『河川水質環境指標生物図鑑』（監修，人を自然に近づける川いい会，2012年），『自然保護事典②海』（共著，緑風出版，1995年）など．

久保田　信（くぼた　しん）［第6章］
京都大学フィールド科学教育研究センター瀬戸臨海実験所・准教授
　専門の「腔腸動物の系統分類学」に加え，各種生物の「博物学的研究」，並びに「生命の星」＝地球の平和ソングを鋭意制作中．
　主な著書は，『神秘のベニクラゲと海洋生物の歌』（単著，紀伊民報，2005年），『宝の海から ── 白浜で出会った生物たち』（単著，紀伊民報，2006年），『地球の住民たち ── 動物篇』（単著，紀伊民報，2007年），『動物系統分類学 追補版』（共著，中山書店，2000年），『無脊椎動物の分類と系統』（単著，裳華房，2000年）など．

佐藤　真行（さとう　まさゆき）［第4章2節，第6章］
京都大学フィールド科学教育研究センター・特定准教授．
　専門は，環境経済学，環境政策評価，持続可能な発展の経済分析など．
　主な著書に，『Achieving Global Sustainability: Policy Recommendations』（共著，United Nations University Press，2011年），『環境リスク管理と予防原則』（共著，有斐閣，2010年），『グリーン産業革命』（共著，日経BP，2010年）など．

| 著者紹介

柴田　昌三（しばた　しょうぞう）［巻頭言，第2章1節，第6章］
京都大学フィールド科学教育研究センター・教授
　専門は，里山資源保全学，竹類生態学，森林育成学，緑化工学，景観生態学．里山の再生に関する研究や，竹類の開花生理に関する研究を行うほか，新たな学問領域である森里海連環学について実践的研究を行い，森から海に至るさまざまな連環の科学的な検証を試みている．
　主な著書に，『竹・笹のある庭』（単著，創森社，2006年），『ネコとタケ』（共著，岩波書店，2001年），『地球環境学のすすめ』（共著，丸善，2004年），『森里海連環学 ── 森から海までの統合的管理をめざして』（共著，京都大学学術出版会，2007年），『最新　環境緑化工学』（共著，朝倉書店，2007年），『環境デザイン学』（共著，朝倉書店，2007年）など．

柴田　英昭（しばた　ひであき）［第1章1節］
北海道大学北方生物圏フィールド科学センター・教授
　専門は，生物地球化学・土壌学・生態系生態学，環境変動下における陸域生態系の環境保全機能に関する研究に取り組んでいる．
　主な著書に，『北海道の森林』（編著，北海道新聞社，2011年），『地球環境と生態系 ── 陸域生態系の科学』（分担執筆，共立出版，2006年）など．

柴沼成一郎（しばぬま　せいいちろう）［第1章1節］
北海道大学大学院環境科学院　博士後期課程
　専門は，沿岸海洋環境学．主要な研究テーマは，汽水域の生物生産におよぼす環境諸因子の抽出および解析．

嶋永　元裕（しまなが　もとひろ）［第4章2節］
熊本大学沿岸域環境科学教育研究センター・准教授
　専門は，海洋生態学．干潟から海溝，熱水噴出域まで，さまざまな環境に生息する小型底生生物（メイオベントス）の群集構造解析を行っている．
　主な著書に，『カイアシ類学入門』（共著，東海大学出版会，2005年）．

白岩　孝行（しらいわ　たかゆき）［第1章3節］
北海道大学　低温科学研究所・准教授
　"Glacier to Ocean" をモットーに，陸域の水・物質循環研究に取り組んでいる．アムール川流域の問題のみならず，北海道の流域共生研究にも進出中．
　主な著書に，『魚附林の地球環境学』（単著，昭和堂，2011年），『The Dilemma of Boundaries』（共編著，Springer，2012年）．

白山　義久（しらやま　よしひさ）［第4章2節，第6章］
海洋研究開発機構（JAMSTEC）・理事
　専門は海洋生物学．特に小型底生生物（メイオベントス）の生態学，線形・動吻・胴甲動物の系統分類学，深海生物の保全生物学などの研究を主に進めてきた．近年は，海洋酸性化の生物影響などの研究も行っている．CoMLプロジェクトでは，科学推進委員会の委員を務めた．
　主な著書に，『無脊椎動物の多様性と系統』（共編著，裳華房，2000年），『水の生物』（共著，小学館，

2005年) など.

田中　克 (たなか　まさる) [第3章2節, 第6章]

京都大学名誉教授, (財) 国際高等研究所・チーフリサーチフェロー
　有明海や日本海の沿岸性魚類の初期生態研究を通じて陸域と海域の境界域の重要性に気付き, 森里海連環学にたどり着く. NPO法人森は海の恋人理事として, 気仙沼舞根湾において, 東日本大震災の海への影響に関する調査研究を進める.
　主な著書に,『魚類学下』(共著),『森里海連環学 —— 森から海までの統合的管理をめざして』(共編, 京都大学学術出版会, 2007年),『稚魚学 —— 多様な生理生態を探る』(共編, 京都大学学術出版会, 2009年),『稚魚 —— 生残と変態の生理生態学』(共著, 京都大学学術出版会),『水産の21世紀 —— 海から拓く食料自給』(共編, 京都大学学術出版会, 2010年) など.

德地　直子 (とくち　なおこ) [第2章4節, 第6章]

京都大学フィールド科学教育研究センター・准教授
　専門は, 森林生態系ならびに森林–河川生態系における物質循環についての研究.
　主な著書に,『森のバランス』(共著, 東海大学出版会, 2012年) など.

長尾　誠也 (ながお　せいや) [第1章1節]

金沢大学環日本海域環境研究センター・教授
　専門は, 地球化学・環境放射化学, 河川流域と沿岸域を流域圏と捉えた物質動態研究・地下環境における放射性核種の動態研究.
　主な著書に,『腐植物質分析ハンドブック』(共編著, 三恵社, 2007年),『溶存有機物の動態と機能』(分担執筆, 博友社, 2011年) など.

中島　皇 (なかしま　ただし) [第6章]

京都大学フィールド科学教育研究センター・講師
　専門は, 砂防学を基とする森林保全学.
　主な著書に,『森林フィールドサイエンス』『森里海連環学 —— 森から海までの統合的管理をめざして』(共著, 京都大学学術出版会, 2007年)『昆虫科学が拓く未来』(共著, 京都大学学術出版会, 2009年) など.

中村　洋平 (なかむら　ようへい) [第1章1節]

北海道大学大学院環境科学院・博士前期課程2年 (現在, NEC)
　専門は, 地球化学.

長谷川尚史 (はせがわ　ひさし) [第2章1節]

京都大学フィールド科学教育研究センター・准教授
　専門は, 森林利用学. 精密林業を中心とした持続的森林管理法について研究を行っている.
　主な著書に,『豊かな森へ —— 日本語版』(共編・訳, 昭和堂, 1997年),『人工林の適地とはなにか —— 生態情報と技術論の連携』(共編著, 森林空間利用研究会, 2004年) など.

333

| 著者紹介

深見　裕伸（ふかみ　ひろのぶ）[第4章2節]
宮崎大学農学部海洋生物環境学科・准教授
　専門は，造礁性イシサンゴ類の分類および系統進化についての研究．また，造礁性イシサンゴ類の産卵生殖，生態についても同様に研究を行なっている．最近は，地球温暖化と南方系イシサンゴ類の北上や宮崎県におけるサンゴ群集の基礎調査，新燃岳の降灰とイシサンゴ類への影響なども研究している．

福島慶太郎（ふくしま　けいたろう）[第2章4節]
京都大学フィールド科学教育研究センター・特定研究員
　専門は，森林生態系生態学．
　主な著書に，『森のバランス —— 植物と土壌の相互作用』（共著，東海大学出版会，2012年）がある．

向井　宏（むかいひろし）[監修，はじめに，第1章2節，第5章，第6章，おわりに]
京都大学フィールド科学教育研究センター・特任教授，北海道大学名誉教授
　専門は海洋生物生態学．日本および太平洋各地で，浅海のアマモ場などの群集生態を中心に研究を行い，ジュゴンの生態研究も続けている．2000年から陸上生態系と海洋生態系の相互作用の研究を進めてきた．
　主な共著書に，『海洋ベントスの生態学』（共著，東海大学出版会，2003年），『サンゴ礁 —— 生物の作った生物の楽園』（共著，平凡社，1995年），『森里海連環学 —— 森から海までの統合的管理をめざして』（共著，京都大学学術出版会，2007年）など．

門谷　茂（もんたに　しげる）[第1章1節]
北海道大学大学院水産科学研究院環境科学院・教授
　専門は，海洋生物生産環境学．「海底堆積物を対象とした有機地球化学的研究」，「底生微細藻類から始まる食物網解析とその生態学的評価」などに取り組んでいる．
　主な著書に，『ベントス，水環境ハンドブック』（分担執筆，朝倉書店，2006年），『地球温暖化と日本　第3次報告 —— 自然・人への影響予測』（分担執筆，古今書院，2003年）など．

山下　洋（やました　よう）[第2章2節，第6章]
京都大学フィールド科学教育研究センター・教授
　専門は，沿岸資源生態学，森里海連環学．
　主な著書に，『森里海連環学 —— 森から海までの統合的管理をめざして』（監修，京都大学学術出版会，2007年），『森川海のつながりと河口・沿岸域の生物生産』（共編，恒星社厚生閣，2008年），『浅海域の生態系サービス —— 海の恵みと持続的利用』（共編，恒星社厚生閣，2011年）など．

山本　民次（やまもと　たみじ）[第3章1節，第6章]
広島大学大学院生物圏科学研究科・教授
　専門は，水圏環境学，水圏生態学など．
　主な著書に，『閉鎖性海域の環境再生』（共編著，恒星社厚生閣，2007年），『川と海 —— 流域圏の科学』（共編著，恒星社厚生閣，2008年），『「里海」としての沿岸域の新たな利用』（編著，恒星社厚生閣，2010年）など．

著者紹介

山本　裕規（やまもと　ひろのり）[第3章1節]
復建調査設計(株)環境技術部水圏環境課・課長補佐
　専門は，数値モデルを用いた閉鎖性海域における物質循環解析など．

吉岡　崇仁（よしおか　たかひと）[第2章2節，第6章]
京都大学フィールド科学教育研究センター・教授
　専門は，生物地球化学，森里海連環学に基づき，森林集水域や流域スケールでの物質循環，さらには環境と人間との関係について研究．
　主な著書に，『生物地球化学』（共編著，培風館，2006年），『環境意識調査法 —— 環境シナリオと人々の選好』（編著，勁草書房，2009年），『川と湖を見る・知る・探る —— 陸水学入門』（共著，地人書館，2011年）など．

森と海をむすぶ川
―― 沿岸域再生のために ――　　　　　　　　　　　　　　　　　　© 2012

2012 年 6 月 10 日　初版第一刷発行

	編　者	京都大学フィールド科学教育研究センター
	監修者	向　井　　　宏
	発行人	檜　山　爲次郎
発行所		**京都大学学術出版会**

京都市左京区吉田近衛町 69 番地
京都大学吉田南構内（〒606-8315）
電　話　(075) 761-6182
FAX　(075) 761-6190
URL　http://www.kyoto-up.or.jp
振　替　01000-8-64677

ISBN 978-4-87698-575-3　　　　印刷・製本　㈱クイックス
Printed in Japan　　　　　　　　定価はカバーに表示してあります

本書のコピー，スキャン，デジタル化等の無断複製は著作権法上の例外を除き禁じられています。本書を代行業者等の第三者に依頼してスキャンやデジタル化することは，たとえ個人や家庭内での利用でも著作権法違反です。